马铃薯挖掘机
挖掘、薯土分离理论与试验

王春光　郭文斌　蒙建国　谢胜仕　邓伟刚　等/著

中国林业出版社
·北京·

图书在版编目（CIP）数据

马铃薯挖掘机挖掘、薯土分离理论与试验 / 王春光等著. —北京：中国林业出版社，2019. 12
ISBN 978-7-5219-0483-3

Ⅰ. ①马…　Ⅱ. ①王…　Ⅲ. ①马铃薯－农业机械－挖掘机－操作－研究
Ⅳ. ①S232. 7

中国版本图书馆 CIP 数据核字（2020）第 024280 号

策划编辑　杨长峰
责任编辑　张　佳　肖基浒
出版发行　中国林业出版社
　　　　　　邮编：100009
　　　　　　地址：北京市西城区德内大街刘海胡同 7 号 100009
　　　　　　电话：010 – 83143552
　　　　　　邮箱：thewaysedu@163. com
经　　销　新华书店
印　　刷　固安县京平诚乾印刷有限公司
版　　次　2020 年 5 月第 1 版
印　　次　2020 年 5 月第 1 次印刷
开　　本　787mm×1092mm
印　　张　20. 75
字　　数　340 千字
定　　价　70. 00 元

内容简介

　　本书以马铃薯挖掘机为研究对象，基于理论分析、虚拟仿真、高速摄像和试验测试等方法，对马铃薯的力学特性、马铃薯三维实体建模、马铃薯挖掘输送装置、薯土分离装置，以及挖掘过程、薯土分离过程和摆动分离筛参数优化等内容进行了研究。全书共包括 10 章，主要有：绪论、马铃薯力学特性、马铃薯挖掘机挖掘输送装置分析、马铃薯三维实体建模、马铃薯相对分离筛运动过程分析、基于虚拟样机技术的马铃薯在摆动分离筛上的运动仿真研究、基于高速摄像技术的薯土分离过程中马铃薯运动特性分析、马铃薯挖掘机振动测试、薯土分离过程试验研究、分离筛参数优化。

　　本书既可作为农牧业机械及相关领域研究人员的参考用书，也可作为农业机械化及其自动化专业本科以及农业机械化工程学科研究生教学参考用书。

序

马铃薯不仅含有丰富的蛋白质、维生素、碳水化合物及微量元素，还含有一些生理活性物质，对人体具有保健作用，有极高的营养价值，被称为21世纪十大流行健康营养食品及发展前景最好的经济作物。马铃薯以其经济效益高、耐旱、耐贫瘠、水分利用率高等优势在我国广泛种植。2015年，我国将马铃薯确定为第四大主粮。据联合国粮农组织（FAO）统计数字，2017年，全球马铃薯种植面积约 $1901.37 \times 10^4 hm^2$，产量 $38400.4 \times 10^4 t$，其中，我国马铃薯种植面积约 $560 \times 10^4 hm^2$，产量达 $9682 \times 10^4 t$，种植面积和年总产量均居世界第一。

伴随马铃薯种植面积的增加，马铃薯生产机械化水平在不断提高。20世纪初，一些欧美国家最早开始研制马铃薯挖掘机，到20世纪90年代，美国已基本实现了马铃薯收获机械化。20世纪60年代中期，我国研制成功马铃薯收获机，经过半个多世纪的不断发展，我国马铃薯生产机械化水平也在不断提高。但是，相比马铃薯种植面积及产量的快速增长，我国马铃薯生产机械化水平与国际机械化先进水平仍存在差距。

农业部《关于推进马铃薯产业开发的指导意见》提出，到2020年，我国马铃薯种植面积要扩大到 $666.7 \times 10^4 hm^2$ 以上。随着马铃薯产业的快速发展和马铃薯种植规模的不断扩大，我国马铃薯生产机械化的需求日益增大，从而进一步推动了马铃薯生产和加工相关机械的研究与发展。

在马铃薯收获机械的发展中，薯土分离装置是研究人员、生产厂家和用户关注的重点。如何提高分离效率和明薯率、降低薯皮损伤和分离功耗是目前该领域重点研究的问题。

本项目团队基于理论分析、虚拟仿真、高速摄像和试验测试等方法，对马铃薯的力学特性、马铃薯三维实体建模、马铃薯挖掘、薯土分离等进行了研究，获得了马铃薯物料的力学特性参数，探讨了不规则马铃薯三维实体建模方法，研究了马铃薯挖掘机机理和挖掘阻力，对摆动分离筛式薯土分离装置的运动学和动力学特性进行了系统研究，基于虚拟仿真和高速摄像技术，建立了摆动分离筛薯土分离过程虚拟样机模型，明确了薯土分离过程中马铃薯在分离筛上的运动特性，在此基础上，对马铃薯挖掘机薯土分离装置的结构进行了优化。

项目团队所获得的新理论为马铃薯挖掘机的基础研究提供了依据，所采用的新方法为马铃薯挖掘机挖掘装置及薯土分离装置的优化提供了参考，项目团队所取得的成果对于提高我国马铃薯生产机械化水平具有重要作用，对于促进我国马铃薯产业发展具有重要意义。

该专著也为农业工程学科领域的科研人员、教师及研究生提供了一本有价值的参考用书。

期待项目团队在未来研究中不断探索，不断发现，取得更辉煌的业绩。

2020 年 4 月 2 日

前　言

　　国外发达国家马铃薯生产机械化起步早、发展快。20 世纪初，一些欧美国家研制出畜力牵引式马铃薯挖掘机。前苏联是生产马铃薯收获机最早的国家，20 世纪 90 年代中期，俄罗斯开始生产自走式马铃薯联合收获机。20 世纪 40 年代，德国研制出抛掷式马铃薯收获机，50 年代研制出升运链式马铃薯收获机和捡拾装载机，70 年代开始生产马铃薯联合收获机，90 年代，开始生产收获—捡拾装载机和具有自动分选功能的马铃薯联合收获机。1967 年，美国研制出马铃薯联合收获机，20 世纪 90 年代，美国已基本实现了马铃薯收获机械化。亚洲国家对马铃薯收获机的研制起步相对较晚，但是，马铃薯收获机发展速度比较快。日本在 1955—1965 年研制出拖拉机悬挂的抛掷和升运链式马铃薯收获机，70 年代研制出适合日本国情的马铃薯联合收获机。

　　20 世纪 60 年代中期，我国研制出升运链式马铃薯收获机。20 世纪 90 年代中期，先后研制出小型杆条链式马铃薯收获机和摆动筛式马铃薯收获机，适应了当时农村土地承包责任制生产方式。"十五"期间，我国研制出牵引式马铃薯联合收获机。

　　从国内外马铃薯收获机的发展来看，国外一些先进的马铃薯收获机械不但生产率高，而且有些国家已将高新技术融于马铃薯收获机械中，如采用振动、液压技术进行挖掘，采用传感技术控制喂入量和实现分级装载，采用气压、气流、光电技术进行碎土和分离，以及利用微机进行监控和操作等，采用数字化技术和电子技术控制机具作业，提高了作业质量，同时还可以进行产量分析和生产管理。

　　国内外很多学者对马铃薯收获及收获机械做了大量研究，也取得了很多有价值的研究成果，对提高马铃薯收获机械化水平和促进马铃薯产业化的快速发展起到了重要作用。

　　我们在本领域做了一些探讨和尝试，特别是针对马铃薯收获机的薯土分离过程和机理做了一些探索。在国家农业科技成果转化基金、内蒙古科技创新奖励引导资金和内蒙古自治区自然科学基金资助下，我们先后完成了国家农业科技成果转化基金项目"马铃薯生产关键装备中试与核心技术示范"（2007GB2A400049，2007/01 – 2010/12）、内蒙古科技创新奖励引导资金项目"马铃薯生产全程机械化装备开发与产业化"（20121310，2012/01 – 2016/12）和内蒙古自治区自然科学基金项目"马铃薯淀粉含量与力学特性相关性的研究"（2009/01 – 2011/12）、"杆链—摆动筛组合式分离装置薯土混合物分离机理及参数最佳匹配研究"（2014/01 – 2016/12）4 项科研项目。完成了 3 篇博士学位论文和 8 篇硕士学位论文。在上述研究的基础上，我们完成了本学术专著。

全书共 10 章，王春光撰写了第 1 章，郭文斌、藏楠、谢胜仕撰写了第 2 章，邓伟刚、李祥撰写了第 3 章，杨莉、顾丽霞、蒙建国、李建、王春光撰写了第 4 章，谢胜仕撰写了第 5 章，杨莉、顾丽霞、蒙建国、李建、王春光撰写了第 6 章，宿金殿、蒙建国、谢胜仕撰写了第 7 章，付昱、王春光撰写了第 8 章，刘海超、谢胜仕撰写了第 9 章，李建、谢胜仕撰写了第 10 章。王春光、谢胜仕、邓伟刚、郭文斌负责全书统稿。主要内容如下。

马铃薯力学特性研究。基于理论分析、虚拟仿真、有限元分析和试验测试等方法，对马铃薯整茎和试样的压缩、应力松弛和蠕变特性进行了研究，本章还研究了马铃薯的碰撞问题，获得了相应的力学参数和理论模型，同时还研究了马铃薯淀粉含量与马铃薯部分力学参数的相关性。

马铃薯挖掘机挖掘输送装置分析。基于理论分析、参数化设计、有限元分析和虚拟仿真等理论和方法，对挖掘铲的结构、挖掘过程中土壤和挖掘铲的运动和动力学特性进行了研究。研制了一种马铃薯挖掘机挖掘阻力测试装置，并对马铃薯挖掘机的挖掘阻力进行了测试和分析，在此基础上，采用有限元方法分析了马铃薯挖掘机悬挂装置的受力状况，并对悬挂装置的结构进行了优化。

马铃薯三维实体建模。针对马铃薯的不规则形状，研究了马铃薯三维实体建模方法。本研究对马铃薯的三维实体建模经历了球体化建模、微层单元建模、3D 扫描建模和动态图像建模 4 个阶段，最终建立了与实际马铃薯相似度较高的马铃薯三维实体模型，为马铃薯挖掘机薯土分离过程的仿真研究奠定了基础。

马铃薯相对分离筛运动过程分析。本研究基于理论分析和试验测试，获得了马铃薯相对分离筛运动速度的数学模型，以此为基础阐释了马铃薯相对分离筛的运动过程，并结合马铃薯相对分离筛的运动影像对解析结果进行了验证。

基于虚拟样机技术的马铃薯在摆动分离筛上的运动仿真研究。基于 ADAMS、EDEM 和 RecurDyn 等技术，分别对规则形状马铃薯模型、柔性体马铃薯模型、3D 扫描马铃薯模型和动态图像马铃薯模型在分离筛上的运动特性和碰撞损伤特性进行了仿真分析，获得了分离筛不同结构参数时马铃薯模型的运动和碰撞损伤规律。

基于高速摄像技术的薯土分离过程中马铃薯运动特性分析。借助高速摄像技术，分别在室内和田间采集马铃薯在分离筛不同结构参数下相关运动信息，并对薯土分离过程中马铃薯的运动特性进行了研究。

马铃薯挖掘机振动测试。利用无线传感器组成马铃薯挖掘机振动测试系统，针对马铃薯挖掘机整机和主要运动部件选择了 17 个测点，分别在室内试验台和田间马铃薯收获过程中测取了 17 个测点 3 个相互垂直方向的加速度信号，根据信号分析理论分析了振源，同时利用所测振动信号对马铃薯挖掘机整机和主要运动部件进行了模态分析，并对实验室和田间振动试验结果进行了对比分析。

薯土分离过程试验研究。在不同试验条件下，采用无线三维加速度传感器测试了薯土分离过程中马铃薯加速度等动力学特性参数；利用高速摄像机和数码相机实时拍摄了对应试验条件下摆动分离筛上薯土混合物的分布状况，获得了薯土混合物分布厚度和薯土混合物覆盖度随分离筛参数的变化规律；在此基础上，研究了分离筛性能指标与分离筛参数的变化关系，结合马铃薯相对分离筛运动特性和薯土混合物分布厚度、覆盖度的变化规律，探讨了分离筛参数对分离性能的影响。

分离筛参数优化。在理论分析、试验测试、虚拟仿真、高速摄像和有限元等分析研究的基础上，对马铃薯挖掘机摆动分离筛式薯土分离机构进行了优化，获得了薯土分离机构有关结构和马铃薯挖掘机工作参数的优化值。

编写本书是对本研究团队研究成果的一个阶段性总结，目的是与该领域各位同仁共同探讨本研究领域大家关注的问题，分享本研究领域的研究成果，同时也愿意为该领域相关研究人员以及本学科领域各类学生和老师提供参考。

由于本团队研究人员以及本书撰写人员水平有限，书中出现不妥之处在所难免，敬请各位读者批评指正。

著　者

2020 年 4 月

目　录

Chapter One | 第 1 章
绪 论

马铃薯属于茄科一年生草本块茎植物，又名土豆、山药蛋、洋芋、荷兰薯等，原产于南美洲的智利和秘鲁。马铃薯在原产地种植已有上千年的历史，印第安人首先栽培，称马铃薯为"巴巴司"。现在各国种植的马铃薯是从南美引入欧洲后经过选育的后代。全世界种植马铃薯的国家和地区多达 150 多个，我国马铃薯的栽培历史已有 400 多年。

马铃薯已成为世界四大作物之一，被称作 21 世纪十大流行健康营养食品及发展前景最好的经济作物之一，同时，马铃薯也是蔬菜、粮食、饲料和工业原料兼用的主要农作物。马铃薯内部富含蛋白质、维生素、碳水化合物、微量元素以及生理活性物质，这些物质对人体具有很好的保健作用。2015 年全国"马铃薯主粮化发展战略研讨会"中将马铃薯确定为继水稻、小麦和玉米之后的第四大主粮，进一步促进了马铃薯种植面积和产量的提升。据 2017 年统计数字显示，我国马铃薯年总产量达 $9682 \times 10^4 t$，马铃薯种植面积和年总产量均居世界第一，占世界马铃薯种植面积和产量的比例均为 1/4 左右。其中内蒙古自治区鲜薯产量达 $900 \times 10^4 t$。我国马铃薯种植区域非常广泛，其中四川、甘肃、贵州和内蒙古地区的产量占全国总产量的 45% 左右。

相比于马铃薯种植面积及产量的快速发展，我国马铃薯生产机械化水平与国际机械化先进水平存在差距。特别是在马铃薯生产过程中劳动强度最大的收获环节，马铃薯收获机械化水平不高，即使在我国马铃薯生产机械化程度较高的北方地区，其马铃薯机械化收获水平也仅为 60% 左右。我国所使用的马铃薯收获机具，仍以分段式收获机具为主，而大型马铃薯联合收获机应用较少。随着马铃薯产业的快速发展和马铃薯种植规模的不断扩大，对马铃薯生产机械化的需求日益增大，从而进一步推动了马铃薯生产和加工相关机具的研究与发展。实现马铃薯生产机械化，可以大大提升马铃薯生产各环节的作业效果，提高生产效率，降低劳动强度，减少经济损失，对推动马铃薯产业化发展具有重要意义。

1.1 国内外马铃薯收获机械化的发展现状

1.1.1 国外发展现状

根据马铃薯收获工艺过程，马铃薯收获机具可分为：挖掘犁、挖掘机和联合收获机。国外发达国家马铃薯生产机械化起步早、发展快、技术水平较高。20 世纪初，一些欧美国家出现了畜力牵引挖掘机来代替手锄挖掘薯块，随后改由拖拉机牵引或悬挂马铃薯收获机具进行收获作业，20 年代末在欧美出现了升运链式和抛掷轮式马铃薯收获机。美国在 1948 年以前用马铃薯挖掘机来挖掘马铃薯，然后人工捡拾，直到 1967 年，开始使用马铃薯联合收获机。20 世纪 80 年代初期，欧美国家采用马铃薯联合收获和分段收获的总面积约占马铃薯种植面积的 85%，其中联合收获作业面积已达到 50% 以上。20 世纪 90 年代，美国已基本实现了马铃薯收获机械化，同时马铃薯收获机的技术也达到了较高水平。如美国 Loganfarm Equipment CO. LTD 生产的 W9032、W9034、W9038 等四行自走式联合收获机，配套动力为 90 ~ 111.9kW。前苏联是生产收获机最早的国家，相继生产出 KKY-2 型、KOK-2 型和 KKP-2 等类型的马铃薯联合收获机。90 年代中期，俄罗斯开始生产自走式马铃薯联合收获机，其生产率比其他马铃薯收获机提高了 1~2 倍。著名科研企业俄罗斯国家农机研究所生产联合体研制的 KCK-4-1 型、KCK-4A-1 型等机型，配套动力为 110kW，机器质量 9.8t，收获行数 4 行，破损率 <4%，损失率为 2%~3%。这些大型自走式马铃薯联合收获机一次可以完成切秧(蔓)、挖掘、分离、筛选、分级、提升、卸料等作业，但配套动力大，价格昂贵。德国 20 世纪 40 年代主要生产和使用抛掷式马铃薯收获机，50 年代主要生产和使用升运链式收获机和捡拾装载机，70 年代开始生产马铃薯联合收获机，90 年代开始生产收获—捡拾装载机和具有自动分选功能的马铃薯联合收获机。德国的格力莫(Grimme)公司所生产的 RL1700 型马铃薯收获机和 SE140 型马铃薯收获机均具有自动分选功能。意大利研制的 Cpp-BD-150/S 型系列马铃薯收获机可以一次性完成挖掘、分离与条铺等作业。挪威 Kvemeland NarboAS 公司研制的 UN2600 双行马铃薯收获机，把电控、机械及液压等多种技术融于一体，技术较为先进。比利时研制的马铃薯收获机，可以同时完成对薯块的挖掘、分离和清选等工作，很大程度地提高了收获效率。亚洲国家对马铃薯收获机的研制起步相对比较晚，但是，马铃薯收获机发展速度较快。日本在 1955 年以前使用的是畜力挖掘犁，1955—1965 年生产抛掷式和升运链式收获机，70 年代开始引进英国、美国等发达国家的马铃薯联合收获机，改进并研制出适合日本国情的马铃薯联合收获机。此外，日本东洋农机公司、三 A 公司、久保田公司等还研制出适合小地块作业的中小型自走式马铃薯收获机。日本东洋公司生产的中小型自走式

马铃薯收获机装有带液压输送器的薯箱和二级分装置，在旱地和水浇地均可以进行收获作业。

为了适应中小地块的作业要求，有些国家和地区生产了一些小型马铃薯挖掘机械。如意大利的 SP100 型马铃薯挖掘机，韩国高山机械工业公司研制的单行和双行土豆、地瓜挖掘机等。

国外马铃薯收获机械可以划分成两大类：一类是以美国和前苏联等国为代表研制的大功率自走式马铃薯联合收获机，主要用于大规模农场的收获作业。该类收获机的优点在于可以一次性完成薯块挖掘、根茎分离、土薯分离、清选、分级、提升和装卸等作业，但是，由于其体积庞大、动力消耗大、作业幅宽大，不适于中小面积地块；另一类是以德国、挪威、意大利等国为代表研制的牵引式马铃薯挖掘机，它们与中型拖拉机配套使用，可以实现马铃薯挖掘机在不平整的地块上进行收获作业，并能保持作业过程中挖掘深度一致。

目前国外一些先进的马铃薯收获机械不但生产率高，而且有些国家已将高新技术融于马铃薯收获机中，如采用振动、液压技术进行挖掘，采用传感器技术控制喂入量、马铃薯传运量及分级装载，采用气压、气流、光电技术进行碎土和分离，以及利用微机进行监控和操作等，这些高新技术的应用，提高了作业质量，同时还可以进行产量分析和生产管理。如英国的马铃薯收获机采用的是 X 射线土石分离器，它是根据 X 射线对马铃薯和石块的穿透性不同的原理设计的，能较精确地完成薯块和石块的分离。

1.1.2 国内发展现状

中华人民共和国成立初期，主要采用人工刨或挖掘犁来收获马铃薯。20 世纪 60 年代中期，在引进国外马铃薯收获机械技术的基础上，成功研制了升运链式马铃薯收获机。但受到当时动力机械和经济条件的限制，在实际生产中未能得以推广和应用。1979 年，12 国农机展览会后，国家将全部马铃薯收获机样机都投放在黑龙江省农业机械研究院，为马铃薯收获机的研究和开发创造了良好的条件。20 世纪 90 年代中期，为适应国产小四轮拖拉机的大量推广和应用，我国先后研制出小型杆条链式马铃薯挖掘机和摆动筛式马铃薯挖掘机。之后，随着马铃薯产业化的发展，国内先后有多家科研单位、高等院校和企业研制和生产了马铃薯收获机，如内蒙古农机研究所研制的 4U-1 型马铃薯集条收获机，河北省围场农机研究所生产的 4VM-1A 型、4VW-2A 型马铃薯收获机，黑龙江齐齐哈尔市建新机械厂研制的 4U-2 型牵引马铃薯收获机，中国农业机械化研究院研制的 1520 型、4UL-1 型、4UW-120 型、4SW-2 型等马铃薯收获机，内蒙古农业大学研制的 4SW 系列马铃薯收获机。"十五"期间，我国开始研制牵引式马铃薯联合收获机械。现代农装北方（北京）农业机械有限公司在学习国内外先进技术的基础上，开发出具有自主知识产权的中国第一台马铃薯联合收获机，即"十五"国家科技攻关计划项目科研成果——中机美诺 1700 型马铃薯联合收获机。该机主要由牵引悬挂部件、机架、挖掘部件、输送分离部件、两级除秧排杂机构、输送装车部件、传动部件等组成，可一次性完成挖掘、输送分离、除秧、侧输出等作业。后来，在 1700 型马铃薯联合收获机的基础上安装了输送臂，实现升运装车，大大节省了劳动力。

1.2　马铃薯收获过程中薯土分离研究现状

薯土分离是马铃薯收获的关键作业环节，薯土分离装置必然是马铃薯收获机的核心工作部件之一。目前，国内外常见的薯土分离装置主要有杆条链式、分离筛式、弧形拨齿式、转笼式、杆链—分离筛组合式和拨齿—分离筛组合式等形式，其中，筛式薯土分离装置有摆动筛式和转动筛式两种。从国内外现状来看，大中型马铃薯收获机多采用杆链（可以是多级链）或杆链与弧形拨齿组合式薯土分离装置，而中小型马铃薯收获机则多采用杆链、摆动筛或杆链与摆动筛组合式。

在薯土分离过程中，薯土混合物的运动形式包括：在筛面上的移动、翻滚和跳动，薯土混合物之间的相互碰撞、挤压、摩擦等，以及薯土混合物与筛面之间的碰撞、摩擦和挤压等。薯土混合物在筛面上的运动和受力不仅与薯土混合物的初始状态和物理特性有关，同时也与薯土混合物在分离过程中的运动学和动力学特性有关，此外还与薯土分离装置的结构和工作参数有关。因此，研究马铃薯收获机的薯土分离机理，合理设计和优化马铃薯收获机薯土分离装置，已成为目前国内外马铃薯收获机械研究领域的重点内容。

1.2.1　国外筛分设备研究现状

国外一些学者对常用筛分机械进行了相应的研究。A. M. Gaudin（1939）研究了理想情况下球形物料筛分时的筛分理论。W. Schultz 等(1970)推导并提出了整个筛面长度筛分物料的分配方程。W. Kluge(1975)研究了分离筛筛板运动与筛板上颗粒运动之间的关系，指出抛射强度决定了物料颗粒的运动状态。J. T. Macaulay 等(1969)研究了颗粒物料进入筛分装置的初始状态对物料筛分效果的影响。R. Singh(2004)在单颗粒运动的基础上，建立了物料群在运动过程中的碰撞速度传递公式。Monica. S 等(2002)运用了 Monte Carlo 方法模拟颗粒间的相互作用，并且建立了物料在振动筛筛面上运动速度的计算公式，同时对于颗粒群振动透筛分层的理论进行了较详细的分析，对单颗粒物料在单自由度振动筛筛面上的运动进行了理论分析，得出了颗粒在筛面上的运动存在非线性运动规律的结论。岩尾俊男(1982)分析了颗粒物料运动速度对筛分性能的影响以及颗粒物料的物理特性与筛分性能的关系。M. Soldinger (1999)研究颗粒筛分过程中的筛分概率模型。Beenken(1990)把颗粒物料筛分划分成单颗粒、薄料层和厚料层三种情况，提出了各情况下颗粒物料的动力学模型。P. W. Cleary(2002)等对振动筛筛面上固定数量颗粒物料的筛分过程进行了三维模拟，得到了颗粒形状对筛分效率的影响。

国外关于马铃薯筛分设备的研究，主要集中于马铃薯与筛分设备碰撞后的损伤等方面。Bentini 等(2006)、R. Peters (1996)、R. Mathew 等(1997)、A. L. Baritelle 等(2003)分别对马铃薯的收获损伤，分离过程中的筛分速度对马铃薯损伤的影响，马铃薯收获机对收获损伤、薯块碰撞敏感性，马铃薯块茎大小对马铃薯组织损伤的影响等进行了研究，获得了影响马铃薯收获损伤的主要因素。Gaili Gao(2011)等设计了一种用于马铃薯收获的分离机构，并对其受力、功耗、振动等问题进行了研究。

1.2.2 国内筛分设备研究现状

国内筛分设备的研究集中于谷物、矿物和马铃薯筛分设备。王庆山(1984)提出了谷粒沿筛面运动的方程，同时得出反映谷粒沿筛面运动状态的两个界限指标及计算公式。郝心亮等(1992)提出了颗粒物料正反向滑动的临界条件，并得到物料相对分离筛运动的方程。李建平等(1997)对振动筛面颗粒物料的运动进行了动力学分析，推导出物料抛起时的临界特征式，通过计算机模拟得出振动参数与特征值之间的关系曲线。刘升初等(1999)结合混沌运动理论，对单颗粒物料在单自由度振动筛筛面上的运动进行了理论分析，揭示了不同分离筛参数时筛面上的物料呈现出倍周期分岔和周期分岔的非线性运动规律，得出了颗粒物料在筛面上的运动存在非线性运动规律的结论，应用振动筛的颗粒碰撞模型以及运动模型，对物料在筛面的周期性做了相应分析，得出在振动筛正常运动条件下是不存在周期运动的结论。闻邦椿（2002）系统地阐述了矿物颗粒相对分离筛滑行、抛掷的相关理论，并总结出物料运动状态与运动学参数之间的相互关系。李耀明（2007）等以颗粒物料碰撞理论为基础，建立单个颗粒物料在筛面上的运动模型，并通过运动稳定性分析，得到不同抛射强度下物料颗粒的运动规律。焦红光等（2006）建立了颗粒在筛面上运动的数学模型，模拟了筛面上颗粒的运动。赵跃民（2000）利用概率统计学的方法研究了物料的分层透筛现象，建立了颗粒群沿筛面长度的透筛概率分布的 Weibull 模型。王亭杰（1991）分析了单一粒级的物料颗粒群透筛概率理论。韦鲁滨等（1995）对概率筛分进行了研究，得出概率筛筛分时筛面长度各段物料的透筛概率基本不变的规律。封莉（2004）对马铃薯挖掘机的摆动分离筛进行了动力学和运动学分析，利用计算机辅助分析开发新部件的思想和手段，获得了摆动分离筛参数的最佳取值范围。贾晶霞等（2005）针对圆形和椭圆形两种块茎，分析了薯土分离机构振动频率和振幅对马铃薯块茎损伤的影响，并对分离装置的关键工作部件的工作过程进行了仿真。王彦军（2007）对 4M-2 型马铃薯联合收获机分离输送系统进行了研究。赵硕等（2008）从定性角度分析了马铃薯收获机薯土分离原理。杨莉等（2009）对马铃薯挖掘机摆动分离筛的工作过程以及马铃薯在筛面上的运动规律进行了分析，并对分离机构的部分结构参数进行了优选。张得俭等（2009）针对 4UL-1500 型马铃薯联合收获机功率消耗进行了研究，分析了马铃薯联合收获机及各工作部件的功率消耗。顾丽霞等（2012）针对 4SW-170 型马铃薯挖掘机摆动筛分离过程进行了理论分析和仿真分析，对摆动筛在不同筛面倾角和输入转速下的分离过程进行了研究，找出了摆动筛在不同筛面倾角下，物料的速度、加速度与输入转速之间的关系，并结合理论分析，对摆动筛在不同筛面倾角下的筛分性能做出了评价。刘海超等（2012、2013）将三维无线加速度传感器置入到圆球形和椭球形马铃薯中，测取了薯土分离过程中马铃薯加速度随分离筛曲柄转速和筛面倾角的变化规律，对马铃薯在摆动分离筛上的动力学特性进行了试验研究，测取了马铃薯在不同筛分速度和不同筛面倾角下的三维加速度，分离过程中马铃薯在筛面上的碰撞次数，马铃薯在筛面上的运动时间和碰撞强度等。

付煜等(2012、2013)对杆链—摆动筛组合式马铃薯挖掘机的振动特性进行了试验研究。史增录等(2013)对 4UX-550 型马铃薯挖掘机振动筛的运动特性进行了分析及仿真。李紫辉等(2016)通过正交试验对带有振动筛的马铃薯挖掘机进行了参数优化，获得了较优的振动筛振动频率。宿金殿等(2015)利用高速摄像技术，在不同筛面倾角状况下，研究了马铃薯在摆动分离筛面运动加速度与时间的关系。谢胜仕等(2017)对马铃薯在摆动分离筛面上运动规律进行了研究，将马铃薯在摆动分离筛上运动划分为碰撞和滚动两种状态，并对马铃薯在分离筛上运动规律进行分析，比较了筛面马铃薯最大加速度与机构曲柄转速和滚动距离的关系。

1.2.3　相关研究

1.2.3.1　离散元分析法在筛分研究中的应用

离散单元法(Diserete Element Method，DEM)主要用于求解颗粒之间碰撞等非线性问题，离散元法的主要思想是将所研究的颗粒物料看做单元，颗粒与颗粒之间通过牛顿第二定律建立力学关系，通过跟踪每个颗粒的微观运动得到模拟对象的力学模型和运动规律，其主要用于求解颗粒之间碰撞等非线性问题。

离散单元法是由 Gundall 在 20 世纪 70 年代提出的，主要用于求解颗粒之间碰撞等非线性问题，是研究散粒群体动力学问题的一种通用方法，此方法已应用于散体物料的输送、配料和筛分以及形状规则颗粒的碰撞等研究中。

离散元法已成为研究颗粒散体动力学的重要工具，并逐步应用于农业工程领域。相关研究有：P. W. Cleary 等对双层香蕉型振动筛进行了离散元方法的分析研究，预测了不同加速度下颗粒的流动、分离量，并对多层香蕉型振动筛的颗粒流动进行了 DEM 仿真。川井(1977)提出了连接型块体离散元模型，模拟了许多非线性力学问题、碰撞问题和地质动力学问题。M. J. Jiang(2005) 等提出了一种用于分析颗粒材料滚动阻力的离散元模型，采用离散元法对颗粒材料间相互接触的运动和力进行了分析。J. Dong(2009)等对香蕉型筛面上的颗粒流进行了离散元模拟研究，分析了在不同振动参数和几何参数下的筛面颗粒流的运动规律。姜姗姗等利用离散元分析法，建立土壤力学模型，对开沟器进行了模拟试验。王中营等(2016)利用EDEM 软件对往复式振动筛的筛分性能进行分析研究。蒙建国(2016)主要针对薯土分离过程中不同的摆动强度、不同的摆动频率以及曲柄半径、摆动方向角和筛面倾角等参数对马铃薯在摆动分离筛面上的运动特性的影响及相互作用进行分析，较真实地反映马铃薯在摆动分离筛面上的运动状况。

1.2.3.2 虚拟仿真和图像技术在薯土分离研究中的应用

虚拟仿真的主要思想是在产品设计过程中，将分散的零部件设计和机械性能分析技术结合在一起，在计算机上建造出产品的整体模型，并针对该产品在投入使用后的各种工况进行仿真分析，预测产品的整体性能，进而改进产品设计，提高产品性能。

郗福兵（2008、2009）、王旭元等（2003）分别应用虚拟仿真技术和现代测试技术对马铃薯挖掘机分离筛的振动进行了仿真。杨莉（2009）运用 Solidworks 和 ADAMS 软件建立了该机具分离筛的虚拟样机模型，基于该模型对马铃薯的筛分过程进行了动态仿真分析和虚拟试验，得到了薯块在分离筛面上的运动状况，获得了影响分离筛加速度的关键参数，并对不同形状和尺寸的马铃薯在筛分过程中受到的损伤进行了分析和仿真。同时，从提高筛分效率、降低伤薯率的角度对分离筛进行了参数优化。赵运生等（2010）应用 Inventor 构建了 4U-1A 型马铃薯收获机整机数字样机，采用工具模块 Dynamic Designer 对摆动筛进行了运动仿真。贾晶霞等（2011）采用 AD-AMS 软件对振动筛和块茎进行了运动仿真，获得了振动筛运动的速度、加速度、位移和动能曲线。牛海华等（2011）利用 ADAMS 对马铃薯收获机进行了动态仿真，得到了振动筛质心、前端点及后端点的位移、速度和加速度的变化曲线。顾丽霞（2012）结合曲面造型的思想，将 Pro-E 三维建模和 ANSYS 有限元分析有效融合，建立了形状不规则马铃薯的柔性体模型，对马铃薯模型进行有限元划分，在此基础上建立了马铃薯挖掘机摆动筛分离机构的虚拟样机模型，并对马铃薯挖掘机薯土分离过程进行了仿真。宿金殿（2015）运用高速摄像系统对马铃薯在分离筛上的运动过程进行了研究，测取了圆球形和椭球形两类马铃薯在不同分离筛倾角上的水平加速度和竖直加速度时间历程。蒙建国等（2015）利用高速摄像机的动态图像跟踪技术，从利于薯土混合分离、提高马铃薯移动速度角度出发，对马铃薯在摆动分离筛面上的运动状态进行采集，同时利用 TEMA 动态图像分析软件对马铃薯运动状态进行分析，再现马铃薯真实的运动，分析收获作业过程中马铃薯的运动特性。谢胜仕（2017）利用数码相机获取不同曲柄转速、筛面倾角和机器前进速度时摆动分离筛上薯土混合物的分布状况，利用 Photoshop 软件解译图片中薯土混合物区域和分离筛面区域中的像素数量，将图片中薯土混合物区域的像素数量除以分离筛面区域中的像素数量，获得分离筛上薯土混合物覆盖度，获得了摆动分离筛上薯土混合物覆盖度随分离筛参数的变化规律及相关性。

1.3　马铃薯物料特性研究

马铃薯是一种农业物料，其物料特性必然会体现出马铃薯的光学特性、生物力学特性和电学特性等。马铃薯薯块的品质指标主要有：蛋白质、脂肪、还原糖、干物质、淀粉、矿物质和水分等。近年来，国内外学者们已开始基于马铃薯物料的生物力学特性、光学特性，研究马铃薯的内外品质及对成品品质检测等。

WALSH 等和 KANG 等使用透射光谱分别建立了干物质比重的近红外预测模型；HAASE 等、SUBEDI 等和张小燕等对马铃薯干物质和含水率等主要参数进行了预测；王凡等基于可见/近红外局部透射光谱，根据马铃薯大小及形状特征，设计了便携式马铃薯多品质无损检测装置；宋娟等利用高光谱成像技术对马铃薯淀粉、干物质、水分含量进行同步检测；金瑞等提出了一种基于高光谱信息融合的流形学习降维算法与极限学习机相结合的方法，该方法可同时识别马铃薯的发芽、绿皮、黑心等多项缺陷指标；吴晨等应用近红外高光谱成像技术对马铃薯表观淀粉含量、淀粉粒淀粉含量和块茎淀粉含量进行无损检测；周竹等对马铃薯干物质含量在高光谱检测中变量选择方法进行了比较分析。所以，采用高光谱技术和计算机视觉技术对马铃薯品质指标进行研究应该是深入研究马铃薯品质指标的新方法。

马铃薯物料的生物力学特性，主要包括应力—应变规律、屈服强度、弹性模量、硬度等特性。根据农业物料学的性质，马铃薯的生物力学特性应该与其外部和内部品质有关。

国内外许多学者对马铃薯的生物力学特性进行过相应的研究，例如：Baritelle (1999)通过对两个马铃薯品种进行力学试验，以研究马铃薯块茎大小对其力学特性的影响；G. Martin 等(1995)研究了马铃薯组织在两种载荷作用下的断裂强度；R. WBajema 等(1998)研究了温度和应变速率对马铃薯块茎组织动态破坏特性的影响，以及土质和温度对马铃薯块茎组织动态破坏特性的影响；G. Martin 等(1995)研究了马铃薯组织在两种载荷作用下的断裂强度；M. G. Scanlon 等(1996)研究了渗透调节对马铃薯薄壁组织力学性能的影响；Jaspreet Singh 等(2005)研究了生、煮熟两种马铃薯的结构和流变特性；波兰的 Zdunek(2004)对圆柱形马铃薯试样进行应力—应变试验的同时，利用声音传感器探测马铃薯内部细胞破裂的声信号，以此对马铃薯细胞内微小裂缝进行研究；J. C. Hughes 等(1985)采用一个便携式钟摆装置测试了马铃薯在较广泛的撞击破坏条件下的动态组织损伤程度；R. Parks 等(1990)为了对马铃薯的损伤程度做出判断，提出了分布惯量在研究马铃薯块茎碰撞中具有重要作用的观点；M. G. Scanlon 等(1996)对两种加载速度下马铃薯组织压缩和拉伸的断裂强度进行了研究，并对力学特性评定方法如何影响马铃薯组织的断裂强度做出了分析，研究表明，马铃薯各向差异的产生取决于细胞内水分含量形成的膨压，由此说明了马铃薯组织的水分含量对其力学特性参数的分析起着重要作用；Mustafa Fincan 等(2003)等研究了渗透预处理及脉冲电场对马铃薯组织的黏弹性影响，将渗透和非渗透预处理的马铃薯组织放置于脉冲电场中测量其应力松弛特性，并建立了 Maxwell 模型，根据电场强度脉冲长度和脉冲数的响应，量化黏弹性模型系数的变化；Peter 等(2005)对转基因马铃薯进行了机械特性和应力松弛特性的试验，研究发现，转基因马铃薯在进行单轴向压缩及侧链切断时更易破碎；M. Bentini 等(2009)对冷藏期间的马铃薯块茎做了物理力学性能研究试验，测试采用收获了两年之久的两个品种马铃薯定期进行准静态压缩试验，以确定整个块茎的力学性能和圆柱试样的杨氏模量及泊松比；郎悦(2003)通过对马铃薯进行准静态和动态的压缩试验，研究马铃薯的材料特性；土屋哲郎等(1994)研究了马铃薯块茎维管束与淀粉粒的分布，研究了维管束的分布及与组织内淀粉积累的关系。

国内，雷得天等(1991)研究了马铃薯组织破坏时的力学性能，指出：以变形度、破裂应力和应变可以度量马铃薯组织受挤压力后的变形与破坏性能；徐树来等(1998)研究了马铃薯破损力、破损应力、应变、弹性模量等重要力学指标；吴亚丽等(2011)对马铃薯进行压缩、剪切等常规力学性能试验，分析了马铃薯力学特性的变化规律，得到马铃薯的弹性模量、抗压强度、剪切强度等力学性能指标；刘春香(2006)研究了马铃薯块茎外形与力学流变学性质，此外，刘春香等(2007)还研究了马铃薯块茎圆柱形试样的压缩力学特性和松弛流变特性，运用动态图像分析的方法测量了马铃薯试样的泊松比，建立了马铃薯流变学模型；杨晨升(2006)对马铃薯块茎动态力学特性进行了试验研究，得出了马铃薯动态力学特性的基础参数和不同品种马铃薯动态特性参数随试验条件不同的变化规律；王咏梅等(2015)研究了马铃薯压缩力学性能；庞玉等（2004）通过马铃薯试样的应力松弛试验得到其流变学参数，结合有限元方法对马铃薯存储堆积的不同工况进行了计算机模拟，指出：剪应变是造成马铃薯堆积存储时组织破坏的主要原因；牛海华等（2011）研究了马铃薯的生物力学特性和马铃薯的机械收获损伤机理；石林榕等（2014）对马铃薯整茎压缩力学特性进行了研究；有学者也从不同角度研究了马铃薯淀粉积累的机理和影响马铃薯淀粉含量的主要因素，例如：张翔宇等对高淀粉马铃薯品种块茎大小与淀粉含量之间的关系进行了研究，结果表明，高淀粉马铃薯品种单位面积上淀粉产量取决于总块茎产量和淀粉含量。

　　本项目研究团队藏楠（2006）对紫花白和底希芮两种马铃薯的蠕变特性进行了研究，对两种马铃薯蠕变加载过程和卸载恢复过程进行了分析，建立了两种马铃薯的蠕变模型和本构方程，得到了两种马铃薯的蠕变特性参数和各蠕变特性参数之间的相关关系。结合蠕变研究结果，用 ANSYS 有限元分析软件建立了两种马铃薯蠕变模型的仿真模型，并利用仿真系统进一步讨论了蠕变加载力对马铃薯蠕变的影响。郭文斌（2009）对上述两种马铃薯的压缩特性和应力松弛进行了研究，并对马铃薯压缩和应力松弛特性参数与淀粉含量的相关性进行了分析，基于虚拟样机技术，建立了马铃薯压缩和应力松弛过程的虚拟样机模型，并对其压缩和应力松弛过程进行了仿真。蒙建国（2015）对马铃薯与钢、马铃薯与马铃薯之间的滑动摩擦系数、碰撞恢复系数等相关物理参数进行了试验研究。谢胜仕（2017）建立了马铃薯与杆条碰撞的动力学模型，获得了无阻尼系统固有角频率、阻尼比等马铃薯碰撞位移模型参数。

　　不同马铃薯物料的成分、含水率、密度、形状以及其他物理化学特性千差万别，其电特性的特点和测定值必然会有很大的差异。胡玉才在《农业物料的电特性及其在农业工程中的应用》一文中表明，西瓜等物料的甜度或含糖量也与电阻和电导率等有关。马铃薯的电阻率不仅会与马铃薯品种和性质有关，而且还受温度、含水率和酸度的影响，马铃薯含水率的变化影响到马铃薯带电粒子的浓度，从而影响马铃薯的导电性，酸度与马铃薯物料内离子的情况有关；电导可以反映马铃薯物料实体传导电流的性能，电导和电导率的差别在于前者是对具体马铃薯而言，电导率仅与马铃薯物质的性质有关，当马铃薯物料的状态或品质发生变化时，其电导和电导率也将随之改变，马铃薯的内部品质也将不同。可见，根据马铃薯的电学特性探讨其品质指标也应该是一种可取得方法。

Chapter Two | 第 2 章
马铃薯力学特性

本章研究了马铃薯的压缩特性、应力松弛特性、蠕变特性及碰撞损伤特性，绘制出马铃薯力学特性试验曲线，构建了马铃薯力学、流变学以及碰撞动力学模型，并分析了马铃薯相关力学特性参数及其与淀粉含量、含水率间的相关性。

2.1 马铃薯压缩特性

分析马铃薯的压缩特性时，一般是在不同加载速率下，对马铃薯切割后的典型试样或完整块茎试样进行单轴压缩试验，在获取其应力—应变关系曲线的基础上，以回归分析等方法，建立压缩过程应力—应变模型，获得马铃薯的弹性模量、刚度等压缩力学特性参数，分析加载速率、马铃薯品种等因素对力学参数的影响，了解马铃薯压缩力学特性参数间的相关关系。此外，通过比较典型试样与整茎的压缩力学特性参数及变化规律，进一步分析典型圆柱试样与完整马铃薯块茎在力学特性上的差异以及切割取样对马铃薯力学特性参数的影响。

2.1.1 压缩特性试验参数指标

2.1.1.1 破裂点应力、应变

马铃薯在压缩过程中，随着压缩力的增加变形量也不断增加，当压缩力达到一定值时，马铃薯发生破裂，此时刻对应点称为破裂点，破裂后继续加载，压缩力大幅度下降。因此，破裂点应力、应变是指试样压缩至破裂时达到的极限应力、应变。对于整茎压缩，圆柱压头的加载使块茎内形成复杂的应力分布，故本章采用载荷和变形量关系分析其压缩特性。

2.1.1.2 弹性模量

生物物料即使在较小的应变情况下总是有部分变形是不可恢复的，所以应力和应变的关系曲线是非线性的。曲线的不同位置可得出不同的弹性模量值，因此可依据原点正切模量、割线模量和切线模量来定义物料的弹性模量，如图 2-1 所示。

原点正切模量（initial tangent modulus）是

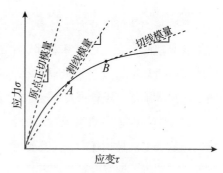

图 2-1 非线性应力—应变曲线上定义的弹性模量

通过曲线原点的切线斜率；割线模量(secant modulus)是原点与曲线上任意选取的 A 点连线的斜率；切线模量(tangent modulus)是曲线上选定的任意点 B 的切线斜率。本研究试验参数指标中的弹性模量包括上述 3 种模量，其中将原点正切模量称为压缩过程中的初始弹性模量。

2.1.1.3 刚度

刚度在力—变形曲线上表示为任意点处力 F 对变形量 S 的一阶导数的表达式，用 K 表示，其表达式为：

$$K = \frac{\mathrm{d}F}{\mathrm{d}S} \tag{2-1}$$

2.1.1.4 破坏能

与切割制成马铃薯圆柱形试样相比，完整马铃薯压缩至破裂点之前基本没有能量散失，在压缩过程中未观察到水分被挤出，其破坏能即为压缩至破裂时马铃薯所吸收的压缩能，因此本研究试验指标中的破坏能主要针对马铃薯整茎压缩至破裂点时，马铃薯吸收的能量，其数值等于破裂点前压缩曲线与横坐标轴围成的面积，用数学方程表示为：

$$U = \int_0^{S_p} F \mathrm{d}S \tag{2-2}$$

式中 U——破坏能，N·m；

S_p——破裂点变形量，mm；

F——压缩载荷，N。

2.1.2 马铃薯圆柱试样的压缩特性

马铃薯的茎可以分为地上茎、地下茎、匍匐茎和块茎，马铃薯块茎生于匍匐茎顶端，是茎的变态。在块茎芯部，中心髓及髓射线呈放射状沿径向发散至维管束环，维管束环中的维管束沿周皮平行方向呈分支分布。在块茎芽眼周围，皮层变薄，皮层外筛部、维管束及周围髓的内筛部分别汇合在芽眼的基部。

考虑到马铃薯内部组织材料的各向异性，结合其实际储运中承受外载荷的方向，选取典型圆柱试样时，将马铃薯块茎看作椭球，沿着垂直于维管束的椭球半径方向进行取样，取样时避开有芽眼的部位，圆柱形试样选取部位及压缩试验装置简图如图 2-2、图 2-3 所示；对马铃薯分割后的圆柱形试样进行等速压缩及应力松弛试验。

为方便后续对试样淀粉含量进行检测，选取圆柱试样直径为 19 mm，高为 20 mm，采用平板压头对圆柱形试样进行加载。试样中表皮部分 1 试样沿椭球较长半径方向选取，表皮部分 2 试样和芯部试样沿椭球两个较短半径方向选取，为避免收获、储运过程中碰撞挤压等外力作用影响，表皮部分试样取样时距离表皮大于 3 mm。取得试样后，为防止水分的流失，在试验前用保鲜膜将试样密封，试验时沿圆柱试样轴线方向加载。

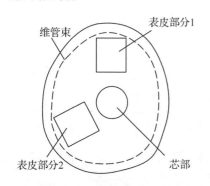

图 2-2　圆柱试样选取部位

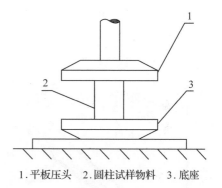

1. 平板压头　2. 圆柱试样物料　3. 底座

图 2-3　圆柱试样压缩试验装置简图

试验时采用计算机控制万能试验机对马铃薯典型圆柱试样进行的等速压缩，所选万能试验机应采用高稳定性负荷传感器、变形测量仪和先进的数字调速系统，同时配套有先进高效的计算机处理软件，具有标定、手动及自动调零、自动切换量程、手动及自动调速、数据自动处理、动态曲线分析、彩色图形显示、预览打印输出试验结果等功能，并可直接将试验结果数据存盘为电子表格格式，以方便后续处理。为了在获得压缩试验数据的同时，测得被压缩试样的淀粉含量及含水率，需要将压缩试验后的马铃薯典型试样经烘箱烘干后计算含水率，并放入粉碎机制成粉末，经电子天平称取一定质量的粉碎干样后，利用碘比色法通过分光光度计进行淀粉含量测定，试验流程如图 2-4 所示。

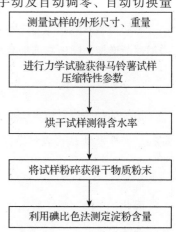

图 2-4　试验测试系统流程

2.1.2.1 压缩特性参数指标的确定

根据马铃薯圆柱试样应力—应变曲线特征，通过曲线估计及回归分析，得出试样达到破裂点前的加载阶段曲线采用截距为零的二次多项式抛物线（开口向上）拟合效果较好，如图 2-5 所示，其对圆柱试样压缩试验加载阶段曲线拟合的回归系数 $R^2 > 0.99$，表达式为：

$$\sigma = a\varepsilon^2 + b\varepsilon \tag{2-3}$$

式中 σ——应力，MPa；

　　 ε——应变；

　　 a、b——拟合系数。

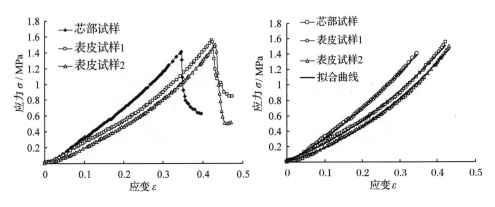

图 2-5 不同部位圆柱试样压缩曲线及加载拟合曲线

试样达到破裂点前的压缩过程中，应力—应变曲线任意点处切线斜率随应变的增加逐渐增加，则破裂前加载阶段正切模量 E_τ 可表示为：

$$E_\tau = \frac{\mathrm{d}\sigma}{\mathrm{d}\varepsilon} = 2a\varepsilon + b \tag{2-4}$$

加载的初始阶段应力应变近似线性关系，试样压缩过程中原点处的正切模量，即初始弹性模量 E_b 可表示为：

$$E_b = \frac{\mathrm{d}\sigma}{\mathrm{d}\varepsilon} \Big|_{\varepsilon=0} = b \tag{2-5}$$

因此，二次多项式回归曲线的拟合系数中，一次项系数 b 表征的是压缩过程的初始弹性模量 E_b，二次项系数 a 表征的是试样的非线性材料常数。设圆柱试样压缩到破裂点处的应力、应变为 σ_p、ε_p，则破裂点处的正切模量 E_p 和正割模量 E_g 为：

$$E_p = \frac{\mathrm{d}\sigma}{\mathrm{d}\varepsilon}\big|_{\varepsilon=\varepsilon_p} = 2a\varepsilon_p + b \qquad (2\text{-}6)$$

$$E_g = \frac{\sigma_p}{\varepsilon_p} \qquad (2\text{-}7)$$

回归拟合后求得的各压缩特性参数见表 2-1、表 2-2。

表 2-1　底希芮品种马铃薯圆柱试样压缩特性参数

取样部位	加载速率 /mm·min⁻¹	回归方程 $\sigma = a\varepsilon^2 + b\varepsilon$ 参数			应力 σ_p/MPa	应变 ε_p	E_p/MPa	E_g/MPa
		a	$b(E_b)$	R^2				
表皮部分 1	10	4.026	2.216	0.998	1.452	0.375	5.235	3.873
	30	4.698	2.400	0.996	1.515	0.358	5.763	4.233
	50	4.378	2.430	0.997	1.455	0.357	5.556	4.074
表皮部分 2	10	3.815	2.024	0.998	1.312	0.367	4.824	3.574
	30	3.859	2.199	0.995	1.340	0.362	4.993	3.702
	50	3.475	2.238	0.998	1.269	0.360	4.740	3.526
芯部	10	2.522	3.484	0.996	1.370	0.338	5.189	4.053
	30	2.482	3.880	0.998	1.329	0.309	5.414	4.301
	50	2.080	4.026	0.997	1.346	0.323	5.370	4.166

表 2-2　紫花白品种马铃薯圆柱试样压缩特性参数

取样部位	加载速率 /mm·min⁻¹	回归方程 $\sigma = a\varepsilon^2 + b\varepsilon$ 参数			应力 σ_p/MPa	应变 ε_p	E_p/MPa	E_g/MPa
		a	$b(E_b)$	R^2				
表皮部分 1	10	4.661	1.857	0.996	1.494	0.405	5.633	3.689
	30	5.336	2.012	0.998	1.620	0.393	6.206	4.121
	50	5.507	2.197	0.997	1.598	0.378	6.360	4.229
表皮部分 2	10	5.295	1.585	0.999	1.692	0.432	6.160	3.916
	30	5.881	1.722	0.997	1.718	0.41	6.544	4.191
	50	5.862	1.933	0.998	1.615	0.395	6.564	4.090
芯部	10	3.563	2.463	0.998	1.680	0.41	5.384	4.099
	30	3.927	2.838	0.996	1.701	0.386	5.870	4.406
	50	4.079	3.049	0.998	1.678	0.372	6.084	4.512

2.1.2.2　应力—应变曲线及参数分析

同一加载速度下，马铃薯三个部位圆柱试样压缩过程应力—应变曲线如图 2-5 所示，曲线显示圆柱试样压缩过程中，加载的初始区段（变形量在 4mm 内时）应力随应变的变化更接近线性关系，随着应变的增加应力上升速度逐渐加快，是由于压缩到一定程度，圆柱试样内部组织细胞破裂，由于没有马铃薯表皮组织的限制，试验过程中可观察到试样中有水分挤出，能量散失较多，黏弹性物料的材料性质发生一定变化，随着黏弹性的减小，马铃薯试样密度加大，越来越接近刚性体，随应变量的增加应力增加的速度变快，最后达到极限发生破裂；整个压缩过程中并未出现明显的生物屈服点，直至试样破裂时达到最大应力点，即破裂点，破裂点对应于圆柱试样宏观结构的破坏，破裂后瞬间应力快速下降，此时试样内部组织已发生滑移、变形和破裂，同时伴随水分的大量流失；由于含水率、淀粉含量等化学成分含量的影响，不同部位试样压缩特性参数值不同，见表2-1、表2-2，含水率较高的芯部试样的应力—应变曲线更接近线性，非线性材料常数 a 值较小，而初始弹性模量 E_b 值较大，如图2-6、图2-7所示。

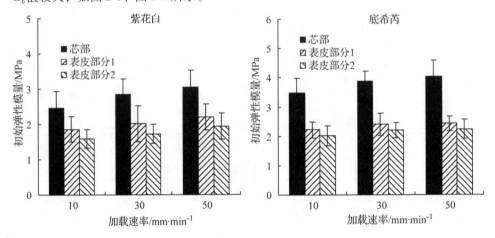

图2-6 不同加载速率下不同部位压缩初始弹性模量比较

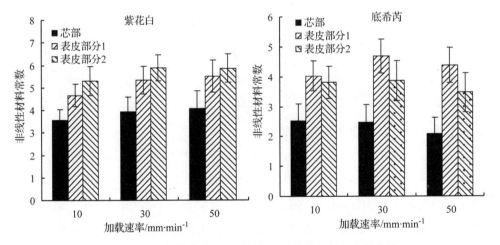

图2-7 不同加载速率下不同部位压缩非线性材料常数比较

2.1.2.3 加载速率对圆柱试样压缩特性参数的影响

分析采用 SPSS 数据统计软件中多变量差异分析（MANOVA）过程中的 Scheffe 方法，对两个品种马铃薯在不同压缩速率下得到的三个部位圆柱形试样压缩特性参数均值进行差异分析，结果见表 2-3，得出不同加载速率下两个品种马铃薯试样压缩时的破裂点应变 ε_p 呈极显著差异（差异显著概率 < 0.01）、初始弹性模量 E_b 呈显著差异；其中紫花白品种马铃薯圆柱试样不同加载速率下的初始弹性模量 E_b 差异较大（差异显著概率 < 0.01），同时破裂点正切模量 E_p 差异也较显著，而底希芮品种马铃薯圆柱试样初始弹性模量 E_b 的差异水平相对较小。以紫花白品种为例，图 2-8 为同一品种不同部位圆柱试样以三种不同加载速率压缩时得到的应力—应变曲线，由图可以看出，加载速率越大，曲线上升越快，试样压缩过程中初始弹性模量 E_b 越大，见表 2-1、表 2-2，不同加载速率下破裂点应力、应变还与压缩过程中试样内部组织结构的变化以及化学物质成分含量有关。

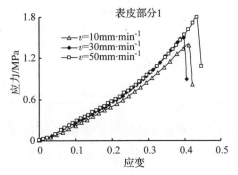

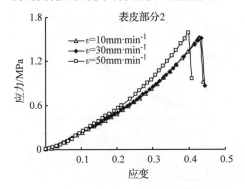

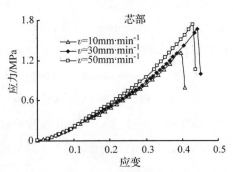

图 2-8　同一品种不同加载速率下圆柱试样应力—应变曲线

表 2-3　不同压缩速率下马铃薯圆柱试样压缩特性参数差异分析

影响变量	自由度 df	紫花白品种		底希芮品种	
		F 值	差异显著概率	F 值	差异显著概率
a	2	2.448	0.105	0.505	0.609
E_b	2	6.210	0.006	4.572	0.019
σ_p	2	0.740	0.486	0.017	0.983

（续）

影响变量	自由度 df	紫花白品种		底希芮品种	
		F 值	差异显著概率	F 值	差异显著概率
ε_p	2	18.269	<0.001	5.701	0.009
E_p	2	4.431	0.022	1.989	0.156
E_g	2	2.597	0.093	2.375	0.112

表 2-4　两个品种马铃薯圆柱试样压缩特性参数差异分析

影响变量	自由度 df	$v = 10\text{mm} \cdot \text{min}^{-1}$		$v = 30\text{mm} \cdot \text{min}^{-1}$		$v = 50\text{mm} \cdot \text{min}^{-1}$	
		F 值	差异显著概率	F 值	差异显著概率	F 值	差异显著概率
a	1	26.703	<0.001	33.999	<0.001	37.925	<0.001
E_b	1	57.215	<0.001	15.576	0.001	11.867	0.003
σ_p	1	34.264	<0.001	17.931	<0.001	12.763	0.002
ε_p	1	116.463	<0.001	37.824	<0.001	15.857	0.001
E_p	1	17.331	0.001	20.973	<0.001	20.893	<0.001
E_g	1	3.949	0.062	1.573	0.226	4.065	0.059

2.1.2.4 不同品种马铃薯圆柱试样压缩特性参数分析

通过紫花白和底希芮两个品种马铃薯圆柱试样的压缩试验，得到同一加载速率（以 $v = 10\text{mm} \cdot \text{min}^{-1}$ 为例）下两个品种马铃薯不同部位试样的应力—应变曲线如图 2-9 所示，可以看出加载的初始阶段，同一部位两个品种马铃薯试样的应力—应变曲线基本重合，随着加载的继

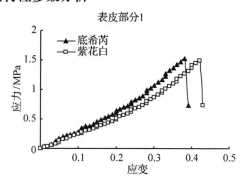

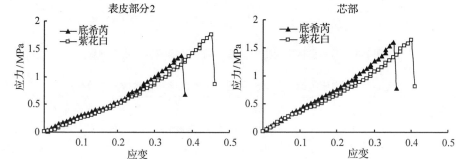

图 2-9　不同品种同一加载速率下圆柱试样应力—应变曲线

续，两个品种马铃薯试样的应力—应变曲线差异变大，底希芮品种试样压缩曲线的切线模量增长较快。对两个品种马铃薯圆柱形试样在不同压缩速率下得到的压缩特性参数进行差异分析，结果见表 2-4，得出同一加载速率下两个品种马铃薯圆柱形试样压缩过程中，非线性材料常数 a、初始弹性模量 E_b、破裂点应力 σ_p、破裂点应变 ε_p、破裂点正切模量 E_p 均呈极显著差异（差异显著概率 < 0.01），只有破裂点正割模量 E_g 差异不显著（差异显著概率 > 0.05）。因此，受品种间的差异影响，紫花白和底希芮两个品种马铃薯圆柱形试样压缩至破裂时表现出来的力学特性参数整体差异比较显著。

2. 1. 2. 5　试样各压缩特性参数间的相关性分析

马铃薯圆柱试样压缩特性各参数指标间相互影响，存在着一定的相关性，可以通过统计学中研究变量间密切程度的方法，运用统计分析软件对两个品种马铃薯圆柱试样的压缩试验力学参数进行相关性分析，采用 Pearson 相关系数法度量各参数间的相关程度，算得相关系数 R，R 介于 $-1 \sim 1$ 之间，$R > 0$ 为正相关，$R < 0$ 为负相关。再通过查表法得出显著性检验概率 P。各因素之间当 $P \leqslant 0.01$ 时相关性极显著；$0.01 < P \leqslant 0.05$ 时，相关性显著；$P > 0.05$ 时，相关性不显著。

表 2-5　紫花白品种马铃薯圆柱试样压缩特性参数相关性分析

	σ_p	ε_p	a	E_b	E_p	E_g
σ_p	1	0. 335	0. 439 **	0. 348	0. 710 **	0. 871 **
ε_p	0. 335	1	0. 668 **	− 0. 633 **	0. 605 **	− 0. 159
a	0. 439 **	0. 668 **	1	− 0. 465 **	0. 861 **	0. 142
E_b	0. 348	− 0. 633 **	− 0. 465 **	1	− 0. 035	0. 715 **
E_p	0. 710 **	0. 605 **	0. 861 **	− 0. 035	1	0. 479 **
E_g	0. 871 **	− 0. 159	0. 142	0. 715 **	0. 479 **	1

表 2-6　底希芮品种马铃薯圆柱试样压缩特性参数相关性分析

	σ_p	ε_p	a	E_b	E_p	E_g
σ_p	1	0. 660 **	0. 540 **	− 0. 312	0. 664 **	0. 848 **
ε_p	0. 660 **	1	0. 629 **	− 0. 748 **	0. 549 **	0. 163
a	0. 540 **	0. 629 **	1	− 0. 799 **	0. 932 **	0. 261

（续）

	σ_p	ε_p	a	E_b	E_p	E_g
E_b	-0.312	-0.748^{**}	-0.799^{**}	1	-0.551^{**}	0.131
E_p	0.664^{**}	0.549^{**}	0.932^{**}	-0.551^{**}	1	0.487^{**}
E_g	0.848^{**}	0.163	0.261	0.131	0.487^{**}	1

注：* 表示相关性显著，双侧显著性检验概率 $P < 0.05$；** 表示相关性极显著，双侧显著性检验概率 $P < 0.01$。

研究选取压缩速率为 $10\text{mm} \cdot \text{min}^{-1}$ 时准静态压缩试验得到的参数进行相关性分析，表 2-5、表 2-6 中列出了圆柱试样压缩试验参数两两之间的 Pearson 相关系数。从圆柱试样各压缩试验参数相关性分析结果可以看出，对于两个品种马铃薯圆柱试样，其破裂点应力 σ_p 与物料的非线性材料常数 a、破裂点切线模量 E_p、割线模量 E_g 均极显著正相关；破裂点应变 ε_p 与非线性材料常数 a、破裂点切线模量 E_p 极显著正相关；a 又与 E_p 极显著正相关，即马铃薯试样物料压缩时应力—应变曲线非线性越明显，其达到破裂时的极限应力、极限应变、切线模量越大。

两个品种马铃薯试样的初始弹性模量 E_b 与破裂点应变 ε_p、非线性材料常数 a 均极显著负相关，说明马铃薯试样压缩时初始弹性模量越大，其达到破裂点时的极限应变越小，破裂前的应力—应变曲线越接近线性。同时在破裂点处两个品种马铃薯圆柱试样的切线模量 E_p 与割线模量 E_g 也是极显著正相关的，即达到破裂时试样的切线模量越大，其破裂点处割线模量也越大，试样应力—应变曲线的非线性越明显。由于压缩时的初始弹性模量 E_b 在试样应力应变的初始阶段即可获得，因此可在试样不破裂的前提下，通过压缩来近似估计出试样材料达到破裂的极限应变以及材料的非线性常数。

2.1.3 马铃薯完整块茎的压缩特性

由于马铃薯块茎形状不规则，采用平板压头加载过程中块茎受压面积变化较大且不规则，对试验参数影响较复杂，同时参考常见果实硬度计检测果实硬度时的加载方式，采用平顶圆柱压头对马铃薯试样加载时所得压缩及应力松弛特性参数进行分析，整茎压缩试验装置及其简图如图 2-10、图 2-11 所示。

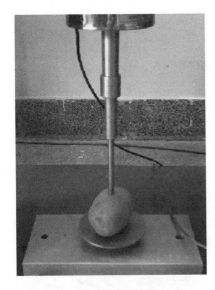

图 2-10 马铃薯整茎压缩试验装置

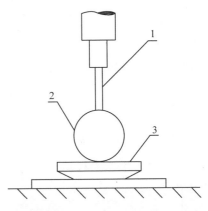

1.平顶圆柱压头 2.整茎试样物料 3.底座

图 2-11 整茎压缩试验装置简图

试验采用圆柱形压头对马铃薯整茎加载时，压头直径约为马铃薯整茎试样几何直径的 1/10，加载前先给马铃薯一个微小预载荷，使得压头与马铃薯表皮全面积接触；本试验选用压头直径为 8mm，将马铃薯块茎看作椭球，沿椭球半径从 x、y、z 方向对马铃薯整茎进行压缩和应力松弛试验（x 向沿较长轴方向，y、z 向沿两个较短轴方向），如图 2-12 所示。

马铃薯整茎压缩试验的测试系统流程与圆柱试样压缩试验测试系统流程相同，此处不再赘述。

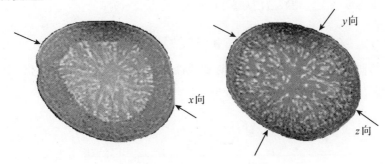

图 2-12 整茎试验时的加载方向

2.1.3.1 整茎试样压缩特性参数指标的确定

根据圆柱压头对马铃薯整茎试样加载得到的力—变形曲线特征，通过曲线估计及回归分析，得出马铃薯整茎试样达到破裂点前的加载阶段曲线采用截距为零的二次多项式抛物线（开口向下）拟合效果较好，如图 2-13 所示，其对整茎试样压缩试验加载阶段曲线拟合的回归系数 $R^2 > 0.99$，表达式为：

$$F = aS^2 + bS \tag{2-8}$$

式中　F——压缩力，N；

　　　S——变形量，mm；

　　　A，b——拟合系数。

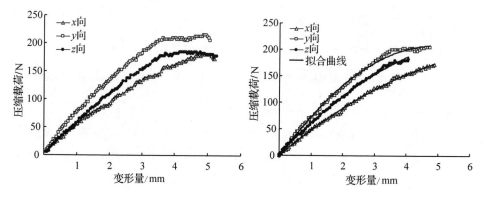

图 2-13　不同加载方向的整茎压缩曲线及加载拟合曲线

马铃薯整茎达到破裂点前的压缩过程中，力—变形曲线任意点的切线斜率随变形量的增加逐渐减小，则破裂前加载阶段刚度 K 可表示为：

$$K = \frac{\mathrm{d}F}{\mathrm{d}S} = 2aS + b \tag{2-9}$$

加载的初始阶段压缩力和变形量近似线性关系，马铃薯整茎压缩过程中原点处的切线斜率，即初始刚度值 K_b 可表示为：

$$K_b = \frac{\mathrm{d}F}{\mathrm{d}S}\Big|_{S=0} = b \tag{2-10}$$

表 2-7　底希芮品种马铃薯整茎压缩特性参数

加载方向	加载速率/ mm·min⁻¹	回归方程 $F = aS^2 + bS$ 参数			压缩力 F_p/N	变形量 S_p/mm	K_p/ N·mm⁻¹	K_g/ N·mm⁻¹	破坏能 U/N·m
		a	$b(K_b)$	R^2					
x 向	10	-2.449	64.40	0.999	285.25	5.760	36.197	49.523	0.738
	30	-1.867	60.10	0.999	276.50	5.684	38.878	48.645	0.724
	50	-1.472	59.75	0.999	274.00	5.440	43.738	50.368	0.771
y 向	10	-6.626	80.28	0.998	263.00	4.146	25.335	63.435	0.611
	30	-3.583	76.46	0.998	269.95	4.378	45.089	61.661	0.616
	50	-1.989	70.97	0.998	256.50	4.230	54.141	60.638	0.566
z 向	10	-4.575	75.43	0.998	279.50	4.628	33.084	60.393	0.695
	30	-2.745	71.47	0.999	276.50	4.824	44.985	57.318	0.715
	50	-2.176	70.89	0.999	267.00	4.338	52.007	61.549	0.627

表 2-8　紫花白品种马铃薯整茎压缩特性参数

加载方向	加载速率/ mm·min⁻¹	回归方程 $F = aS^2 + bS$ 参数			压缩力 F_p/N	变形量 S_p/mm	K_p/ N·mm⁻¹	K_g/ N·mm⁻¹	破坏能 U/N·m
		a	$b(K_b)$	R^2					
x 向	10	-2.480	54.03	0.996	219.38	5.213	28.174	42.086	0.622
	30	-2.470	54.57	0.996	212.81	5.240	28.683	40.613	0.632
	50	-2.155	55.57	0.996	223.75	5.414	32.241	41.328	0.692
y 向	10	-5.100	69.92	0.995	206.25	4.398	25.066	46.902	0.530
	30	-4.570	68.98	0.995	205.31	4.373	28.997	46.955	0.536
	50	-4.036	67.22	0.995	207.75	4.548	30.511	45.679	0.563
z 向	10	-3.224	61.51	0.997	222.19	4.853	30.222	45.788	0.608
	30	-2.950	61.23	0.997	215.31	4.785	32.981	44.997	0.597
	50	-2.565	60.64	0.997	213.95	4.996	35.012	42.824	0.626

马铃薯整茎压缩时，在其二次多项式回归曲线的拟合系数中，一次项系数 b 表征的是压缩过程的初始刚度 K_b，二次项系数 a 表征的是整茎试样的非线性材料常数。设整茎压缩到破裂点处的压缩力、变形量为 F_p、S_p，则破裂点处的刚度 K_p 和割线斜率 K_g 为：

$$K_p = \frac{\mathrm{d}F}{\mathrm{d}S}\Big|_{S=S_p} = 2aS_p + b \tag{2-11}$$

$$K_g = \frac{F_p}{S_p} \tag{2-12}$$

马铃薯整茎压缩至破裂时，物料所吸收的破坏能 U 可表示为：

$$U = \int_0^S F\mathrm{d}S = \int_0^S (aS^2 + bS)\,\mathrm{d}S \tag{2-13}$$

回归拟合后求得的各压缩特性参数见表 2-7、表 2-8。

2.1.3.2 整茎试样力—变形曲线及参数分析

通过圆柱压头对马铃薯整茎进行压缩得到如图 2-13 的力—变形曲线，加载初始阶段马铃薯内部组织抗挤压、剪切应力较大，因此随变形量的增加，载荷力上升较快，近似线性关系。随着加载的继续，由于表皮下内部微观组织先于表皮发生破坏，植物细胞内液体渗流，表皮层内部组织的抗剪切应力逐渐减小，发生黏性流动，因此，载荷随变形量增加上升变缓，直至破裂点马铃薯表皮发生破坏。与圆柱形试样轴向压缩试验类似，马铃薯整茎压缩过程中得到加载阶段力与变形的关系是非线性的，并未出现明显的生物屈服点。

2.1.3.3 加载速率对整茎试样压缩曲线及参数的影响

图 2-14 为同一品种马铃薯整茎试样沿不同方向以三种不同加载速率压缩时得到的力—变形曲线，由图可以看出，压缩的初始阶段，不同加载速率下的曲线基本重合，力—变形曲线与加载速率的大小基本无关，即初始刚度 K_b 基本不受加载速率影响，随着压缩变形量的增加，曲线上升速度变缓，不同加载速率下的曲线产生了分离；加载速率越大，整茎试样的非线性材料常数的绝对值越小，其力—变形曲线越接近线性，见表 2-7、表 2-8，不同加载速率下整茎试样达到破裂点时的最大压力、变形量同时还取决于压缩过程中试样内部组织结构的变化以及化学物质成分含量的影响。三个加载速率下，马铃薯整茎压缩至破裂时，物料所吸收的破坏能 U 比较接近。

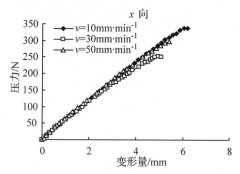

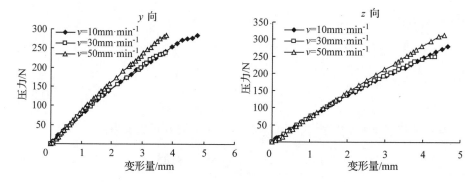

图 2-14 同一品种不同加载速度下整茎试样力—变形曲线

表 2-9　不同压缩速率下马铃薯整茎试样压缩特性参数差异分析

影响变量	自由度 df	紫花白品种		底希芮品种	
		F 值	差异显著概率	F 值	差异显著概率
a	2	0.250	0.781	3.598	0.041
K_b	2	0.022	0.978	1.859	0.175
F_p	2	0.117	0.890	0.626	0.542
S_p	2	0.346	0.711	0.739	0.487
K_p	2	0.118	0.890	10.301	<0.001
K_g	2	0.252	0.779	0.198	0.821
U	2	0.370	0.695	1.915	0.167

　　对两个品种马铃薯整茎试样在不同压缩速率下得到的三个方向压缩特性参数均值进行差异分析，结果见表 2-9，得出不同加载速率下底希芮品种整茎压缩时的初始刚度值 K_b、破裂点载荷 F_p、破裂点变形量 S_p、破裂点处的割线斜率 K_g、破坏能 U 的差异不显著（差异显著概率 >0.05），只有破裂点处的刚度 K_p 和非线性材料常数 a 的差异相对显著；不同加载速率对紫花白品种整茎压缩特性参数（a、K_b、F_p、S_p、K_g、K_p、U）的影响差异均不显著。

2.1.3.4　不同品种马铃薯整茎试样压缩特性参数分析

　　通过对紫花白和底希芮两个品种马铃薯整茎试样进行压缩，得到同一加载速率下（以 $v = 10\mathrm{mm} \cdot \mathrm{min}^{-1}$ 为例）两个品种马铃薯整茎试样沿不同方向加载时的力—变形曲线如图 2-15 所示，可以看出，压缩过程中，两个品种马铃薯试样沿同一加载方向的力—变形曲线有明显差异，底希芮品种整茎试样的初始刚度值 K_b 高一些，其破裂点处的压缩力 F_p、破裂点刚度值 K_p、割线斜率 K_g 也比紫花白品种高，见表 2-7、表 2-8。与紫花白品种相比，底希芮品种马铃薯整茎压缩至破裂时，马铃薯所吸收的破坏能 U 较大。

　　对两个品种马铃薯整茎试样在不同压缩速率下得到的三个方向压缩特性参数均值进行差异分析，结果见表 2-10，得出同一加载速率下两个品种整茎试样压缩过程中，初始刚度值 K_b 呈显著差异（差异显著概率 <0.05），破裂点载荷 F_p、破裂点刚度 K_p、破裂点割线斜率 K_g 均呈极显著差异（差异显著概率 <0.01），而材料非线性常数 a、破裂点变形量 S_p 差异不显著（差异显著概率 >0.05）；压缩速率为 $10\mathrm{mm} \cdot \mathrm{min}^{-1}$ 时，两个品种马铃薯整茎破裂时所吸收的破坏能差异极显著，而当压缩速率较大，为

30mm · min⁻¹和 50mm · min⁻¹时，两个品种马铃薯整茎的破坏能差异并不显著。综合来看，在 10mm · min⁻¹的准静态压缩速率下，除非线性常数 a、破裂点变形量 S_p 外，紫花白和底希芮两个品种马铃薯整茎试样压缩时表现出来的其他力学特性参数差异更为显著。

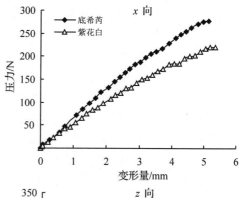

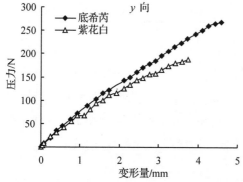

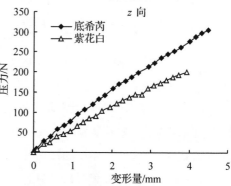

图 2-15　不同品种同一加载速度下整茎试样力—变形曲线

表 2-10　两个品种马铃薯整茎试样压缩特性参数差异分析

影响变量	自由度 df	$v = 10\text{mm} \cdot \text{min}^{-1}$		$v = 30\text{mm} \cdot \text{min}^{-1}$		$v = 50\text{mm} \cdot \text{min}^{-1}$	
		F 值	差异显著概率	F 值	差异显著概率	F 值	差异显著概率
a	1	1.096	0.311	0.379	0.547	3.713	0.070
K_b	1	11.272	0.004	5.068	0.038	5.322	0.033
F_p	1	42.373	<0.001	28.065	<0.001	32.343	<0.001
S_p	1	0.021	0.886	0.228	0.639	2.166	0.158
K_p	1	9.778	0.007	16.372	0.001	65.294	<0.001
K_g	1	30.795	<0.001	18.149	0.001	48.037	<0.001
U	1	19.819	<0.001	3.946	0.064	0.391	0.540

表 2-11　紫花白品种马铃薯整茎各向压缩参数与其均值的相关系数

各向值	均值						
	F_p	S_p	a	K_b	K_p	K_g	U
x 向	0.902**	0.769**	0.759**	0.716**	0.761**	0.782**	0.816**
y 向	0.820**	0.602**	0.611**	0.726**	0.493**	0.607**	0.701**
z 向	0.848**	0.857**	0.659**	0.822**	0.643**	0.685**	0.895**

注：* 表示相关性显著，双侧显著性检验概率 $P < 0.05$；** 表示相关性极显著，双侧显著性检验概率 $P < 0.01$。

2.1.3.5　整茎试样各压缩特性参数间的相关性分析

　　与圆柱试样一样，马铃薯整茎试样压缩特性各参数指标间也存在着一定的相关性，通过统计学方法，运用统计分析软件 SPSS 对两个品种马铃薯整茎试样的压缩试验力学参数进行相关性分析，度量各参数间的相关程度；对整茎沿 x、y、z 三个方向压缩获得的力学参数与三个方向参数的均值进行相关分析，结果表明其均值与三个方向力学参数均极显著正相关，见表 2-11、表 2-12。因此，本研究可通过分析不同整茎试样各方向力学参数均值间的相关性，进一步了解马铃薯整茎试样的力学特性。

表 2-12　底希芮品种马铃薯整茎各向压缩参数与其均值的相关系数

各向值	均值						
	F_p	S_p	a	K_b	K_p	K_g	U
x 向	0.791**	0.797**	0.785**	0.790**	0.474**	0.786**	0.796**
y 向	0.870**	0.771**	0.946**	0.930**	0.870**	0.856**	0.744**
z 向	0.866**	0.878**	0.909**	0.921**	0.913**	0.881**	0.836**

注：* 表示相关性显著，双侧显著性检验概率 $P < 0.05$；** 表示相关性极显著，双侧显著性检验概率 $P < 0.01$。

　　当压缩速度为 $10\text{mm} \cdot \text{min}^{-1}$ 时，对准静态压缩试验获得的参数进行相关性分析，表 2-13、表 2-14 中列出了马铃薯整茎试样各压缩试验参数两两之间的 Pearson 相关系数。由整茎试样各压缩试验参数相关性分析结果，可以看出，对于两个品种马铃薯整茎试样破裂点载荷 F_p 与破裂点变形量 S_p 均极显著正相关，即圆柱压头压缩整茎至破裂时达到的载荷越大其变形量也越大；同时破裂点变形量 S_p 还与物料压缩至破裂点时力—变形曲线的割线斜率 K_g 极显著负相关。

表 2-13 紫花白品种马铃薯整茎试样压缩特性参数相关性分析

	F_p	S_p	a	K_b	K_p	K_g
F_p	1	0.534**	0.210	0.190	0.251	0.433*
S_p	0.534**	1	0.258	−0.276	−0.305	−0.521**
a	0.210	0.258	1	−0.848**	0.717**	−0.078
K_b	0.190	−0.276	−0.848**	1	−0.348	0.495**
K_p	0.251	−0.305	0.717**	−0.348	1	0.574**
K_g	0.433*	−0.521**	−0.078	0.495**	0.574**	1
U	0.743**	0.925**	0.083	0.052	−0.267	−0.232

表 2-14 底希芮品种马铃薯整茎试样压缩特性参数相关性分析

	F_p	S_p	a	K_b	K_p	K_g
F_p	1	0.516**	0.253	−0.060	0.381*	0.204
S_p	0.516**	1	0.678**	−0.750**	0.164	−0.721**
a	0.253	0.678**	1	−0.940**	0.710**	−0.613**
K_b	−0.060	−0.750**	−0.940**	1	−0.459**	0.836**
K_p	0.381*	0.164	0.710**	−0.459**	1	0.094
K_g	0.204	−0.721**	−0.613**	0.836**	0.094	1
U	0.829**	0.875**	0.421*	−0.394*	0.140	−0.329

注：＊表示相关性显著，双侧显著性检验概率 $P < 0.05$；＊＊表示相关性极显著，双侧显著性检验概率 $P < 0.01$。

与圆柱试样压缩特性参数的相关性类似，对于两个品种的马铃薯整茎，其非线性材料常数 a 与压缩时的初始刚度值 K_b 均极显著负相关，而与破裂点处的刚度值 K_p 正相关，即整茎试样的非线性材料常数越大，马铃薯压缩时初始刚度值越小，其达到破裂时的刚度值越大越难破裂。同样，由于压缩时的初始刚度值 K_b 在试样力—变形曲线的初始阶段即可获得，因此可在试样不破裂的条件下，通过平顶圆柱压头压缩来近似估计出试样的非线性常数。两个品种马铃薯整茎试样，压缩至破裂时所吸收的破坏能 U，与破裂点载荷及变形量均极显著正相关，试样破裂所要达到的压缩载荷与压缩变形量越大，其压缩至破裂所要吸收的能量越多。

2.1.4 马铃薯圆柱试样与整茎试样压缩特性比较分析

马铃薯为黏弹性固体农业物料，从其圆柱形试样和整茎试样的压缩试验结果分析及所得的压缩曲线可以看出，马铃薯物料的非线性黏弹特性比较明显，且在压缩过程中无明显的生物屈服点，在较小载荷和变形量的作用下，其应力—应变（力—变形）曲线接近线性，随着物料中细胞结构的破裂，马铃薯表现出非线性黏弹性特征，压缩至破裂点后，宏观组织破裂压缩力发生突降。

对应于农业生物物料植物细胞的基本结构，物料的黏弹性主要来自于其组织内生物细胞的细胞壁、细胞质等生物组织结构的影响；当物料受到冲击力或静载压力作用时，其细胞内的液体可以使物料内部产生的压力作用于细胞壁上，让细胞处于一种弹性应力状态下，这种细胞内的静压力称为膨压。细胞壁的结构组成决定了生物物料的弹性、黏性、刚度等力学参数，细胞中的液体通过细胞膜约束在细胞壁的内部。压缩初始阶段，细胞内液体约束在细胞膜内，产生膨压使物料主要表现出弹性特性，随着载荷的增加，细胞膜发生破裂，细胞液透过细胞膜渗流，膨压发生变化，从而导致物料黏弹性特征的非线性化，直至达到物料的破裂点发生宏观破裂。

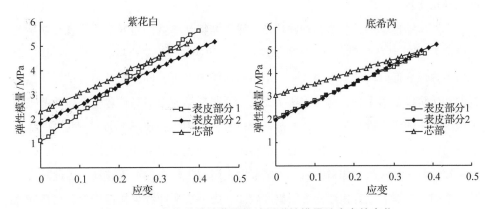

图 2-16　两个品种马铃薯圆柱试样弹性模量随应变的变化

对于马铃薯圆柱形试样，压缩过程中物料发生变形的同时，由于挤压伴随有水分的流失，圆柱形试样物料中干物质密度相应增加，材料弹性减小，应力—应变曲线上弹性模量随应变增加而增加，如图 2-16 所示，压缩应力随着应变的增加上升速度加快，直至试样破裂；而对于马铃薯整茎试样，压缩至破裂前，可观察到完整块茎基本没有水分损失和能量损耗，但随着压缩变形量的增加，由于整茎表皮下组织受到圆柱形压头的挤压和剪切作用，物料内部组织开始发生黏性流动，压缩力随变形量增加，上升速度变缓，力—变形曲线切线斜率减小，试样物料刚度值随变形量增加而减小，如图 2-17 所示，直至达到破坏极限试样破裂。

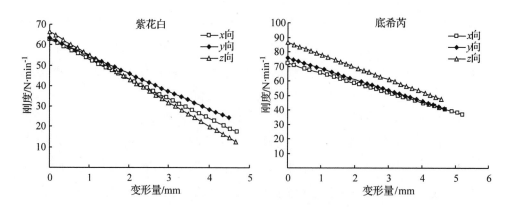

图 2-17　两个品种马铃薯整茎试样刚度随变形量的变化

马铃薯品种不同、压缩速率不同，圆柱形试样与整茎试样表现出的压缩特性也不同。紫花白和底希芮两个品种的马铃薯圆柱试样及整茎试样在各压缩特性参数上的差异均比较大。

不同压缩速率下，两个品种圆柱形试样压缩特性参数的差异主要体现在初始弹性模量 E_b 和破裂点应变 ε_p 上，压缩速率越大，初始弹性模量也越大，应力—应变曲线初始弹性变形阶段的斜率越大。三个不同压缩速率下，同一品种整茎试样压缩曲线的初始阶段基本重合，与压缩速率无关，说明压缩速率对马铃薯整茎弹性范围内细胞内膨压的产生影响不大，压缩至一定位置，不同压缩速率下的力—变形曲线开始分离，表明了压缩速率不同，造成物料组织黏性流动对压缩力的影响不同，压缩速率较快时，黏性流动相对滞后，一定程度上阻碍了压头的向下移动，因此随变形量的增加，压缩力上升速度变缓的幅度较小，力—变形曲线更接近线性；而压缩速率越慢，黏性流动的滞后越不明显，使压缩力随变形量增加上升速度变缓较快，力—变形曲线的切线斜率下降较快。

2.2　马铃薯应力松弛特性

对马铃薯整茎和圆柱试样进行应力松弛试验时，很难实现给物料施加阶跃变形量，使其瞬间达到某一恒应变。因此，本研究根据波尔兹曼（Boltzmann）叠加原理：

$$\sigma(t) = \int_0^t E(t-\tau)\frac{d\varepsilon(\tau)}{d\tau}d\tau$$

$$= \int_0^t \varepsilon'(\tau)E(t-\tau)d\tau$$

(2-14)

式中 τ——对于时间的中间变量，s。

将松弛试验要达到的恒应变看成是其加载过程中，无限多个应变叠加而成，试验中通过一定速度加载，压缩马铃薯试样至某一常变形量来达到恒应变。加载前先给试样一个微小预载荷，使得压头与马铃薯试样全面积接触。

应力松弛试验所选试验材料及试验设备与压缩特性试验相同，其测试系统流程框图如图 2-18 所示。

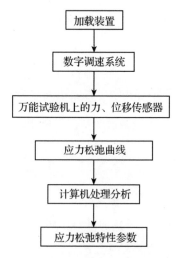

图 2-18　应力松弛试验测试系统流程

2.2.1　应力松弛试验因素及特性参数指标

2.2.1.1　应力松弛试验因素

通过马铃薯整茎和圆柱形试样的压缩试验数据及曲线可以得出，压缩变形量在 4mm 之内，其力—变形(应力—应变)曲线基本为线性关系，试样处于弹性变形范围内，因此本研究应力松弛试验的常变形量分别选取 2mm 和 3mm，同一试验因素及水平下进行 10 次重复试验，试验因素及水平见表 2-15。

表 2-15　马铃薯应力松弛试验因素水平

水平	因素					
	加载速率/ mm · min^{-1}	取样部位 （平板压头加载）	受压部位 （圆柱压头加载）	常变形量 /mm	品种	加载方式
1		芯部	x 向	2	紫花白	平板压头
2	10	表皮部分1	y 向	3	底希芮	圆柱压头
3		表皮部分2	z 向			

2. 2. 1. 2　应力松弛特性参数指标

应力松弛特性试验参数指标包括：

（1）应力松弛时间 T

物料在保持常值应变的过程中，应力松弛流变学模型按松弛时间 T 确定的速率以指数规律松弛其应力；松弛时间愈长，弹性愈显著，愈接近固体；松弛时间愈短，黏性愈显著，愈接近于液体。

（2）平衡弹性模量 E_e

实际物料即使在松弛很长时间以后，物料中的应力并没有完全消失，仍残留有一些平衡应力 σ_e，其体现在应力松弛流变学模型弹性元件上的弹性模量 E_e 称为平衡弹性模量。

（3）衰变弹性模量 E_1

在应力松弛试验时，物料突然压缩变形到一定程度并保持不变，常应变量使其获得初始应力载荷 σ_0，随着松弛过程的进行，初始应力逐渐衰减至平衡应力 σ_e，初始应力与平衡应力的差值称为衰变应力 σ_1（$\sigma_1 = \sigma_0 - \sigma_e$），其对应的应力松弛流变学模型弹性元件上的弹性模量 E_1 称为衰变弹性模量。

（4）黏性系数 η

应力松弛流变学模型中黏性元件阻尼器的黏性系数为与物料中液体黏度有关的常量，其与应力应变的关系表达式为：

$$\eta = \frac{\sigma}{\dot{\varepsilon}} \tag{2-15}$$

式中　σ—— 应力，MPa；

　　　$\dot{\varepsilon}$—— 应变速率，s^{-1}；

　　　H——黏性系数，N · s · mm^{-2}。

（5）零时弹性模量 E_0

加载至常变形量保持不变，应力松弛过程开始时 $t = 0$ 时刻的瞬时弹性模量 E_0 为零时弹性模量，$E_0 = E_1 + E_e$。

2.2.2　马铃薯圆柱试样的应力松弛特性

2.2.2.1　松弛特性参数指标的确定

根据马铃薯圆柱试样应力松弛过程中，应力随时间衰减关系曲线的特征，通过非线性回归分析对曲线进行拟合，分析过程如图 2-21 所示，通过对几个广义 Maxwell 模型的分析，结果表明所研究的两个品种马铃薯圆柱形试样，其应力松弛过程曲线与三参数广义 Maxwell 模型松弛过程曲线拟合回归效果较好，如图 2-19 所示，曲线拟合的回归系数 $R^2 > 0.95$，应力随时间变化的曲线方程为：

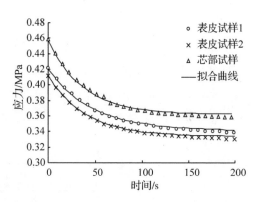

图 2-19　圆柱试样应力松弛曲线及拟合曲线

$$\sigma(t) = \sigma_1 e^{-t/T} + \sigma_e \tag{2-16}$$

图 2-20 为三元件广义 Maxwell 模型，模型方程为：

$$E(t) = E_1 e^{-t/T} + E_e \tag{2-17}$$

式中　$E(t)$——任意时刻瞬时弹性模量，MPa；

　　　E_1——衰变弹性模量，MPa；

　　　E_e——平衡弹性模量，MPa；

　　　T——应力松弛时间，s；$T = \eta / E_1$。

在 $t = 0$ 时刻，由上式可得零时弹性模量：

$$\begin{aligned} E_0 &= E(t = 0) \\ &= E_1 + E_e \end{aligned} \tag{2-18}$$

根据模型方程对试验数据进行非线性回归分析，由统计软件 SPSS 确定方程系数 a、b、c，然

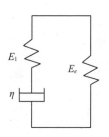

图 2-20　三参数广义 Maxwell 模型

后换算求得参数常量 E_1、E_e、E_0、T、η，进而确定马铃薯圆柱形试样应力松弛特性模型参数指标。

2.2.2.2 应力—时间曲线分析

从马铃薯圆柱形试样应力松弛试验得到的应力—时间曲线可以看出，在黏弹性范围内保持常变形量，试样材料有明显的应力松弛现象，应力随着时间不断衰减，衰减至平衡应力 σ_e 时趋于平衡，马铃薯组织细胞中的含水量是维持细胞渗透压平衡的主要原因，含水量大，易保持平衡，同一常变形量下，马铃薯三个部位圆柱试样应力松弛过程应力—时间曲线如图 2-19 所示，曲线显示圆柱试样应力松弛过程中，不同部位试样由于试样物质成分含量的影响参数值不同，其中马铃薯块茎芯部试样含水率较高（淀粉等干物质含量较低），其平衡应力 σ_e 较高，模型中平衡弹性模量 E_e、衰变弹性模量 E_1 也较高，见表 2-16、表 2-17。

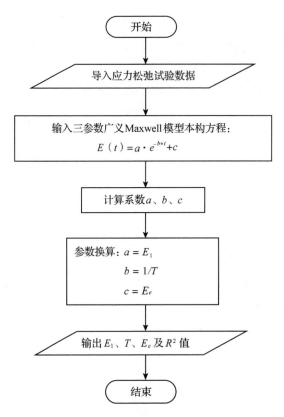

图 2-21 应力松弛模型参数计算流程

2.2.2.3 常变形量对应力松弛特性参数的影响

由表 2-16、表 2-17 可以看出，在 2mm 和 3mm 常变形量下，应力松弛模型的弹性模量 E_1、E_e 和 E_0 较为接近，变形量对其无明显影响，由于压缩时在 2～3mm 变形范围内，圆柱试样物料应力随应变的变化更接近线性关系，因此弹性模量基本变化不大，两个不同变形量对试样材料内部细胞组织中膨压的变化量影响较小；压缩至 3mm 常变形量保持不变时，松弛过程中的应力松弛时间比保持 2mm 变形量时的松弛时间要长一些，是由于切割后圆柱形试样没有表皮的束缚，压缩至不同变形量保持不变的过程中有一少部分水分损失，试样密度发生变化，松弛过程中与外界产生的能量交换不同，导致材料的黏性系数不同，3mm 常变形量时物料水分散失比 2mm 常变形量时的水分散失要多，物料松弛过程较为缓慢。

表 2-16 紫花白品种马铃薯圆柱试样应力松弛特性参数

取样部位	常变形量 /mm	衰变模量 E_1/MPa	平衡模量 E_e/MPa	零时模量 E_0/MPa	松弛时间 T/s	黏性系数 η/MPa·s
表皮部分 1	2	0.602	2.090	2.692	27.57	16.60
	3	0.681	2.128	2.809	28.06	19.11
表皮部分 2	2	0.640	2.112	2.752	19.72	12.62
	3	0.593	2.311	2.904	23.88	14.16
芯部	2	0.754	2.600	3.354	26.16	19.72
	3	0.745	2.627	3.372	32.12	23.93

表 2-17 底希芮品种马铃薯圆柱试样应力松弛特性参数

取样部位	常变形量 /mm	衰变模量 E_1/MPa	平衡模量 E_e/MPa	零时模量 E_0/MPa	松弛时间 T/s	黏性系数 η/MPa·s
表皮部分 1	2	0.504	2.230	2.734	23.72	11.95
	3	0.621	2.284	2.905	36.77	22.83
表皮部分 2	2	0.634	2.192	2.826	19.24	12.19
	3	0.588	2.325	2.913	30.65	18.02
芯部	2	0.674	2.696	3.370	24.97	16.83
	3	0.673	2.719	3.392	38.48	25.90

表 2-18   不同常变形量下马铃薯圆柱试样应力松弛特性参数差异分析

影响变量	自由度 df	紫花白品种		底希芮品种	
		F 值	差异显著概率	F 值	差异显著概率
E_1	1	0.173	0.682	0.043	0.838
E_e	1	2.061	0.168	1.897	0.185
E_0	1	1.175	0.293	0.967	0.339
η	1	0.288	0.598	4.577	0.046
T	1	0.009	0.927	5.693	0.028

对两个品种马铃薯三个部位圆柱形试样在不同常变形量下得到的应力松弛特性参数均值进行差异分析，结果见表 2-18，得出两个常变形量下紫花白品种圆柱试样应力松弛过程中特性参数：衰变弹性模量 E_1、平衡弹性模量 E_e、零时弹性模量 E_0、黏性系数 η、应力松弛时间 T 的差异均不显著（差异显著概率 >0.05）；底希芮品种圆柱试样应力松弛特性参数中，除黏性系数 η、应力松弛时间 T 的差异较显著外（差异显著概率 <0.05），其余特性参数受两个常变形量的影响差异也都不显著。综合两个品种圆柱试样来看，在两个不同常变形量的挤压下，紫花白品种试样表现出来的黏弹性差异不显著，而底希芮品种其切割后试样不同常变形量下表现出的黏性差异较大，受挤压变形量的影响较大。

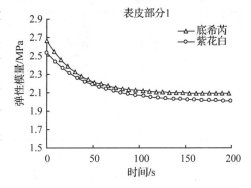

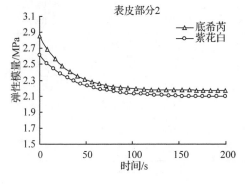

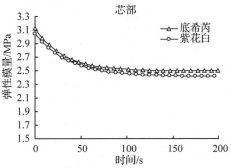

图 2-22   两个品种圆柱试样弹性模量—时间曲线

2.2.2.4 不同品种马铃薯圆柱试样应力松弛特性分析

对紫花白和底希芮两个品种马铃薯圆柱试样进行应力松弛试验，得到两个品种不同部位试样的应力松弛特性参数见表 2-16、表 2-17，可以看出同一常变形量下，两个品种试样应力松弛特性参数比较接近，底希芮品种马铃薯试样的弹性模量 E_e、E_0 略大一些，主要是由于含水率、淀粉等成分含量不同，导致不同品种马铃薯试样内部细胞组织结构不同，物料受压时与外界能量交换不同，因此其内部应力衰减、达到平衡时的状态不同；两个品种圆柱试样同一常变形量下弹性模量—时间曲线如图 2-22 所示，可以看出两个品种同一部位圆柱形试样应力松弛曲线比较接近，曲线上应力随时间衰减的快慢与试验样本个体的黏性系数及应力松弛时间不同有关。

对两个品种马铃薯圆柱形试样在两个常变形量下得到的应力松弛特性参数均值进行差异分析，结果见表 2-19，得出两个品种圆柱形试样在同一常变形量下应力松弛特性参数（E_1、E_e、E_0、η、T）的差异均不显著（差异显著概率 > 0.05）。因此，保持较小变形量不变，紫花白和底希芮两个品种马铃薯圆柱形试样应力松弛过程中表现出来的力学特性参数受品种影响的差异并不显著。

表 2-19　不同品种马铃薯圆柱试样应力松弛特性参数差异分析

影响变量	自由度 df	2mm 常变形量		3mm 常变形量	
		F 值	差异显著概率	F 值	差异显著概率
E_1	1	0.328	0.574	1.593	0.223
E_e	1	3.500	0.078	0.140	0.712
E_0	1	3.586	0.074	0.181	0.676
η	1	0.392	0.539	0.336	0.569
T	1	0.280	0.603	2.771	0.113

2.2.2.5 圆柱试样各应力松弛特性参数间的相关性分析

应力随时间变化的过程中，圆柱试样应力松弛模型各参数相互作用影响，研究选取 3mm 常变形量下应力松弛试验得到的结果，对两个品种马铃薯圆柱试样应力松弛模型参数进行相关性分析，可以看出其松弛模型参数间存在着一定的相关性，见表 2-20、表 2-21。两个品种马铃薯圆柱试样，应力松弛过程中零时弹性模量 E_0 与衰变弹性模量 E_1、平衡弹性模量 E_e 均极显著正相关，加载至常变形量时圆柱试样内部产生的初始应力越大，其应力松弛过程中应力衰减的越多，松弛达到平衡后残余的平衡应力越大；物料模型的黏性系数与松弛时间极显著正相关，黏性系数越大物料在松弛过程中应力衰减地越缓慢，应力松弛时间越长。

表 2-20   紫花白品种马铃薯圆柱试样应力松弛特性参数相关性分析

	E_1	E_e	E_0	T	η
E_1	1	0.123	0.713 **	0.058	0.606 *
E_e	0.123	1	0.784 **	−0.409	−0.223
E_0	0.713 **	0.784 **	1	−0.253	0.222
T	0.058	−0.409	−0.253	1	0.798 **
η	0.606 *	−0.223	0.222	0.798 **	1

表 2-21   底希芮品种马铃薯圆柱试样应力松弛特性参数相关性分析

	E_1	E_e	E_0	T	η
E_1	1	0.680 **	0.819 **	−0.109	0.336
E_e	0.680 **	1	0.978 **	−0.306	0.024
E_0	0.819 **	0.978 **	1	−0.270	0.115
T	−0.109	−0.306	−0.270	1	0.893 **
η	0.336	0.024	0.115	0.893 **	1

注：* 表示相关性显著，双侧显著性检验概率 $P < 0.05$；** 表示相关性极显著，双侧显著性检验概率 $P < 0.01$。

2.2.3   马铃薯完整块茎的应力松弛特性

2.2.3.1   应力松弛特性参数指标的确定

松弛试验时圆柱压头对马铃薯整茎试样加载至常变形量得到力随时间的变化曲线，根据布森聂理论（Boussinesq），选取马铃薯物料的泊松比为 0.49，得到任意时刻 t 的弹性模量为：

$$E = \frac{F(1 - \mu^2)}{D \times 2r} \tag{2-19}$$

式中 E——任意时刻物料松弛弹性模量，MPa；

F——加载力，N；

D——变形量，mm；

μ——物料泊松比；

r——刚性圆柱压头半径，mm。

由松弛过程中的弹性模量，求得应力随时间衰减的关系曲线，根据松弛曲线特征通过非线性回归分析对曲线进行拟合，结果如图 2-23 所示，得出马铃薯整茎试样应力松弛过程曲线也可采用三参数广义 Maxwell 模型拟合回归（图 2-20），其对整茎试样应力松弛曲线拟合的回归系数 $R^2 > 0.95$，应力松弛模型方程为：

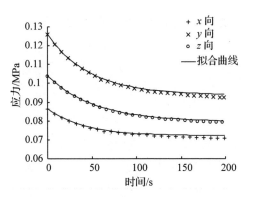

图 2-23　整茎应力松弛曲线及拟合曲线

$$E(t) = E_1 e^{-t/T} + E_e \tag{2-20}$$

输入试验数据，经非线性回归分析，求得系数常量，进而确定马铃薯整茎应力松弛特性模型参数指标 E_1、E_e、E_0、T、η，分析过程详见图 2-21。

回归拟合后求得整茎应力松弛特性参数见表 2-22、表 2-23。

表 2-22　紫花白品种马铃薯整茎试样应力松弛特性参数

加载方向	常变形量/mm	衰变模量 E_1/MPa	平衡模量 E_e/MPa	零时模量 E_0/MPa	松弛时间 T/s	黏性系数 η/MPa·s
x 向	2	0.524	2.073	2.597	21.85	11.45
	3	0.430	1.894	2.324	25.98	11.17
y 向	2	0.608	2.266	2.874	22.65	13.76
	3	0.503	2.034	2.537	25.89	13.02
z 向	2	0.546	2.399	2.945	20.66	11.19
	3	0.511	2.011	2.522	23.98	12.25

表 2-23　底希芮品种马铃薯整茎试样应力松弛特性参数

加载方向	常变形量/mm	衰变模量 E_1/MPa	平衡模量 E_e/MPa	零时模量 E_0/MPa	松弛时间 T/s	黏性系数 η/MPa·s
x 向	2	0.627	2.002	2.629	19.06	11.95
	3	0.518	1.814	2.332	24.01	12.44
y 向	2	0.664	2.235	2.899	18.06	11.99
	3	0.616	1.990	2.606	21.32	13.13
z 向	2	0.701	2.282	2.983	19.05	13.35
	3	0.675	1.956	2.631	21.05	14.21

2.2.3.2 应力松弛曲线及参数分析

从马铃薯整茎试样应力松弛试验得到的应力—时间曲线可以看出，利用圆柱形压头加载至常变形量保持不变，整茎材料有明显的应力松弛现象，应力随着时间不断衰减，衰减至平衡应力 σ_e 时趋于平衡，松弛过程中整茎表皮并未破裂，马铃薯细胞中的含水量及表皮下组织的抗剪切应力是维持衰减应力趋于平衡的主要原因；同一常变形量下，马铃薯整茎三个加载方向应力松弛过程应力—时间曲线如图 2-23 所示，与圆柱试样相比，整茎松弛曲线显示整茎试样应力松弛过程中，同一常变形量下松弛时间较短，应力衰减的较快，是由于 2~3mm 的变形量对马铃薯整茎而言产生的应变较小，而且松弛过程中完整马铃薯细胞组织中的能量及含水量损失较小，能较快维持渗透压平衡，因此使其应力较早地衰减至平衡应力；同一变形量下，整茎三个方向上的应力松弛特性参数比较接近，见表 2-22、表 2-23。

2.2.3.3 常变形量对应力松弛特性参数的影响

对两个品种马铃薯整茎试样在不同常变形量下得到的三个方向应力松弛特性参数均值进行差异分析，结果见表 2-24，得出两个常变形量下两个品种整茎试样应力松弛过程中特性参数：衰变弹性模量 E_1、黏性系数 η、应力松弛时间 T 的差异均不显著(差异显著概率 >0.05)；而受常变形量不同的影响，平衡弹性模量 E_e、零时弹性模量 E_0 呈极显著差异(差异显著概率 <0.01)。因此，对两个品种马铃薯整茎而言，实际中受到长时间挤压时，挤压的变形量不同，马铃薯整茎内部产生初始应力及应力衰减至平衡时残余的应力也明显不同。

表 2-24 不同常变形量下马铃薯整茎试样应力松弛特性参数差异分析

影响变量	自由度 df	紫花白品种		底希芮品种	
		F 值	差异显著概率	F 值	差异显著概率
E_1	1	2.118	0.163	0.112	0.742
E_e	1	8.656	0.009	12.624	0.002
E_0	1	15.414	0.001	8.593	0.008
η	1	0.099	0.757	1.264	0.276
T	1	0.004	0.949	1.190	0.290

由于 2~3mm 的变形对马铃薯整茎而言产生的应变较小，而且应力松弛过程中完整马铃薯的呼吸等作用与圆柱形试样相比较弱，压缩至较小变形量时基本无水分散失，与外界的能量交换比较小，整茎试样材料表现出的黏性在较小变形范围内基本相

同，因此两个常变形量下黏性系数十分接近。由马铃薯整茎压缩特性可知，两个品种马铃薯整茎试样在 3mm 常变形量下，圆柱压头对整茎物料的挤压和剪切作用较大，细胞液渗流较明显，衰变弹性模量 E_1、平衡弹性模量 E_e 和零时弹性模量 E_0 比 2mm 常变形量时小，而两个变形量下黏性系数相近，见表 2-22、表 2-23，由公式可得应力松弛时间 $T = \eta / E_1$，因此 3mm 常变形量时，应力松弛较慢，应力松弛时间较长。

2.2.3.4 不同品种马铃薯整茎试样应力松弛特性分析

通过对紫花白和底希芮两个品种马铃薯整茎试样加载，保持常变形量不变，得到同一变形量下马铃薯整茎沿不同方向加载弹性模量—时间曲线如图 2-24 所示，可以看出应力松弛过程中，两个品种整茎试样沿同一加载方向的弹性模量—时间曲线也存在一定差异。两个品种不同加载方向的应力松弛特性参数见表 2-22、表 2-23，较小常变形量下，两个品种整茎试样材料的黏性系数比较接近，由于两个品种试样物质成分含量及细胞组织结构不同的影响，试验用底希芮品种整茎物料衰变弹性模量 E_1 较大，而应力松弛时间 T、平衡弹性模量 E_e 和零时弹性模量 E_0 接近。

表 2-25 中，从两个品种整茎试样应力松弛特性参数均值的差异分析结果可以看出，两个常变形量下，品种不同对整茎试样应力松弛特性参数的影响差异并不显著，只有 3mm 变形量时两个品种间的衰变弹性模量 E_1 呈较显著差异（差异显著概率 $P < 0.05$），其余应力松弛特性参数差异均不显著。

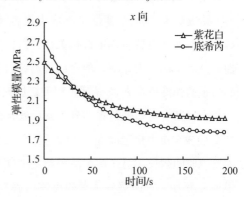

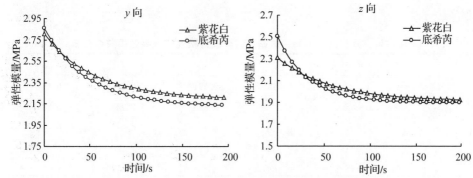

图 2-24　不同品种整茎试样弹性模量—时间曲线

表 2-25　不同品种马铃薯整茎试样应力松弛特性参数差异分析

影响变量	自由度 df	2mm 常变形量		3mm 常变形量	
		F 值	差异显著概率	F 值	差异显著概率
E_1	1	2.541	0.128	6.563	0.020
E_e	1	0.567	0.461	0.002	0.966
E_0	1	2.181	0.157	3.227	0.089
η	1	0.055	0.816	1.176	0.292
T	1	0.437	0.517	0.111	0.743

2.2.3.5　整茎试样各应力松弛特性参数间的相关性分析

应力松弛过程中，马铃薯整茎试样应力松弛模型各参数指标间也存在着一定的相关性，与整茎试样压缩特性参数间的相关性分析类似，本研究通过分析不同整茎试样三个方向力学参数均值间的相关性，度量各参数间的相关程度，进一步了解马铃薯整茎试样的流变学特性。

研究选取 3mm 常变形量下应力松弛试验得到的结果，对两个品种马铃薯整茎试样应力松弛模型参数进行相关性分析，可以看出其松弛参数间存在着一定的相关性，见表 2-26、表 2-27。两个品种马铃薯整茎试样，应力松弛过程中零时弹性模量 E_0 与平衡弹性模量 E_e 均显著正相关，加载至常变形量时圆柱试样内部产生的初始应力越大，其应力松弛过程达到平衡后残余的平衡应力越大；两个品种物料模型的黏性系数 η 与应力松弛时间 T 极显著正相关，黏性系数越大物料在应力松弛过程中应力松弛时间越长。对于两个品种整茎试样，应力松弛衰变弹性模量 E_1 还与零时弹性模量 E_0 正相关，即整茎物料模型零时弹性模量越大，应力松弛过程中应力衰减得越多。

表 2-26　紫花白品种马铃薯整茎试样应力松弛特性参数相关性分析

	E_1	E_e	E_0	T	η
E_1	1	0.045	0.571 *	0.223	0.551 *
E_e	0.045	1	0.846 **	-0.238	-0.105
E_0	0.571 *	0.846 **	1	-0.077	0.207
T	0.223	-0.238	-0.077	1	0.918 **
η	0.551 *	-0.105	0.207	0.918 **	1

表 2-27 底希芮品种马铃薯整茎试样应力松弛特性参数相关性分析

	E_1	E_e	E_0	T	η
E_1	1	-0.410	0.534*	-0.406	-0.140
E_e	-0.410	1	0.552*	-0.049	-0.034
E_0	0.534*	0.552*	1	-0.416	-0.160
T	-0.406	-0.049	-0.416	1	0.931**
η	-0.140	-0.034	-0.160	0.931**	1

注：* 表示相关性显著，双侧显著性检验概率 $P < 0.05$；** 表示相关性极显著，双侧显著性检验概率 $P < 0.01$。

2.2.4 马铃薯圆柱试样与整茎试样应力松弛特性比较分析

植物细胞的基本结构有细胞壁和其内含物原生质两大部分组成，细胞质构成了原生质的主要质量，使生物体具有流变特性——黏性、弹性、膨胀和收缩。作为黏弹性物料，马铃薯试样受外部载荷作用时，物料组织细胞中的液体可以使内部产生的压力作用于细胞壁上，让生物细胞保持弹性膨压状态，膨压与细胞壁弹性相互结合、共同作用，形成了马铃薯生物组织的黏弹特性，从而使物料具有了流变学特性。应力松弛试验在物料的黏弹性范围内压缩至常变形量，保持不变，导致物料内部组织细胞中的液体产生弹性膨压，膨压的作用使得细胞内液体产生的静压力通过细胞膜逐渐扩散传递到细胞质内，形成渗透压，由于细胞壁的约束最终达到平衡，细胞壁保护原生质，抵挡着原生质的膨压，起着规范自身大小的作用，物料中水分含量对平衡时组织内部所残留应力的大小有很大的影响。

马铃薯的水分主要通过薯皮的渗透、伤口和芽散失，据测定薯皮、伤口、芽失水的速率比为 $1:300:100$。对于马铃薯圆柱形试样，由于切割后没有薯皮的保护，应力松弛过程中伴随有水分的散失和能量的交换，材料特性发生微小变化，黏性系数较大（表 2-16、表 2-17），松弛较为缓慢，应力松弛时间较长；而对于马铃薯整茎试样，压缩至常变形量保持不变，应力松弛过程中完整块茎受外界环境影响较小，透过薯皮的呼吸强度较弱，基本没有水分散失和能量损耗，同时由于 $2 \sim 3mm$ 变形量对完整块茎产生的应变较小，因此，与圆柱形试样相比，整茎试样的应力松弛时间较短，黏性系数小（表 2-22、表 2-23），应力衰减会较快达到平衡。

马铃薯两个不同品种，圆柱形试样及整茎试样表现出的应力松弛特性比较接近。同一变形量下对于马铃薯圆柱形试样，紫花白和底希芮品种应力松弛各特性参数（E_1、E_e、E_0、T、η）的差异不显著；对于整茎试样，两个品种松弛参数（E_e、E_0、T、η）的差异也不显著，其中底希芮品种的衰变弹性模量 E_1 略大。

应力松弛过程中保持的常变形量不同，对两个品种马铃薯圆柱形试样应力松弛特性参数中的弹性模量 E_1、E_e、E_0 影响差异均不显著，3mm 常变形量条件下，试样黏性系数较大，松弛时间较长；对于整茎试样，不同常变形量影响下，黏性系数 η 相近，参数 E_e、E_0 的差异极显著，3mm 常变形量条件下所得弹性模量 E_1、E_e、E_0 较小，应力松弛时间较长。

2.3 马铃薯蠕变特性

2.3.1 蠕变试验因素及特性参数指标

根据前期试验分析结果，针对进行蠕变试验的马铃薯试样做如下选择与处理：质量介于 190～230g 之间，水分含量为 76%～83% 之间，块茎形状规整，无虫眼、孔洞。为了避免试验马铃薯因存放时间不同引起试验马铃薯成熟度的不同，全部试验在马铃薯出土后 1 周内完成。考虑到马铃薯内各部位存在差异，试验从马铃薯内部不同部位取样。为了保证试验样品各部位受力均匀，用自制取样器从试验马铃薯上选取直径为 16mm、高为 15mm 的圆柱试样。取样位置包括芯部和外层，外层试样又取自从脐部开始沿维管束上、中、下三个位置，为了避免收获、运输过程中挤压、碰撞受力对试样的影响，外层试样取自离表皮 5mm 处。为了防止试样中水分的流失，取样后试样用保鲜膜密封，直到进行试验。取样位置如图 2-25 所示。

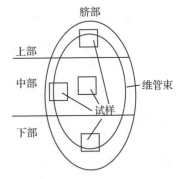

图 2-25　试验试样选取部位

考虑到蠕变试验会受到试验环境温度、湿度的影响，试验的环境温度为 22～25℃，相对湿度为 65%。测试系统组成：自制试验台、NS-WY03 直流位移传感器、MR-30C 记录仪、B&K2034 信号分析仪、计算机、数字电压表、自制取样器等。测试系统框图如图 2-26 所示。其中，位移传感器主要是用于测量马铃薯受到恒定压力时的变形信号，量

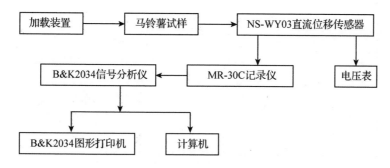

图 2-26　测试系统框图

程为 50mm，线性度误差小于 0.2%，输出电压为 0~10V。

2.3.1.1　蠕变试验因素

马铃薯属硬脆性果实，质地接近苹果，参考苹果蠕变试验及相关文献，紫花白和底希芮两个品种马铃薯的蠕变试验加载力选择 4.9N、10.78N、15.68N 和 21.56N 四组，根据前期试验数据结果，蠕变加载时间和卸载后恢复时间均选择 60s，这样可以得到较完整的马铃薯蠕变过程。

紫花白和底希芮两个品种马铃薯在同一压力的作用下进行两组重复试验，每组试验又包含从马铃薯内四个不同位置取样的试验。紫花白和底希芮两个品种马铃薯蠕变试验分组情况见表 2-28、表 2-29。

对烘干后紫花白和底希芮的淀粉含量和还原糖含量进行测量，结果见表 2-30、表 2-31。

表 2-28　紫花白蠕变试验分组

| 序号 | 4.9(N) | | 10.78(N) | | 15.68(N) | | 21.56(N) | |
	质量(g)	水分(%)	质量(g)	水分(%)	质量(g)	水分(%)	质量(g)	水分(%)
1	196.75	76.26	201.38	76.82	204.33	78.00	219.41	78.12
2	198.64	79.34	201.29	76.00	202.67	78.14	213.77	79.08

表 2-29　底西芮蠕变试验分组

| 序号 | 4.9(N) | | 10.78(N) | | 15.68(N) | | 21.56(N) | |
	质量(g)	水分(%)	质量(g)	水分(%)	质量(g)	水分(%)	质量(g)	水分(%)
1	193.12	77.69	209.52	78.18	218.50	79.05	216.44	82.07
2	195.06	78.66	209.39	78.96	222.51	82.26	216.10	80.08

表 2-30　试验马铃薯淀粉含量(%)

品种	4.9(N)		10.78(N)		15.68(N)		21.56(N)	
	1 号	2 号	1 号	2 号	1 号	2 号	1 号	2 号
紫花白	14.283	13.023	13.869	13.023	13.212	12.834	15.291	12.015
底希芮	15.341	17.325	16.076	16.076	16.664	16.591	15.414	16.517

表 2-31　试验马铃薯还原糖含量(%)

品种	4.9(N)		10.78(N)		15.68(N)		21.56(N)	
	1 号	2 号	1 号	2 号	1 号	2 号	1 号	2 号
紫花白	0.5665	0.5435	0.5248	0.5148	0.6124	0.5991	0.6181	0.5779
底希芮	0.2509	0.2280	0.4460	0.3542	0.3485	0.3886	0.3083	0.4976

用电压表监测蠕变试验过程。蠕变位移信号经位移传感器记录在 MR-30C 磁带记录仪。将磁带记录仪上记录的信号送入 B&K2034 信号分析仪，考虑到采样频率和试验数据的精确度，采样周期选择 $T = 0.0625s$，将磁带记录仪上的信号采样后，利用位移传感器的标定方程进行转换得到蠕变过程的位移变化，将其与采样时间对应得到蠕变曲线。

2.3.1.2　蠕变模型及特性参数指标的确定

蠕变试验所得变形—时间关系曲线可以反映马铃薯力学性能的差异，但是不能说明结构的差异，而这一点可以由相应的流变学模型来描述。根据紫花白和底希芮两个品种马铃薯蠕变试验测定的数据和蠕变曲线图分析，在几种常见的流变学模型中，用四元件伯格斯(Burgers)模型对试验马铃薯蠕变特性进行分析拟合度较好，伯格斯流变模型是由一个麦克斯韦体(Maxwell)和一个开尔文体(Kelvin)串联而成，是一个四元件模型，模型如图 2-27 所示。伯格斯模型具有瞬时弹性，黏性和延迟弹性，受到恒定加载力后独立的弹簧立即压缩产生变形，下部的开尔文体和黏壶 η_0 也在恒定加载力的作用下缓慢产生变形。卸掉加载力后，独立的弹簧 E_0 立刻恢复，而独立的黏壶 η_0 的变形就保留了下来。处于下部的开尔文体由弹簧 E_1 和黏壶 η_1 组成，在二者共同作用下，撤掉加载力后伯格斯模型

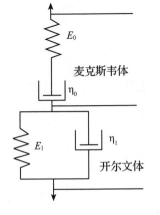

图 2-27　四元件伯格斯模型

的变形会随着时间增加而缓慢恢复。伯格斯模型蠕变规律与试验马铃薯蠕变规律相同，受到恒定加载力作用瞬间产生变形，随着时间的增加变形缓慢增加，卸载后一部分变形迅速恢复，剩余变形中一部分变形会随着时间缓慢恢复，最后剩下一部分变形不能恢复形成永久变形。伯格斯模型可以描述很多实际材料的流变特性，它是黏弹性理论中最常见的一种模型。

2.3.2 马铃薯蠕变曲线分析

为了对紫花白、底希芮两个品种马铃薯蠕变特性进行分析，将所得各加载力下马铃薯不同部位蠕变曲线的变形量取平均，得到紫花白、底希芮两个品种马铃薯的蠕变曲线，如图 2-28 至图 2-35 所示。

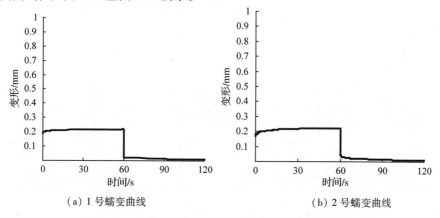

（a）1 号蠕变曲线　　　　　　　　（b）2 号蠕变曲线

图 2-28　紫花白品种马铃薯受力 4.9N 时的蠕变曲线

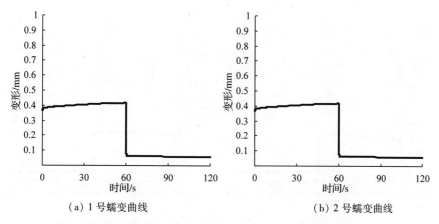

（a）1 号蠕变曲线　　　　　　　　（b）2 号蠕变曲线

图 2-29　紫花白品种马铃薯受力 10.78N 时的蠕变曲线

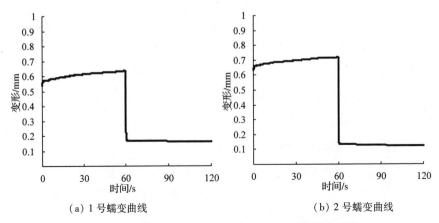

（a）1号蠕变曲线　　　　　　　　　　（b）2号蠕变曲线

图 2-30　紫花白品种马铃薯受力 15.68N 时的蠕变曲线

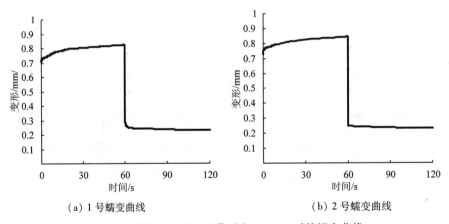

（a）1号蠕变曲线　　　　　　　　　　（b）2号蠕变曲线

图 2-31　紫花白品种马铃薯受力 21.56N 时的蠕变曲线

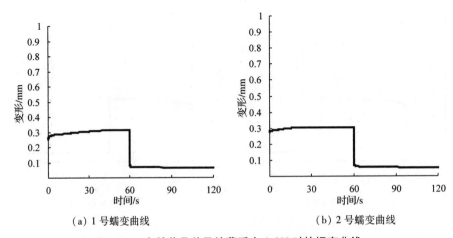

（a）1号蠕变曲线　　　　　　　　　　（b）2号蠕变曲线

图 2-32　底希芮品种马铃薯受力 4.9N 时的蠕变曲线

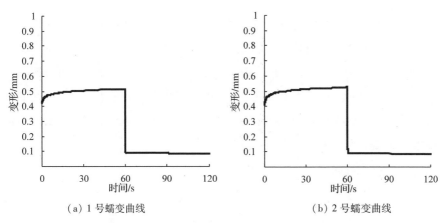

（a）1 号蠕变曲线　　　　　　　　（b）2 号蠕变曲线

图 2-33　底希芮品种马铃薯受力 10.78N 时的蠕变曲线

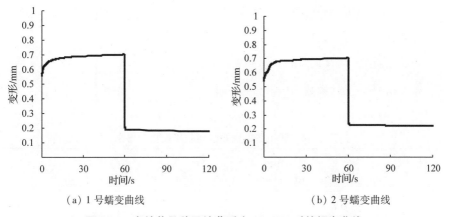

（a）1 号蠕变曲线　　　　　　　　（b）2 号蠕变曲线

图 2-34　底希芮品种马铃薯受力 15.68N 时的蠕变曲线

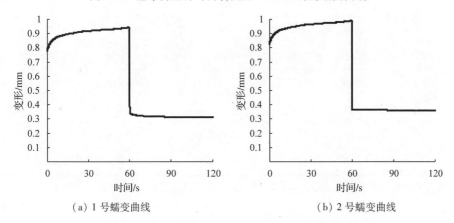

（a）1 号蠕变曲线　　　　　　　　（b）2 号蠕变曲线

图 2-35　底希芮品种马铃薯受力 21.56N 时的蠕变曲线

紫花白和底希芮两个品种马铃薯的蠕变规律与四元件伯格斯模型的蠕变变形规律相同，受到恒定加载力作用时瞬间产生变形，随着时间的增加变形缓慢增加，卸载后一部分变形迅速恢复，一部分变形会随着时间缓慢恢复，最后剩下一部分变形不能恢复，形成永久变形。因此，可以用四元件伯格斯模型蠕变过程变形与时间的关系式对紫花白、底希芮两个品种试验马铃薯的蠕变变形过程进行描述。四元件伯格斯模型蠕变过程变形与时间的关系如下：

加载过程变形随时间的变化关系式为：

$$D(t) = \frac{F_0}{E_0} + \frac{F_0}{E_1}(1 - e^{-t/\tau}) + \frac{F_0}{\eta_0}t \tag{2-21}$$

式中　　$D(t)$ ——变形量，mm；

F_0 ——定载荷，N；

E_0，E_1 ——弹性模量，10^2 N·mm^{-2}；

$\tau = \eta_1/E_1$ ——延迟时间，s；

η_0，η_1 ——黏性系数，10^2 N·s·mm^{-2}；

t ——时间，s。

表 2-32　紫花白蠕变曲线加载阶段拟合结果

加载力/ N	编号	E_0/ 10^2 N·mm^{-2}	E_1/ 10^2 N·mm^{-2}	η_1/ 10^2 N·s·mm^{-2}	η_0/ 10^2 N·s·mm^{-2}	τ/s	R^2
4.9	1	30.08	286.77	2504.26	43061.92	8.73	0.979
	2	28.57	379.85	3838.79	39301.86	10.11	0.952
10.78	1	28.65	129.55	1083.79	65408.37	8.37	0.985
	2	30.55	226.25	2000.96	33721.04	8.84	0.993
15.68	1	27.26	263.43	1759.91	21628.63	6.68	0.993
	2	25.22	289.73	1457.63	35846.62	5.03	0.993
21.56	1	27.88	286.16	1017.24	70376.99	3.55	0.995
	2	24.15	672.16	2794.92	19228.58	4.16	0.995

表 2-33 底西芮蠕变曲线加载阶段拟合结果

加载力/N	编号	E_0/10^2 N·mm^{-2}	E_1/10^2 N·mm^{-2}	η_1/10^2 N·s·mm^{-2}	η_0/10^2 N·s·mm^{-2}	τ/s	R^2
4.9	1	17.92	192.47	2972.10	15807.34	15.44	0.981
	2	17.46	203.59	2386.20	65278.97	11.72	0.990
10.78	1	24.54	205.91	1159.78	25474.33	5.63	0.986
	2	24.87	169.69	779.49	22364.99	4.59	0.986
15.68	1	26.80	174.86	699.56	33360.83	4.00	0.989
	2	28.76	113.66	394.77	42644.73	3.47	0.993
21.56	1	27.16	225.48	1146.31	25417.15	5.08	0.995
	2	25.87	409.59	1154.24	44688.59	2.82	0.982

用 SPSS 数据统计分析软件非线性数据拟合模块，将四元件伯格斯模型加载过程中变形与时间的关系式作为拟合目标带入求解过程，分别对各加载力下的蠕变加载过程变形与时间的关系进行拟合，得出各加载力下试验马铃薯在蠕变加载阶段的蠕变特性参数值，紫花白和底希芮两个品种马铃薯的蠕变加载阶段用四元件伯格斯模型加载阶段变形与时间关系式进行拟合，相关系数达 0.95 以上。拟合数据见表 2-32、表 2-33。

蠕变卸载后恢复过程变形随时间的变化关系式：

$$D(t) = \frac{F_0}{E_1}(1 - e^{-t_1/\tau}) \times e^{-(t-t_1)/\tau} + \frac{F_0}{\eta_0}t_1 \qquad (2-22)$$

式中 $D(t)$ ——变形量，mm；

F_0 ——定载荷，N；

E_0，E_1 ——弹性模量，10^2 N·mm^{-2}；

$\tau = \eta_1/E_1$ ——延迟时间，s；

η_0，η_1 ——黏性系数，10^2 N·s·mm^{-2}；

t ——时间，s；

t_1 ——卸载时间，s。

固体农业物料受到力的挤压，其内部水分、硬度、物质含量等会发生变化，试验马铃薯蠕变加载过程受到恒定加载力作用，卸掉加载力后马铃薯内部的水分、硬度、淀粉含量、还原糖含量等发生了变化，影响试验马铃薯的蠕变特性，而蠕变模型本构方程无法考虑试验过程中各因素的变化，用四元件伯格斯蠕变模型对试验马铃薯同一蠕变试验加载过程与卸载后恢复过程进行拟合得到的蠕变参数也必然不同，但这并不能说明四元件伯格斯模型不适用于描述马铃薯卸载后的变形恢复。为了能够进一步分析四元件伯格斯模型是否能够真实反映试验马铃薯的蠕变全过程，对马铃薯蠕变试验卸载后恢复阶段曲线与四元件伯格斯模型卸载后恢复阶段曲线进行差异性检验。差异性检验采用非参数样本差异性检验方法中的符号平均秩检验。符号平均秩检验是对两组连续样本进行差异性检验，它按照符号检验的方法，将两样本相减，记下差值的符号和绝对值，将绝对值按照升序排列给出秩分，进一步分别计算正值的秩分和负值的秩分的平均积分值和秩分的总和。比较正值秩分和负值秩分的平均值和总和的差异。该检验不仅考虑了配对内差异的方向，还考虑到配对数据的相对大小。

符号平均秩检验方法检验统计量 Z：

$$Z = \frac{T - \mu_T}{\sigma_T} \tag{2-23}$$

其中，T 是 T 检验统计量：

$$T = \frac{\overline{X} - \overline{Y}}{\sqrt{\dfrac{\sum\limits_{i=1}^{n}(X_1 - Y_1)^2 - \left[\sum\limits_{i=1}^{n}(X_1 - Y_1)^2\right]/n}{n(n-1)}}} \tag{2-24}$$

$$\mu_T = \frac{n(n+1)}{4} \tag{2-25}$$

$$\sigma_T = \sqrt{\frac{n(n+1)(2n+1)}{24}} \tag{2-26}$$

式中　n——样本容量。

检验统计量 Z 的相伴概率将决定两样本的差异性。

将各加载力下试验马铃薯蠕变加载阶段曲线拟合得到的蠕变参数值分别带入四元件伯格斯模型的卸载后恢复阶段理论公式，得出四元件伯格斯模型的理论蠕变卸载后恢复曲线，对马铃薯蠕变试验得到的曲线和四元件伯格斯模型卸载公式得到的曲线用 SPSS 软件进行符号平均秩检验，检验结果见表 2-34、表 2-35、表 2-36，显著性水平为 $\alpha = 0.05$。当显著性概率 $P > \alpha$ 时假设成立，两统计量差异不明显。

表 2-34　紫花白卸载后恢复曲线符号平均秩检验结果

显著性概率	4.9(N)		10.78(N)		15.68(N)		21.56(N)	
	1 号	2 号	1 号	2 号	1 号	2 号	1 号	2 号
P	0.082	0	0.061	0.826	0.664	0.335	0.594	0.968

表 2-35　底西芮卸载后恢复曲线符号平均秩检验结果

显著性概率	4.9(N)		10.78(N)		15.68(N)		21.56(N)	
	1 号	2 号	1 号	2 号	1 号	2 号	1 号	2 号
P	0.419	0.162	0.5	0.234	0.082	0.413	0.069	0.055

表 2-36　受力 4.9N 紫花白 2 号蠕变卸载后曲线和理论曲线统计结果

	平均值	最小值	最大值	中间值			正秩数	负秩数
				25%	中点	75%		
试验曲线	0.0165	0.01	0.22	0.0125	0.0163	0.0188	122	119
理论曲线	0.0154	0.01	0.22	0.0120	0.0157	0.0172		

　　由表 2-34、表 2-35 可以看出，试验马铃薯蠕变卸载后恢复曲线和四元件伯格斯模型卸载后恢复曲线的差异性检验结果中，试验马铃薯差异显著性概率基本均大于显著性水平($P > \alpha$)，此时蠕变试验卸载后恢复曲线和四元件伯格斯模型卸载后恢复曲线差异不明显的假设成立，试验马铃薯蠕变卸载后恢复曲线和四元件伯格斯模型卸载后恢复曲线差异不明显。检验结果中仅有紫花白 2 号试样受力 4.9N 条件下试验结果的差异显著性概率 $P < 0.05$，即对于该条件下马铃薯蠕变试验卸载后恢复曲线和四元件伯格斯模型卸载后恢复曲线存在差异；对表 2-36 中受力 4.9N 紫花白 2 号差异性检验统计量进一步分析发现，受力 4.9N 紫花白 2 号马铃薯卸载后恢复曲线和四元件伯格斯模型卸载后恢复曲线以相同的趋势增加，造成差异的原因为四元件伯格斯模型卸载后恢复曲线的变形小于受力 4.9N 紫花白 2 号马铃薯蠕变试验卸载后恢复曲线的变形。综上所述，马铃薯蠕变试验卸载后恢复曲线和四元件伯格斯模型卸载后恢复曲线差异性检验结果均表现出差异不明显或变化规律相似，可以认为蠕变试验卸载后恢复曲线和四元件伯格斯模型卸载后恢复曲线差异不明显。四元件伯格斯模型可以用于描述蠕变试验卸载后的变形随时间变化的情况。此外，用四元件伯格斯模型加载阶段变形随时间变化的公式拟合马铃薯蠕变加载阶段试验曲

线，拟合相关系数达 0.95 以上，可以认为紫花白、底希芮两个品种马铃薯的蠕变特性符合四元件伯格斯流变学模型。

2.3.3 马铃薯蠕变特性分析

2.3.3.1 蠕变特性参数对蠕变曲线的影响

四元件伯格斯模型中的黏性元件与弹性元件代表了实际试验马铃薯具有的黏弹性质，其受到试验马铃薯内部水分、物质含量不同的影响（表 2-30、表 2-31），所表现出的蠕变特性参数各不相同。对蠕变特性参数和蠕变曲线进行分析，可以进一步得出蠕变模型中各元件与试验马铃薯内黏弹特性的联系。

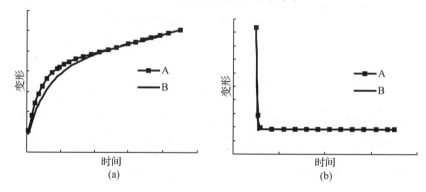

图 2-36 延迟时间对蠕变曲线的影响

（a）延迟时间对加载阶段的影响 （b）延迟时间对卸载后恢复阶段的影响

将蠕变特性参数带入四元件伯格斯模型的加载和卸载阶段曲线方程，在其他参数不变的情况下分别改变蠕变延迟时间 τ、瞬时弹性模量 E_0、延迟弹性模量 E_1 和延迟黏性系数 η_0，获得不同 τ、E_0、E_1 和 η_0 下的蠕变曲线。

将蠕变特性参数带入四元件伯格斯模型的加载和卸载阶段曲线方程，在其他参数不变的情况下分别改变蠕变延迟时间 τ、瞬时弹性模量 E_0、延迟弹性模量 E_1 和延迟黏性系数 η_0，获得不同 τ、E_0、E_1 和 η_0 下的蠕变曲线。

图 2-36 是在其他参数不变的情况下，蠕变延迟时间 τ 的大小对蠕变曲线的影响。曲线 A 的 τ 值小于曲线 B 的 τ 值。由图 2-36（a）可以看出，在蠕变加载初始阶段，延迟时间 τ 较大的试样变形较小，延迟时间 τ 较小的试样变形较大，曲线上升较快，曲线曲率半径越小，随着蠕变时间的增加，延迟时间 τ 的大小对试样变形的影响逐渐减小，两蠕变曲线趋于重合。图 2-36（b）中卸载后的恢复阶段曲线不受延

迟时间 τ 的影响，在卸载后恢复阶段全过程曲线 A 与曲线 B 重合。

在其他参数不变的情况下，蠕变黏性系数 η_1 的增长正比于延迟时间 τ 的增长（ $\tau = \eta_1/E_1$ ），蠕变加载阶段 η_1 越小，蠕变加载阶段变形增长的越快，曲线曲率半径越小；蠕变卸载后恢复阶段，η_1 越小，卸载后曲线恢复的越慢。蠕变黏性系数 η_1 代表了物料黏弹性中的黏性部分，对于黏弹性物质黏性系数越大流动性越差，受力变形越慢，变形增长也越慢，卸载后受到的惯性影响较小，变形能够较快的恢复。由图 2-36 可以看出，随着时间增加，加载阶段和卸载阶段不同 η_1 的变形趋于相同，这是受到延迟弹性 E_1 的影响。

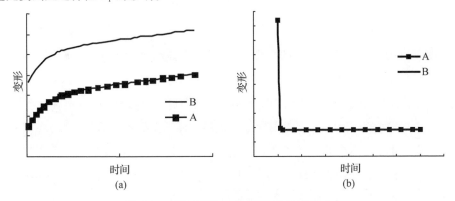

图 2-37　瞬时弹性 E_0 对蠕变曲线的影响

（a）瞬时弹性 E_0 对加载阶段的影响　（b）瞬时弹性 E_0 对卸载后恢复阶段的影响

图 2-37 是在其他参数不变的情况下，改变蠕变瞬时弹性模量 E_0，获得的不同 E_0 下的蠕变曲线。图中曲线 A 的 E_0 大于曲线 B 的 E_0。由图 2-37（a）可以看出，蠕变加载阶段瞬时弹性模量 E_0 越大，产生的变形量越小，瞬时弹性模量 E_0 对蠕变曲线的影响表现在加载的瞬间，由四元件伯格斯模型加载阶段变形与时间的公式也可看出，E_0 的增加会导致变形量减小。由图 2-37（b）可以看出，卸载后变形迅速恢复，瞬时弹性模量 E_0 的大小对卸载后恢复曲线无明显影响，卸载后 E_0 大的曲线与 E_0 小的曲线很快重合，变形量达到一致。瞬时弹性为物料弹性中的一部分，当所施加外力在弹性范围内时，物料不会产生永久性变形，而是在施加外力瞬间产生弹性变形，卸载后变形迅速恢复，相同外力作用下产生变形量的大小与弹性模量成反比。

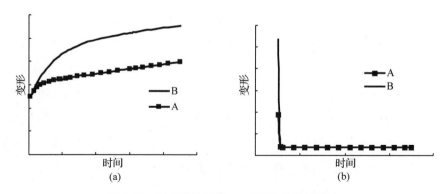

图2-38　延迟弹性模量 E_1 对蠕变曲线的影响

(a)延迟弹性模量 E_1 对加载阶段的影响　(b)延迟弹性模量 E_1 对卸载恢复阶段的影响

图2-38是在其他参数不变的情况下改变蠕变延迟弹性模量 E_1，获得的不同 E_1 下的蠕变曲线。图中曲线 A 的 E_1 大于曲线 B 的 E_1。由图2-38(a)可以看出，蠕变加载阶段，施加外力瞬间两曲线变形量相同，随着保压时间的增加延迟弹性模量 E_1 大曲线 A 的产生的变形减小，进而导致卸载后，延迟弹性模量 E_1 大的曲线 A 卸载时初始变形小，延迟弹性模量模量 E_1 小的曲线 B 卸载时初始变形大，但很快两曲线变形达到相同，如图2-38(b)所示。延迟弹性为物料弹性中的一部分，其不会导致物料产生永久性变形，而是表现为施加外力后产生变形，卸载后变形恢复。相同外力作用下变形量的大小与延迟弹性模量成反比。

瞬时弹性模量 E_0 与延迟弹性模量 E_1 均表示物料的弹性，但两者在受力后对变形的影响不同，这是由于延迟弹性模量 E_1 受到黏性系数 η_1 的制约，加载后并不迅速产生变形，而是随着时间的增加缓慢产生变形。

图2-39是在其他参数不变的情况下改变黏性系数 η_0，获得的不同蠕变黏性系数 η_0 下的蠕变曲线。图中曲线 A 的 η_0 大于曲线 B 的 η_0。由图2-39可以看出，在其他参数不变的情况下，黏性系数 η_0 越大，蠕变加载阶段和卸载阶段的变形量越小。施加外力瞬间 η_0 不同的曲线 A 与曲线 B 的变形量相同，随着时间的增加，η_0 大的曲线 A 的变形增加缓慢，产生的变形较小。卸载后，两曲线以相同速度恢复变形，由于 η_0 大的曲线 A 在加载阶段产生的变形小，导致其恢复后最终残留的不可恢复变形小。黏性系数 η_0 在卸载后会对物料造成不可恢复变形或损伤等影响。对黏弹性物料而言，黏性系数越大流动性越差，受力变形越缓慢，因此在相同外力、相同保压时间作用下物料黏性系数越大产生的变形越小。

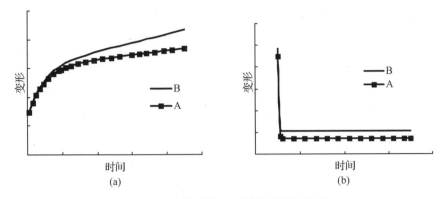

图 2-39　黏性系数 η_0 对蠕变曲线的影响

（a）黏性系数 η_0 对加载阶段的影响　（b）黏性系数 η_0 对卸载后恢复阶段的影响

黏性系数 η_0 与 η_1 均表示物料黏性，在其影响下物料受外力作用会产生缓慢变形，黏性系数越大流动性越差，受力变形越缓慢，在相同的时间内产生的变形越小，但 η_0 与 η_1 对变形的影响不同，这是由于黏性系数 η_1 受到延迟弹性模量 E_1 的制约，使得加载阶段产生的部分变形，卸载后能够得到恢复。

马铃薯的蠕变特性参数瞬时弹性模量 E_0 与延迟弹性模量 E_1，黏性系数 η_0 与 η_1 代表了马铃薯的黏性特征与弹性特征，但它们在受力后对变形的影响不同，这是由马铃薯内部组织结构及淀粉以直链和支链形式存在等原因造成的，有待进一步研究。

2.3.3.2　蠕变试验加载力对蠕变曲线的影响

试验马铃薯蠕变变形量随着试验加载力的增加而增大。加载力对蠕变的影响如下：蠕变试验加载力增加马铃薯产生的瞬时弹性变形增大，保压一段时间后所产生的黏性变形也随之增大。相应地延迟弹性变形及黏性变形也随加载力的增加而增大，但由于黏性系数 η_1 的影响，延迟弹性变形的速度比瞬时弹性变形慢，形成了蠕变曲线缓慢上升的过程。卸载后，马铃薯产生的弹性变形都会恢复，受黏性系数 η_0 的影响，部分黏性变形无法恢复，这部分变形只会随着加载力的增加而增大。从试验马铃薯的蠕变曲线图 2-28 至图 2-35 可以看出，蠕变总变形量随着加载力的增加而增大，但由于试验马铃薯的质量、水分、淀粉含量、还原糖含量的不同，实际试验中蠕变变形的增加与加载力的增加并不成正比，这一点与试验得到的曲线相符。

2.3.3.3　蠕变特性参数间的相关性分析

试验马铃薯蠕变特性参数之间相互影响，存在一定的相关性。进行相关性分析可以通过相关系数来衡量变量之间的紧密程度。相关系数介于 $-1 \sim 1$ 之间，相关系数大于 0 时称为正相关，表示 X 变量随 Y 变量的增大而增大，相关系数小于 0 时称为负相关，表示 X 变量随 Y 变量的增大而减小。

相关性分析采用 Pearson 相关系数法，Pearson 相关系数法用来度量两个变量之间的线性相关程度。相关系数前面的符号表征相关关系的方向，其绝对值的大小表示相关程度，相关系数越大，则相关性越强。变量 X 和变量 Y 的 Pearson 相关系数可用下式进行计算：

$$r_p = \frac{\sum (x_i - \bar{x})(y_i - \bar{y})}{\sqrt{\sum (x_i - \bar{x}) \sum (y_i - \bar{y})}} \tag{2-27}$$

$$T = r_p \sqrt{\frac{N-2}{1-r_p^2}} (\text{由 } T \text{ 查表得出 } P) \tag{2-28}$$

由公式可以看出若 r_p 越大，则 T 越大，显著性概率 P 越小，相关程度越高。Pearson 相关分析，显著性水平为 $\alpha = 0.05$ 和 $\alpha = 0.01$。

对蠕变试验得到的紫花白和底希芮两个品种马铃薯的蠕变特性参数进行相关性分析，结果见表 2-37。

表 2-37　马铃薯蠕变黏弹特性参数相关性

		E_0	E_1	η_1	η_0	τ
E_0	相关系数	1	-0.017	-0.254	0.136	-0.459
	显著性概率	0	0.949	0.343	0.616	0.074
E_1	相关系数		1	0.205	-0.200	-0.498^*
	显著性概率		0	0.447	0.457	0.050
η_1	相关系数			1	-0.166	0.695^{**}
	显著性概率			0	0.539	0.003
η_0	相关系数				1	-0.020
	显著性概率				0	0.943
τ	相关系数					1
	显著性概率					0

注：当 $0.05 > P > 0.01$ 时，用 $*$ 标出，当 $P < 0.01$ 时，用 $**$ 标出。

由表 2-37 可以看出试验马铃薯的蠕变延迟时间 τ 与黏性系数 η_1 的显著性概率 $P < 0.01$，蠕变延迟时间 τ 与黏性系数 η_1 高度正相关。蠕变延迟时间 τ 与延迟弹性

模量 E_1 的显著性概率 $0.05 > P > 0.01$，蠕变延迟时间 τ 与延迟弹性模量 E_1 负相关。黏性系数 η_1 对延迟时间的影响大于延迟弹性模量 E_1 的影响。

2.3.3.4 蠕变特性参数与马铃薯密度间的相关性分析

由于试验采用的是从马铃薯块茎内部选取相同形状、大小的试样进行蠕变分析，且选取的试样是近似均质的，故所进行蠕变试验的单个试样的质量是相同的，因此，可以通过分析马铃薯质量与蠕变特性参数的相关性，进而分析出试验用马铃薯的密度对其蠕变特性的影响。表 2-38、表 2-39 列出了试验马铃薯质量与蠕变参数的相关关系。

表 2-38　紫花白试验马铃薯质量与蠕变参数的相关性

	E_0	E_1	η_1	η_0	τ
相关系数	−0.508	0.417	−0.349	0.188	−0.868**
显著性概率	0.199	0.305	0.397	0.655	0.005

表 2-39　底希芮试验马铃薯质量与蠕变参数的相关性

	E_0	E_1	η_1	η_0	τ
相关系数	0.987**	0.035	−0.933**	−0.030	−0.933**
显著性概率	0.000	0.934	0.001	0.943	0.001

由试验马铃薯的质量和蠕变参数的相关性表可以看出，紫花白和底希芮两个品种马铃薯蠕变延迟时间与试验马铃薯质量相关的显著性概率 $P < 0.01$，蠕变延迟时间与试验马铃薯质量高度负相关。随着试验马铃薯质量的增加延迟时间 τ 减小。

底希芮品种马铃薯的蠕变弹性模量 E_0 与底希芮质量相关的显著性概率 $P < 0.01$，底希芮品种马铃薯的蠕变弹性模量 E_0 与其质量高度正相关。随着底希芮品种马铃薯质量的增加底希芮蠕变弹性模量 E_0 增加。底希芮品种马铃薯的蠕变黏性系数 η_1 与其质量相关的显著性概率 $P < 0.01$，底希芮品种马铃薯的黏性系数 η_1 与其质量高度负相关。随着底希芮品种马铃薯质量的增加其黏性系数 η_1 减小。

2.3.3.5 马铃薯不同部位圆柱试样的蠕变特点

选取紫花白和底希芮两个品种马铃薯蠕变试验中受加载力 21.56N 的蠕变曲线为例对马铃薯不同部位圆柱试样的蠕变特点进行分析，如图 2-40、图 2-41 所示。

由两个品种马铃薯蠕变曲线可以看出，试验马铃薯不同部位的试样在受到恒定

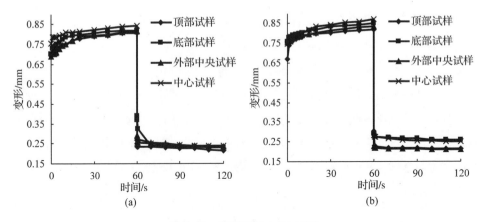

图 2-40　紫花白受力 21.56N

（a）1 号蠕变曲线　（b）2 号蠕变曲线

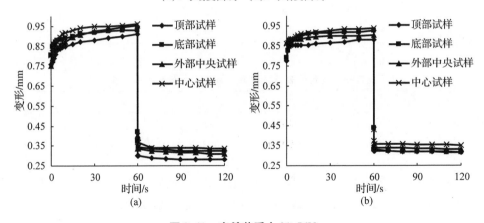

图 2-41　底希芮受力 21.56N

（a）1 号蠕变曲线　（b）2 号蠕变曲线

加载力的作用下变形随时间变化趋势相同，变形量大小有差异。其中从马铃薯芯部
（图中标示为中心试样）选取试样的变形最大，从马铃薯脐部位置（图中标示为顶部
试样）选取试样的变形最小，而沿维管束方向由马铃薯表皮中部（图中标示为外部中
央试样）和底部（图中标示为底部试样）选取试样的变形小于从芯部选取试样的变形，
大于从脐部位置选取试样的变形。卸载后各部位试样的恢复变形大小无明显规律。
此外，蠕变变形量随取样位置的不同而不同，马铃薯不同部位淀粉含量和水分不同
是造成这一现象的主要原因。

2.3.3.6 不同品种马铃薯的蠕变特点

由紫花白和底希芮两个品种马铃薯蠕变试验得到的蠕变曲线图 2-28 至图 2-35 可以看出，紫花白和底希芮两个品种马铃薯的蠕变特性不同，当施加相同的蠕变载荷时，底希芮试样的变形量大于紫花白试样的变形量。两品种马铃薯含水率不同是造成其蠕变曲线不同的主要原因，比较表 2-28、表 2-29 紫花白和底希芮的含水率，可以看出紫花白鲜薯中的含水率明显低于底希芮鲜薯中的含水率。

2.4 马铃薯碰撞位移分析与碰撞损伤试验

2.4.1 试验材料与方法

2.4.1.1 试验材料

试验所用材料为内蒙古中西部地区广泛种植的克新 1 号马铃薯，于 2016 年 10 月 1~7 日人工采收于内蒙古农业大学作物种植基地。采收后选取椭球形、无机械损伤和病虫害的马铃薯，冷水洗净后将单个质量为 150g±5g、250g±5g、350g±5g、450g±5g 4 种质量等级的马铃薯放入密封袋内，并将样品放入冷藏室中，利用 KTJ-TA288 指针式温度计检测马铃薯内部温度，制取 5℃、15℃ 和 23℃ 的马铃薯样品，试验在采收当天完成。

2.4.1.2 试验设备

测试所用设备为马铃薯碰撞试验装置和加速度测试系统，如图 2-42 所示。碰撞试验装置主要包括支架、标尺、轻质摆杆、夹具和碰撞杆条，加速度测试系统由数据采集与分析仪、1A102E 型加速度传感器（质量 6g，外形尺寸 $\Phi10\text{mm}\times22\text{mm}$，仪器精度 ±10mV/g，如图 2-43（a）所示）和计算机组成，其中数据采集与分析仪为杭州亿恒科技有限公司研制的 AVANT-MI7016 型数据采集与分析仪。

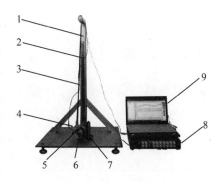

图 2-42　马铃薯碰撞试验装置

1. 支架　2. 标尺　3. 轻质摆杆　4. 夹具

5. 传感器　6. 马铃薯　7. 杆条

8. 数据采集与分析　9. 计算机

2.4.1.3 试验方法

将马铃薯(沿宽度方向挖有直径为12mm的圆形盲孔)沿长轴方向置于夹具中并夹紧,为防止加速度传感器被水分侵蚀,用泡沫和防水胶带包裹加速度传感器后将其植入马铃薯盲孔中[图2-43(b)],然后用胶带将传感器与马铃薯缠绕为一体,以防止碰撞过程中传感器相对马铃薯运动;启动数据采集系统,设置采样频率为5120Hz,触发方式选择无触发,测试内容选择时域信号;将装有传感器的马铃薯提取至规定初始高度后无初速度释放使其与竖直固定的杆条碰撞,碰撞一次后快速抓住马铃薯防止第二次碰撞,存储数据,完成一次数据采集。每个马铃薯试验1次,每次试验在2min内完成,以避免马铃薯块茎的理化特性因温度影响出现太大变化而引起试验误差。

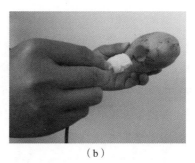

(a)   (b)

图2-43　加速度传感器及其安装

(a)加速度传感器　(b)传感器的安装

2.4.2　马铃薯碰撞力学分析

2.4.2.1　马铃薯碰撞位移分析

利用马铃薯碰撞试验装置及加速度采集系统进行马铃薯碰撞试验,得到马铃薯碰撞加速度信号,将加速度信号进行二次积分,得到马铃薯与杆条碰撞过程的位移随时间的变化曲线如图2-44所示。

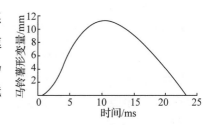

图2-44　马铃薯碰撞位移曲线

由图2-44可知,马铃薯与杆条碰撞过程中,其位移经历了逐渐增大后逐渐减小的变化过程,表明马铃薯与杆条碰撞过程中发生了黏弹性变形后逐渐恢复。其位移随时间的变化曲线形状近似于半正弦曲线。因此，后续分析中将寻求适当的半正弦模型对马铃薯碰撞位移随时间的变化曲线进行回归分析。

2. 4. 2. 2　碰撞过程动力学分析

马铃薯与杆条发生碰撞过程中发生黏弹性变形。为表征马铃薯与杆条间的碰撞过程，借鉴马铃薯与杆条之间的碰撞力学模型如图 2-45 所示，它是由质量、弹簧及阻尼组成的单自由度系统，其中马铃薯质量为 m、弹性系数为 k、阻尼器的阻尼系数为 c。

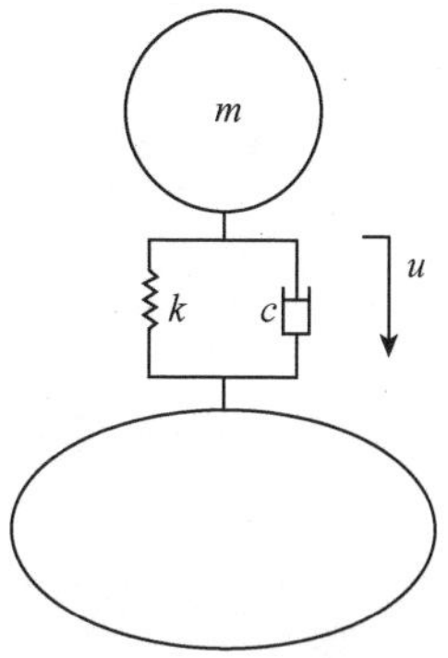

马铃薯与杆条碰撞过程中，假设马铃薯碰撞位移为 $u(t)$，则其碰撞速度为 $\dot{u}(t)$，根据牛顿第二定律得到该系统的运动微分方程为：

图 2-45　马铃薯碰撞力学模型

$$m\ddot{u}(t) + c\dot{u}(t) + ku(t) = 0 \qquad (2\text{-}29)$$

式中　m ——马铃薯质量，g；

　　　$u(t)$ ——马铃薯碰撞位移，mm；

　　　$\dot{u}(t)$ ——马铃薯碰撞速度，$m \cdot s^{-1}$；

　　　$\ddot{u}(t)$ ——马铃薯碰撞加速度，$m \cdot s^{-2}$；

　　　k ——弹性系数，$N \cdot m^{-1}$；

　　　c ——阻尼系数，$N \cdot s \cdot m^{-1}$；

　　　t ——时间，ms。

由于马铃薯与杆条碰撞结束后会与杆条分离，因此可认为图 2-45 所示的碰撞力学模型为欠阻尼系统，即阻尼比满足条件 $0 < \zeta < 1$。在欠阻尼情形下，方程(2-29)的通解为：

$$u(t) = Ae^{-at}\sin(\omega_d + \varphi) \qquad (2\text{-}30)$$

式中　A ——振幅，$A = \sqrt{u(0)^2 + \left(\dfrac{\dot{u}(0) + au(0)}{\omega_d}\right)^2}$，其中，$\omega_d$ 为有阻尼系统的固

　　　　有角频率，且 $\omega_d = \omega_n\sqrt{1-\zeta^2}$，$rad \cdot s^{-1}$；

　　　ω_n ——无阻尼系统的固有角频率，$\omega_n = \sqrt{\dfrac{k}{m}}$，$rad \cdot s^{-1}$；

ζ ——阻尼比，$\zeta = \dfrac{c}{2m\omega_n} = \dfrac{c}{2\sqrt{mk}}$；

φ ——相位角，$\varphi = \arctan\dfrac{u(0)\omega_d}{\dot{u}(0) + au(0)}$，$\text{rad}$；

a ——衰减系数，$a = \dfrac{c}{2m} = \zeta\omega_n$。

将初始条件 $t = 0$，$u(0) = 0$，$\dot{u}(t) = v_0$ 代入式(2-30)中得到 $A = \dfrac{|v_0|}{\omega_d}$，$\varphi = 0$。则系统运动微分方程的自由运动解为：

$$u(t) = \begin{cases} \dfrac{v_0}{\omega_d}e^{-\zeta\omega_n}\sin(\omega_d t) & \left(0 \leqslant t \leqslant \dfrac{\pi}{\omega_d}\right) \\ 0 & \text{其他} \end{cases} \tag{2-31}$$

式中 v_0 ——马铃薯碰撞初速度，$\text{m}\cdot\text{s}^{-1}$。

根据式(2-29)~式(2-31)可知，马铃薯碰撞过程的位移与碰撞初速度 v_0、无阻尼系统的固有角频率 ω_n、阻尼比 ζ 有关，将 v_0、ω_n 和 ζ 代入式(2-31)中得到马铃薯碰撞位移方程为：

$$u(t) = \begin{cases} \dfrac{v_0}{\omega_n\sqrt{1-\zeta^2}}e^{-\zeta\omega_n}\sin(\omega_n\sqrt{1-\zeta^2}t) & \left(0 \leqslant t \leqslant \dfrac{\pi}{\omega_n\sqrt{1-\zeta^2}}\right) \\ 0 & （其他） \end{cases} \tag{2-32}$$

2.4.3 马铃薯碰撞试验

2.4.3.1 试验设计

为确定不同试验条件下马铃薯碰撞位移函数中各参数数值，测试不同试验条件下的马铃薯碰撞加速度，将加速度数据进行处理后得到马铃薯碰撞位移随时间的变化关系数据，然后结合马铃薯碰撞位移模型，利用 SPSS19.0 软件对数据进行处理，获取碰撞位移模型中各参数值。各试验中的试验条件分别为：

从冷藏室中取 15℃、质量等级为 250g±5g 的马铃薯与直径 10mm 的 65Mn 钢杆（65Mn）进行碰撞试验。马铃薯内部温度的选择依据为：内蒙古中西部地区马铃薯收获时间集中于 9 月中旬至 10 月中旬，收获期间白天平均气温为 15℃左右；马铃薯质量等级的确定依据为：250g±5g 的马铃薯在每株马铃薯中所占的数量比例最高；碰撞材料为直径 10mm 的 65Mn 钢杆的选择依据为：摆动分离筛在进行薯土分离的过程中，大量的薯土混合物被送至分离筛上，需要分离筛具有较强的韧性以承受薯土混合物的冲击，同时分离筛杆具有适当的弹性可促进薯土混合物抛离筛面，从而增强薯土分离效果，因此分离筛杆的材料使用 65Mn 弹簧钢。初始高度分别取为 100mm、200mm、300mm、400mm、500mm 和 600mm，与其对应的碰撞初速度分别为 1.4 m·s^{-1}、1.98 m·s^{-1}、2.42 m·s^{-1}、2.8 m·s^{-1}、3.13 m·s^{-1} 和 3.43m·s^{-1}。

从冷藏室中取 15℃的马铃薯由 300mm 的初始高度与 65Mn 钢杆发生碰撞，试验中选取的马铃薯质量等级分别为 150g±5g、250g±5g、350g±5g、450g±5g 4 种。

取质量等级为 250g±5g 的马铃薯由 300mm 的初始高度与 65Mn 钢杆发生碰撞，试验中选取的马铃薯内部温度分别为 5℃、23℃。

从冷藏室中取 15℃、质量等级为 250g±5g 的马铃薯由 300mm 的初始高度与杆条发生碰撞，试验中选取的碰撞材料分别为直径 10mm 的 65Mn 钢杆包裹 2mm 厚聚氯乙烯塑料(65Mn-塑料)和直径 10mm 的 65Mn 钢杆包裹 2mm 厚橡胶(65Mn-橡胶)。

试验完成后统计并分析马铃薯碰撞位移数据，依据式(2-32)中碰撞位移函数，确定各参数数值。每组试验重复 10 次，试验结果取平均值。试验因素与水平见表 2-40。

表 2-40　因素水平表

水平	因素			
	初始高度/mm	马铃薯质量/g	马铃薯内部温度/℃	碰撞材料
1	100	150	5	65Mn
2	200	250	15	65Mn-塑料
3	300	350	23	65Mn-橡胶
4	400	450		
5	500			
6	600			

2.4.3.2　碰撞损伤评价指标

试验完成后，将试验用的马铃薯置于室温(20~22℃)环境放置 48h，待其碰撞部位褐变后，平行于碰撞表面切出若干薄片，切至无损伤处为止，使用游标卡尺测量每个薄片厚度，累加后得到碰撞表面中心至损伤褐变的最大深度作为马铃薯损伤深度。

2.4.4 试验结果与分析

2.4.4.1 马铃薯碰撞位移模型参数的确定

将每次试验所得的马铃薯碰撞位移随时间变化的数据导入到 SPSS19.0 数据分析软件中，将式(2-32)输入到 SPSS19.0 数据分析软件中的非线性回归分析模块，分别输入 ω_n 和 ζ 的初始值后进行迭代运算，求得 ω_n 和 ζ 的值，将每组 10 次试验所得的 ω_n 和 ζ 求平均值，不同初始高度对应的马铃薯碰撞位移模型参数见表 2-41。

表 2-41　不同初始高度对应的马铃薯碰撞位移模型参数

初始高度/cm	v_0 / m·s^{-1}	ω_n / rad·s^{-1}	ζ	R^2
100	1.4	0.137	0.232	0.947
200	1.98	0.138	0.24	0.944
300	2.42	0.139	0.26	0.934
400	2.8	0.137	0.266	0.951
500	2.13	0.138	0.28	0.937
600	2.43	0.139	0.291	0.934

由表 2-41 可知，各个模型与试验值间的相关系数均大于 0.93，说明回归分析所得参数 ω_n 和 ζ 有效，所得模型能够预测马铃薯碰撞位移的变化。

由表 2-41 可以看出，初始高度对无阻尼系统的固有角频率 ω_n 的影响不显著，6 种初始高度所对应的 ω_n 的变化范围为 0.137~0.139；原因是 ω_n 主要与马铃薯本身及碰撞材料有关，试验中所选取的马铃薯质量等级相同，碰撞杆条材料均为 65Mn 钢杆，因此不同初始高度所对应的无阻尼系统的固有角频率 ω_n 相同。初始高度对阻尼比 ζ 影响显著，阻尼比 ζ 随着初始高度的增大而增大；主要原因是初始高度越大，马铃薯碰撞初速度越大，所造成的马铃薯碰撞位移越大(图 2-46)，马铃薯碰撞瞬间嵌入杆条的深度越深，碰撞过程中马铃薯的黏性越强，其阻尼系数越大，从而导致马铃薯与 65Mn 钢杆间的阻尼比越大。

将表 2-41 中各参数代入式(2-32)后，利用 Matlab 软件绘制不同初始高度时马铃薯碰撞位移随时间的变化曲线如图 2-46 所示。

马铃薯碰撞位移模型参数：无阻尼系统的固有角频率 ω_n 和阻尼比 ζ，在不同马铃薯质量、内部温度和碰撞材料的试验条件下的数值见表 2-42。

由表 2-42 可知，无阻尼系统的固有角频率 ω_n 和阻尼比 ζ，均随马铃薯质量的增加而减小，均随马铃薯内部温度的增加而增大。

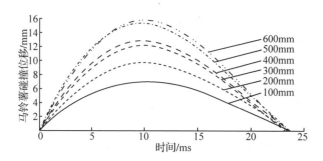

图 2-46　初始高度对马铃薯碰撞位移的影响

表 2-42　马铃薯碰撞位移模型参数

因素	水平	$\omega_n/\text{rad} \cdot \text{s}^{-1}$	ζ	R^2
马铃薯质量/g	150	0.142	0.267	0.955
	250	0.139	0.26	0.934
	350	0.138	0.253	0.953
	450	0.133	0.246	0.921
马铃薯内部温度/℃	5	0.135	0.228	0.939
	15	0.139	0.26	0.934
	23	0.142	0.264	0.966
碰撞材料	65Mn-塑料	0.141	0.253	0.954
	65Mn-橡胶	0.141	0.256	0.958
	65Mn	0.139	0.26	0.934

2.4.4.2　马铃薯损伤深度与碰撞位移的关系

马铃薯碰撞位移随着碰撞时间的增加而呈现先增加后减小的变化过程,主要是因为碰撞过程中马铃薯与杆条接触位置处发生形变所致,形变过程会对马铃薯内部组织产生影响,马铃薯静置48h后会在马铃薯内部发生褐变。因此,根据式(2-32)计算不同初始高度所对应的马铃薯碰撞位移的最大值作为碰撞损伤深度的预测值,将预测值与试验所得的马铃薯损伤深度进行对比,得到马铃薯碰撞损伤深度随初始高度的变化关系如图2-47所示。

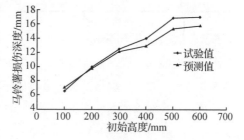

图 2-47　马铃薯损伤深度随
初始高度的变化关系

由图 2-47 可知，马铃薯碰撞损伤深度试验值与预测值均随初始高度的增加而增大，计算得到预测值与试验值间的相对误差在 1.6%～8.8% 之间，说明通过马铃薯碰撞位移模型可实现马铃薯碰撞损伤深度的预测。

2.4.5 正交试验

2.4.5.1 试验设计与方法

为明确各因素对马铃薯碰撞损伤影响的显著性水平，以马铃薯碰撞损伤深度为指标，马铃薯内部温度(A)、初始高度(B)、马铃薯质量(C)和碰撞材料(D)作为试验因素进行正交试验。各因素水平取值时，碰撞材料重点考察 65Mn 钢杆、65Mn-塑料和 65Mn-橡胶 3 种在薯土分离装置中皆有使用的典型工程材料；结合单因素试验结果，确定 100mm、300mm 和 600mm 3 种初始高度；根据马铃薯等级规格中马铃薯质量的划分标准，选取大、中规格马铃薯的 3 个典型质量，同一质量的标准差为5g；按生产经验中马铃薯收获日期不同时间段的平均温度，确定 5℃、15℃ 和 23℃的马铃薯内部温度，各因素水平见表 2-43。正交试验采用 L_9(3^4) 无空列方案（表2-44），每组试验重复 20 次，将每组 20 次试验的结果分为 2 组算出平均值，通过重复试验获得误差列，利用 SPSS19.0 软件进行数据分析。

表 2-43　因素水平表

水平	因素			
	马铃薯内部温度 A/℃	初始高度 B/mm	马铃薯质量 C/g	碰撞材料 D
1	5	100	150	65Mn
2	15	300	250	65Mn-塑料
3	23	600	350	65Mn-橡胶

2.4.5.2 试验结果与分析

正交试验结果及极差分析结果见表 2-44，方差分析结果见表 2-45。通过极差分析和方差分析可知：影响马铃薯碰撞损伤深度的因素的主次顺序均为初始高度 > 马铃薯质量 > 马铃薯内部温度 > 碰撞材料，且各因素对马铃薯碰撞损伤的影响均为极显著。

表 2-44　正交试验设计方案及结果

试验号	马铃薯内部温度 A	初始高度 B	马铃薯质量 C	碰撞材料 D	损伤深度/mm	
					h_1	h_2
1	1	1	1	1	3.264	3.734
2	1	2	2	2	13.478	12.3
3	1	3	3	3	23.313	24.48
4	2	1	2	3	2.144	4.432
5	2	2	3	1	16.032	17.388
6	2	3	1	2	14.404	13.904
7	3	1	3	2	0.818	0.995
8	3	2	1	3	1.117	1.21
9	3	3	2	1	16.292	16.076
$k1$	13.428	2.565	6.272	12.131		
$k2$	11.384	10.254	10.787	9.317		
$k3$	6.085	18.078	13.838	9.449		
$R1$	7.343	15.513	7.566	2.814		
因素主次顺序			$B > C > A > D$			

表 2-45　方差分析表

差异源	离差平方和	自由度	均方	F 值	显著性
马铃薯内部温度 A	172.337	2	86.189	149.449	**
初始高度 B	722.04	2	361.02	625.998	**
马铃薯质量 C	173.854	2	86.927	150.729	**
碰撞材料 D	30.261	2	15.13	26.236	**
误差	5.19	9	0.577		
总计	3012.951	18			

注：$F_{0.01(2,9)} = 8.022$，$F_{0.05(2,9)} = 4.265$。

　　由表 2-44 可知，初始高度越高马铃薯碰撞损伤深度越大，马铃薯质量越大损伤深度越大。结合式(2-32)可以看出，马铃薯碰撞初速度与马铃薯碰撞位移呈正比，较高的初始高度会产生较大的碰撞初速度，造成的马铃薯碰撞损伤也就越严重。

　　将表 2-42 中各参数代入式(2-30)中 ω_d 的计算公式，发现随着马铃薯质量的增加，有阻尼系统的固有角频率 ω_d 逐渐减小，则相同碰撞初速度的情况下，马铃薯质量越大，碰撞动量越大，产生的碰撞位移越大，造成的马铃薯损伤深度也就越深。初始高度是影响马铃薯碰撞损伤最显著的因素，因此，在马铃薯收获作业过程中，合理控制马铃薯相对分离筛的抛离高度，成为降低马铃薯损伤最有效的形式。同时，考虑农机与农艺的结合，马铃薯品种培育过程中可优选单颗质量适中的马铃薯品种，这样既不会降低马铃薯产量，还可有效降低收获过程中的马铃薯损伤。

马铃薯碰撞损伤深度随着马铃薯内部温度的降低而增大。将表 2-42 中各参数代入式(2-30)中 ω_d 的计算公式可知，ω_d 随着马铃薯内部温度的降低而减小，致使相同碰撞初速度的情况下马铃薯碰撞损伤深度随着马铃薯内部温度的降低而增大。

从表 2-44 还可以看出，马铃薯内部温度为 5℃ 和 15℃ 时的损伤深度明显大于 23℃ 时的损伤深度，因此为了降低马铃薯的碰撞损伤，尽量在低温来临前完成马铃薯的收获，在避免马铃薯产生冻伤的同时，还可效抑制收获过程中马铃薯的碰撞损伤。

马铃薯与 65Mn-塑料、65Mn-橡胶碰撞后的损伤深度均小于与 65Mn 钢杆碰撞后的损伤深度。将表 2-42 中各参数代入式(2-30)中 ω_d 的计算公式可知，马铃薯与 65Mn 钢杆碰撞的 ω_d 值均小于与其他 2 种材料碰撞的 ω_d 值，马铃薯与 65Mn-橡胶碰撞的 ω_d 值小于与 65Mn-塑料碰撞的 ω_d 值，因此，马铃薯与 65Mn 钢杆碰撞后的损伤深度均大于与其他 2 种材料碰撞后的损伤深度。由表 2-44 还可以看出，塑料对于减小马铃薯的碰撞损伤效果明显，因此可通过钢杆表面喷塑的方式降低收获过程中马铃薯的碰撞损伤。

2.4.6　马铃薯碰撞损伤临界值试验

马铃薯碰撞损伤临界值定义为：马铃薯与杆条碰撞后在碰撞表皮产生裂纹时的初始高度、碰撞初速度和碰撞加速度峰值。本节试验主要考察 150g ± 5g、250g ± 5g、350g ± 5g 和 450g ± 5g 4 种质量等级的马铃薯在 15℃ 时与 65Mn 钢杆碰撞损伤的临界值，250g ± 5g 马铃薯在 5℃ 和 23℃ 时与 65Mn 钢杆碰撞损伤的临界值，以及 250g ± 5g 马铃薯在 15℃ 时与 65Mn-塑料、65Mn-橡胶碰撞损伤的临界值，试验结果见表 2-46。

表 2-46　马铃薯碰撞损伤临界值

马铃薯质量/g	马铃薯内部温度/℃	碰撞材料	临界值		
			初始高度/mm	碰撞初速度/m·s⁻¹	加速度峰值/m·s⁻²
150	15	65Mn	120	1.534	856.368
250			80	1.253	674.437
350			50	0.99	396.785
450			30	0.767	187.245
250	5		50	0.99	434.154
	23		250	2.215	1449.794
250	15	65Mn-塑料	320	2.506	1589.528
		65Mn-橡胶	280	2.344	1409.697

Chapter Three | 第 3 章
马铃薯挖掘机挖掘
输送装置分析

在马铃薯机械化收获过程中，挖掘铲将薯土混合物掘起并输送到后续分离装置。挖掘铲的结构和参数对马铃薯挖掘阻力有较大的影响。本章主要以马铃薯挖掘机的挖掘装置为对象，对马铃薯挖掘装置的国内外研究现状和总体结构进行了分析；对常见挖掘铲的结构和几种新型挖掘铲的结构进行了分析；对 4SW 系列马铃薯挖掘机挖掘铲的结构及其主要参数对挖掘阻力的影响情况进行了研究；对马铃薯挖掘机挖掘阻力测试装置的总体结构和参数调节原理进行了说明；对悬挂架的强度进行了分析和优化设计；对挖掘阻力的测试装备和仪器进行了介绍；对测试数据和测试结果进行了分析和优化验证。本章最后对马铃薯挖掘机升运链输送装置的结构组成和工作原理进行了简要分析。

3.1 马铃薯挖掘机的挖掘装置

3.1.1 马铃薯挖掘装置的研究现状

3.1.1.1 国内研究现状

国内学者在新型马铃薯挖掘装置的设计和结构的优化方面做了许多研究。内蒙古农业大学赵满全设计了两个切土圆盘与多个三角平面铲组合的马铃薯挖掘部件，该挖掘装置具有较高的挖掘效率，切土圆盘可使阻力减小，避免薯蔓的缠绕，有效地提高了机具的性能和效率；河北农业大学刘俊峰设计了一种新型的马铃薯挖掘铲，该挖掘铲是由平面铲和指状延伸铲组成，能够较好地处理平面挖掘铲壅土、牵引阻力大的问题；中国农业大学刘宝设计了一种单行马铃薯收获机，收获机的挖掘铲铲片相互分离，能够便于漏土，且铲面倾角可以在 18°~30° 内连续可调；甘肃农业大学石林榕设计了一种仿生铲片，具有较好的减阻性能，通过与普通铲片的仿真对比表明，仿生铲片能够降低切削土壤的阻力达 61%；黑龙江农业机械工程科学研究院韩杰等研制了一种键式振动挖掘部件，能够较好地进行碎土和筛土；河北省农业机械化研究所贾素梅等利用振动推进式直板挖掘机构研制了多功能根茎收获机。

此外，对马铃薯挖掘部件的理论分析和数值模拟方面也做了许多研究。中国农业大学的贾晶霞建立了关于挖掘铲牵引阻力的力学模型，并通过计算机辅助分析对挖掘铲进行参数优化以及仿真研究，并借助 ANSYS 软件对挖掘铲进行静力学分析，以及强度校核，为马铃薯挖掘铲的设计提供了一种新的方法。本项目组的邓伟刚以马铃薯挖掘铲作为研究对象，建立了挖掘铲牵引阻力的力学模型，并对影响牵引阻力的因素进行分析，总结了影响牵引阻力的参数，并用数值模拟的方法分析了各影响参数对牵引阻力的影响，为降低马铃薯收获机挖掘阻力提供了参考依据；甘肃农业大学的石林榕等人优化了振动式挖掘铲的性能参数，并借助 LS-DYNA 软件模拟挖掘铲挖削土壤的过程，根据 4 因素 3 水平响应曲面法试验设计原理，对影响挖掘铲挖削阻力的因素进行了多因素方差分析，并建立和优化了回归模型，得到影响小型振筛式马铃薯挖掘机牵引阻力的因素显著性；甘肃农业大学的李彦晶分析了挖掘铲的前进速度、铲长、挖掘深度、入土角对牵引阻力的影响规律；中机美诺科技股份有限公司的李雷霞用计算机模拟试验方法，得到较佳的土壤作业环境参数。

3.1.1.2 国外研究现状

国外发达国家的马铃薯收获机械起步早，对土壤挖掘部件的研究理论也出现的较早，对挖掘部件的研究是从土壤倾斜耕作部件开始的，Soehne 在研究土壤耕作部件力学时，总结出了倾斜耕作部件耕作性能方程，土壤与金属的摩擦，剪切失效，以及每个土块的加速力与切削力；同时，川村登也测量了倾斜耕作部件在各种耕深和倾角下的阻力，并研究了使土块分离的剪切失效表面的形状。此外，针对马铃薯挖掘铲也做了许多研究：V. T. Amelichev 通过能量守恒定律研究了挖掘铲的相关尺寸参数；Cz. Kanafojski. 对不同的土质下的比阻系数值进行了研究；Matsupero 研究了不同的农艺要求所对应的挖掘铲的最大铲面倾角，铲面倾角随挖掘铲上移动的挖掘层厚度的增加而增大；而 A. A. Sorokin 对圆盘式挖掘铲工作时的牵引阻力进行分析；Sorokin 对振动条型挖掘铲的阻力进行了分析。另外，Kusov 观察得到马铃薯块茎分布的最大宽度可以达到 400mm，马铃薯挖掘铲的宽度必须适合这个值。

3.1.2 马铃薯挖掘装置的总体结构

内蒙古农业大学研制的 4SW-170 型马铃薯挖掘机的总体结构，如图 3-1 所示。该挖掘装置通过拖拉机牵引，挖掘铲将薯土混合物掘起后，通过升运链输送到分离筛进行薯土分离。分离后的马铃薯平铺在田间地面，再通过人工捡拾装袋。

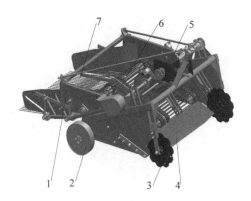

图 3-1 马铃薯挖掘装置的总体结构

1. 机架 2. 限深轮 3. 切土圆盘 4. 挖掘铲
5. 变速传动装置 6. 升运链 7. 分离筛

3.2 挖掘铲的结构分析

3.2.1 常见挖掘铲的结构类型

马铃薯挖掘装置的功能是将土壤和马铃薯薯块同时掘起，随着机具的前移将薯土混合物输送到后部的分离装置。然而在不同的工作环境下，使挖掘铲完成其工作任务并尽可能地减少功耗、提高工作效率，发挥挖掘装置最大的作用，是研究人员和用户关注的问题之一。因此，对马铃薯挖掘装置的要求是：在尽量少挖土的情况下保证将薯块挖净；并使机具的挖掘深度能够保持稳定、可调；使薯土混合物方便地输送到分离装置；尽量减小工作阻力和能量消耗；避免土壤壅堵的发生，挖掘铲可以具备自洁的功能；挖掘铲应能够较好地破碎土壤。

为了在不同作业条件下完成马铃薯的挖掘工作，并提高工作质量，研究人员设计出了多种不同结构的挖掘铲。根据形状可以分为平面铲（三角平面铲和条形平面铲）、凹面铲和槽形铲；根据挖掘的宽度或者铲片数量可以分为单铲、双铲和多铲。挖掘铲的不同结构类型如图 3-2 所示。

平面铲相对于其他形式的挖掘铲结构简单，安装方便，便于生产加工，所以应用最广。但平面铲工作时容易被杂草缠绕，产生壅土现象导致牵引阻力过大，且机具悬挂架的尺寸设计不当时容易导致铲面倾角不合理，不能保证挖掘深度的稳定性和适应性等。

凹面铲一般与抛掷轮式马铃薯挖掘机的抛掷轮拨齿运动轨迹相配合。薯土混合物被掘起后，在抛掷轮拨齿的作用下被抛到机器的一侧，薯块则相应散落在地面。凹面铲为早期挖掘铲的结构形式，现在应用较少。

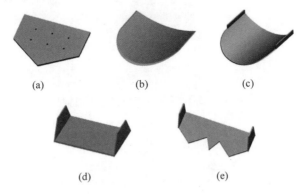

(a)　　　　　　　　(b)　　　　　　　　(c)

(d)　　　　　　　　(e)

图 3-2　挖掘铲的结构类型

(a)三角平面铲　(b)凹面铲　(c)槽形凹面铲

(d)条形平面铲　(e)多片铲

槽形铲可看作平面铲两侧设有挡板，用以切出薯垄，防止块茎从铲侧散落。两侧的挡板还兼有切土和碎土的功能。

多片铲又可分为整体式和分离。铲片与铲片之间留有间隙，既可以减小铲尖与土壤的接触面积，减小阻力，又减轻了挖掘铲的整体质量。单片铲则不具备此特点。整体式多片铲制造和安装简单，但整体不易更换。分离式多片铲需要重复安装，但单个铲的铲尖磨损或折断后不影响其他铲片的使用，易于更换。

3.2.2　几种新型挖掘铲的结构类型

3.2.2.1　组合式挖掘铲

组合式挖掘铲的结构如图 3-3 所示。它由平面铲和指状延伸铲两部分组合而成。挖掘过程中，组合式挖掘铲使土垡在铲面上蜿蜒动态流动，能够较好地处理平面挖掘铲壅土、牵引阻力大的问题。

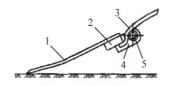

图 3-3 组合式挖掘铲

1. 平面铲 2. 固定块 3. 指状延伸铲 4. 连接耳 5. 芯轴

3.2.2.2 分离式挖掘铲

分离式挖掘铲实质是分离式多片铲，通常由多组相同结构的铲片与铲托组成，铲片一般焊接在铲托上，通过调整铲托在机架上的安装角度，可以实现对铲面倾角的调整。分离式挖掘铲铲片相互分离，能够便于碎土和漏土，同时又避免了根茎搭缠，能降低薯土分离的功耗，提高分离效率。图 3-4 为一种分离式挖掘铲的结构。

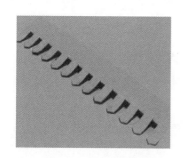

图 3-4 分离式挖掘铲

图 3-5 栅条式挖掘铲

1. 安装轴 2. 栅条

3.2.2.3 栅条式挖掘铲

栅条式挖掘铲的结构示意如图 3-5 所示。多个栅条按一定间距平行固定在安装轴上。挖掘过程中，薯土混合物被掘起并沿栅条铲面向上移动。直径小于栅条间隙的土块和马铃薯从栅条间漏下，实现第一次分离；大于栅条间隙的土块和马铃薯通过栅条后端进入分离装置。

3.2.2.4 仿生式挖掘铲

仿生式挖掘铲是分析土壤动物挖削土壤的过程，根据其减阻机理，对马铃薯挖掘铲进行仿生改形设计，从而减小挖掘铲的挖掘阻力。图 3-6 为一种模仿蝼蛄前足爪趾形状设计的仿生挖掘铲，通过对比分析，发现减阻

图 3-6 仿生式挖掘铲

效果较好。

3.2.2.5 振动式挖掘铲

振动式挖掘铲通过与铲体相连的偏心轮机构的运动产生激振，使挖掘铲产生受迫振动。挖掘过程中，挖掘铲的振动能够较好地对土壤进行破碎，从而减小挖掘阻力，破碎后的土壤在分离装置上也便于分离。图 3-7 为一种振动式挖掘铲的结构示意图。偏心轮绕机架转动时带动连接臂及摇臂运动，与摇臂固连的挖掘铲跟随作受迫振动。

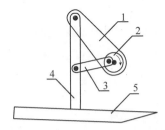

图 3-7　一种振动式挖掘铲结构示意图

1. 机架　2. 偏心轮　3. 连接臂　4. 摇臂　5. 挖掘铲

3.2.3　4SW 系列马铃薯挖掘机挖掘铲结构分析

内蒙古农业大学的 4SW 系列马铃薯挖掘机挖掘铲的结构分为两种：第一种为两个切土圆盘与两个较大的平面铲组合的挖掘部件，如图 3-8 所示。

图 3-8　4SW 系列马铃薯挖掘铲（一）

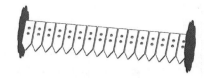

图 3-9　4SW 系列马铃薯挖掘铲（二）

第二种为两个切土圆盘与多个三角平面铲组合的挖掘部件，如图 3-9 所示。切土圆盘可以切碎铲体边缘的土壤，减小阻力，避免薯蔓的缠绕，有效地提高了机具的性能和效率。

第一种铲体挖掘时能将薯土混合物及其藤蔓全部掘起，挖切效率高，应用范围广，但不便于碎土，挖掘铲刃口磨损后不易于更换。第二种铲体挖掘时便于土壤破碎，局部铲体磨损后易于更换，但容易被土壤中的藤蔓或杂草缠绕，适合应用于较干净的田间收获环境。

3.2.4　4SW 系列马铃薯挖掘铲的主要参数

内蒙古农业大学 4SW 系列马铃薯挖掘机先后有 4SW-40、4SW-60、4SW-80、4SW-130、4SW-150、4SW-160 和 4SW-170 七种机型，目前以 4SW-170 型应用为主。4SW-170 型马铃薯挖掘机挖掘铲的主要参数包括结构参数和工作参数，见表 3-1。

表 3-1　4SW-170 型马铃薯挖掘机挖掘铲的主要参数

参数类型	参数符号	参数名称	单位
结构参数	b	铲体宽度	m
	L_0	铲尖至铲尾的距离	m
工作参数	d	挖掘深度	m
	δ	铲面倾斜角度	°
	V_0	挖掘铲工作速度	$m \cdot s^{-1}$

4SW-170 马铃薯挖掘机挖掘铲分为大铲和小铲两种结构，厚度均为 12mm，挖掘铲的总幅宽为 170cm，两侧配有直径为 500mm 的切土圆盘，用于将铲两端的土垡和草蔓切开，入土深度可以调整。大铲和小铲的结构尺寸主要包括铲体宽度 b 和铲尖至铲尾的距离 L_0，如图 3-10 所示。

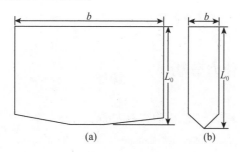

图 3-10　挖掘铲的主要结构参数

（a）大铲　（b）小铲

4SW-170 型马铃薯挖掘机挖掘铲的结构参数取值见表 3-2。

表 3-2 4SW-170 型马铃薯挖掘机挖掘铲的结构参数

铲体类型	参数符号	取值
大铲	b/mm	$800 \sim 850$
	L_0/mm	340
小铲	b/mm	$80 \sim 100$
	L_0/mm	340

3.2.4.2 工作参数

4SW-170 马铃薯挖掘机挖掘铲的主要工作参数包括挖掘深度 d、铲面倾斜角度 δ 和挖掘铲工作速度 V_0，如图 3-11 所示。挖掘铲的挖掘深度和铲面倾斜角度均可通过调节机构调节，挖掘铲工作速度通过牵引拖拉机控制。

4SW-170 型马铃薯挖掘机挖掘铲的工作参数取值见表 3-3。

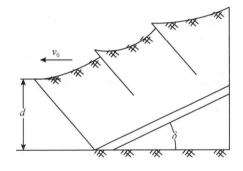

图 3-11 挖掘铲的主要工作参数

表 3-3 4SW-170 型马铃薯挖掘机挖掘铲的工作参数

参数符号	取值
d/cm	$15 \sim 25$
$\delta/°$	$19 \sim 25$
$V_0/km \cdot h^{-1}$	$2 - 3$

3.3 挖掘铲的受力分析

马铃薯收获机作业时，其牵引阻力绝大部分来自于收获过程中挖掘铲受到的切削阻力。对挖掘铲切削阻力的影响因素进行研究，从而降低牵引阻力、减少功耗，对于马铃薯机械化收获具有重要意义。

3.3.1 理论分析

3.3.1.1 挖掘铲的受力分析

挖掘铲工作时可以分为正切和滑切两种情况，如图 3-12 所示。图 3-12（a）为正切，*ABEF* 为矩形工作铲面，此时切削刃 *AB* 的法线方向与挖掘铲前进方向平行，铲面上土壤的移动方向与 *AF* 平行。图 3-12（b）为滑切，此时切削刃 *AB* 的法线方向与挖掘铲前进方向的夹角为 γ，即为滑切角。*On* 为铲面 *ABEF* 的法矢，其与铲面的交点为 *N* 点。*ANM* 为土迹线的方向，土壤沿 *AM* 方向在铲面上移动。

根据图中几何关系易知：

$$\sin\alpha = \sin\delta\cos\gamma \tag{3-1}$$

式中 α ——滑切时的铲面倾斜角度，°；

δ ——正切时的铲面倾斜角度，°；

γ ——滑切角，°。

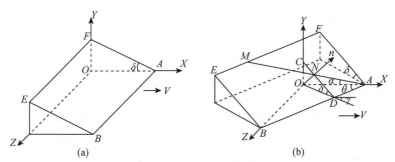

图 3-12　挖掘铲的两种切削方式

（a）正切　（b）滑切

∵ $0 < \cos\gamma \leq 1$

∴ $\sin\alpha \leq \sin\delta$

∴ $\alpha \leq \delta$

即滑切比正切省力，且切削阻力随滑切角的增大而减小。当滑切角 γ 为零时，α 与 δ 相等，滑切变为正切，即正切是滑切的特殊情形。

挖掘铲在工作时，主要受机具牵引力，铲面上土壤作用的法向载荷，土壤对挖掘铲作用的摩

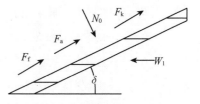

图 3-13　挖掘铲受力分析

擦力，因土壤黏性而产生的铲面附着力，以及土壤纯切削阻力的作用。挖掘铲的受力分析如图 3-13 所示。由图可知，挖掘铲水平方向受力平衡方程式为：

$$W_1 = N_0\sin\delta + F_f\cos\delta + F_a\cos\delta + F_k\cos\delta \tag{3-2}$$

式中 W_1 ——机具牵引力，N；

F_k ——土壤纯切削力，N；

N_0 ——土壤作用于铲面的法向载荷，N；

F_a ——土壤作用于铲面的附着力，N；

F_f ——土壤作用于铲面的摩擦力，N。

又知：

$$F_f = \mu_1 N_0, F_a = C_a F_0, F_k = kb$$

式中 μ_1 ——土壤与挖掘铲摩擦因数；

F_0 ——挖掘铲面积，cm^2；

C_a ——土壤附着力因数，$N \cdot cm^{-2}$；

b ——挖掘铲幅宽，cm；

k ——单位幅宽土壤的纯切削阻力，$N \cdot cm^{-1}$。

代入式(3-2)可得：

$$W_1 = N_0\sin\delta + \mu_1 N_0\cos\delta + C_a F_0\cos\delta + kb\cos\delta$$

土壤的纯切削阻力很小，只有当土壤中有石头、残根或刃口变钝时，切削阻力才重要。如果不存在这些情况，则土壤的纯切削阻力 F_k 可以忽略不计。由此可得：

$$W = N_0\sin\delta + \mu_1 N_0\cos\delta + C_\alpha F_0\cos\delta \tag{3-3}$$

式中 W ——无土壤纯切削阻力时机具牵引力，N。

3.3.1.2 铲面土壤的受力分析

取铲面上的土壤为研究对象，其受力情况如图 3-14 所示。

式中 G ——铲面上土壤重力，N；

B ——土壤沿铲面运动的加速力，N；

N_1 ——前失效面法向载荷，N；

C ——土壤内聚力因数，$N \cdot m^{-2}$；

F_1 ——土壤剪切面积，m^2；

μ ——土壤内摩擦因数；

β ——前失效面倾角，°。

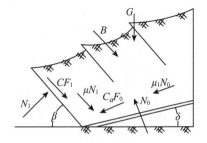

图 3-14 土壤受力分析

由图 3-14 可知，土壤水平方向受力平衡方程式为：

$$N_0(\sin\delta + \mu_1\cos\delta) - N_1(\sin\beta + \mu\cos\beta) + C_\alpha F_0\cos\delta - (CF_1 + B)\cos\beta = 0 \tag{3-4}$$

土壤竖直方向受力平衡方程式为：

$$G - N_0(\cos\delta - \mu_1\sin\delta) - N_1(\cos\beta - \mu\sin\beta) + C_\alpha F_0\sin\delta + (CF_1 + B)\sin\beta = 0 \quad (3\text{-}5)$$

$$N_0 = \frac{(W - C_\alpha F_0\cos\delta)}{\sin\delta + \mu_1\cos\delta} \quad (3\text{-}6)$$

由式（3-4）可得：

$$N_1 = \frac{N_0(\sin\delta + \mu_1\cos\delta) + C_\alpha F_0\cos\delta - (CF_1 + B)\cos\beta}{(\sin\beta + \mu\cos\beta)} \quad (3\text{-}7)$$

由式（3-5）可得：

$$N_1(\cos\beta - \mu\sin\beta) = G - N_0(\cos\delta - \mu_1\sin\delta) + C_\alpha F_0\sin\delta + (CF_1 + B)\sin\beta$$
$$(3\text{-}8)$$

将式（3-7）代入式（3-8），整理可得：

$$N_0\left[\cos\delta - \mu_1\sin\delta + (\sin\delta + \mu_1\cos\delta)\frac{\cos\beta - \mu\sin\beta}{\sin\beta + \mu\cos\beta}\right]$$
$$= G + C_\alpha F_0\sin\delta + (CF_1 + B)\sin\beta + \quad (3\text{-}9)$$
$$\left[(CF_1 + B)\cos\beta - C_\alpha F_0\cos\delta\right]\frac{\cos\beta - \mu\sin\beta}{\sin\beta + \mu\cos\beta}$$

将式（3-6）代入式（3-9），整理可得：

$$(W - C_\alpha F_0 * \cos\delta)\left[\frac{\cos\delta - \mu_1\sin\delta}{\sin\delta + \mu_1\cos\delta} + \frac{\cos\beta - \mu\sin\beta}{\sin\beta + \mu\cos\beta}\right]$$
$$= G + \frac{CF_1 + B}{\sin\beta + \mu\cos\beta} + C_\alpha F_0\left[\sin\delta - \cos\delta\frac{\cos\beta - \mu\sin\beta}{\sin\beta + \mu\cos\beta}\right] \quad (3\text{-}10)$$

令 $Z = \dfrac{\cos\delta - \mu_1\sin\delta}{\sin\delta + \mu_1\cos\delta} + \dfrac{\cos\beta - \mu\sin\beta}{\sin\beta + \mu\cos\beta}$

则式（3-10）变形为：

$$W = \frac{G}{Z} + \frac{CF_1 + B}{Z(\sin\beta + \mu\cos\beta)} + \frac{C_\alpha F_0}{Z}\left[\sin\delta - \cos\delta\frac{\cos\beta - \mu\sin\beta}{\sin\beta + \mu\cos\beta}\right] + C_\alpha F_0\cos\delta$$
$$(3\text{-}11)$$

将式（3-11）后面两项合并同类项，整理可得：

$$W = \frac{G}{Z} + \frac{CF_1 + B}{Z(\sin\beta + \mu\cos\beta)} + \frac{C_\alpha F_0}{Z(\sin\delta + \mu_1\cos\delta)} \quad (3\text{-}12)$$

式（3-12）即为无土壤纯切削阻力时机具牵引力 W 的结果表达式。

3.3.1.3　辅助参数求解

为求解出无土壤纯切削阻力时机具牵引力 W 的数值大小，需求解出未知量 G、B 及 F_1 的表达式。

（1）求解铲面上土壤重力 G

挖掘铲铲面上薯土尺寸关系如图 3-15 所示。

图中　L_1——土壤沿铲尖伸出的距离，m；

　　　L_2——土壤沿铲尾伸出的距离，m；

　　　L_0——土壤铲尖至铲尾的距离，m；

　　　d_1——土壤厚度，m；

　　　d——挖掘深度，m；

　　　h——铲面倾斜高度，m。

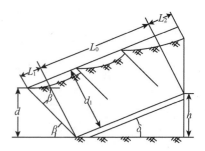

图 3-15　挖掘铲面上薯土尺寸关系

由图 3-14 分析可得：

$$G = \rho b d_1 \left[L_0 + \frac{L_1 + L_2}{2} \right] g \tag{3-13}$$

式中　$L_1 = \dfrac{d\cos(\delta + \beta)}{\sin\beta}, d_1 = \dfrac{d\sin(\delta + \beta)}{\sin\beta}$，

　　　$L_2 = d_1\tan\delta = \dfrac{d\sin(\delta + \beta)}{\sin\beta}\tan\delta$

　　　ρ——土壤容积密度，$\mathrm{kg \cdot m^{-3}}$。

（2）求解土壤剪切面积 F_1

由图 3-15 分析可得：

$$F_1 = \frac{bd}{\sin\beta} \tag{3-14}$$

（3）求解土壤沿铲面运动加速力 B

土壤及挖掘铲的运动示意图如图 3-16 所示。

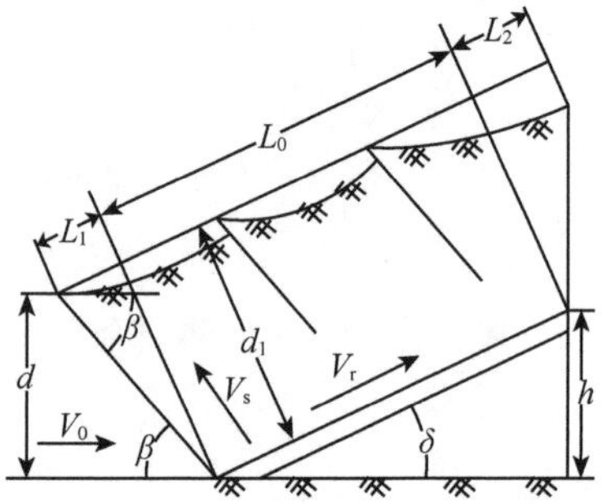

图中　V_0——挖掘铲工作速度，$\mathrm{m \cdot s^{-1}}$；

　　　V_e——土壤沿铲面运动的分速度，$\mathrm{m \cdot s^{-1}}$；

　　　V_s——土壤沿前失效面运动的分速度，$\mathrm{m \cdot s^{-1}}$。

假设 t 时间内土壤从静止到速度变为 V_s，在 t 时间内被加速土壤的质量 m 可以根据 t 时间内

图 3-16　土壤及挖掘铲的运动示意图

被挖掘铲扰动的土壤的体积来确定。

即
$$m = \rho b d V_0 t$$

根据速度分析可得：

$$V_0 \sin\delta = V_{\perp \text{铲面}} = V_s \sin(\delta + \beta)$$

故
$$V_s = \frac{V_0 \sin\delta}{\sin(\delta + \beta)}$$

则
$$a = \frac{V_s}{t} = \frac{V_0 \sin\delta}{\sin(\delta + \beta) t}$$

根据牛顿第二定律可得：

$$B = ma = \rho b d V_0 t \frac{V_0 \sin\delta}{\sin(\delta + \beta) t} = \frac{\rho b d V_0^2 \sin\delta}{\sin(\delta + \beta)} \tag{3-15}$$

3.3.1.4 挖掘铲受力的影响因素

综上分析可得，机具所受的牵引力受 $\gamma, \delta, \beta, \mu, \mu_1, b, d, L_0, V_0, c, c_\alpha, \rho$ 等 12 个参数的综合影响。这 12 个参数可以分为土壤参数、挖掘铲结构参数和机具工作参数，见表 3-4。

表 3-4 挖掘铲受力的影响因素

参数符号	参数名称	单位	参数类型
ρ	土壤容积密度	$\text{kg} \cdot \text{m}^{-3}$	
c	土壤内聚力因数	$\text{N} \cdot \text{m}^{-2}$	
μ	土壤内摩擦因数		土壤参数
c_α	土壤附着力因数	$\text{N} \cdot \text{m}^{-2}$	
μ_1	土壤与挖掘铲摩擦因数		
β	前失效面角度		
b	铲体宽度	m	挖掘铲结构参数
L_0	铲尖至铲尾的距离	m	
d	挖掘深度	m	
δ	铲面倾斜角度	°	
γ	滑切角	°	工作参数
V_0	挖掘铲工作速度	$\text{m} \cdot \text{s}^{-1}$	

3.3.2 挖掘阻力的计算

挖掘阻力的计算过程较复杂，涉及的初始参数及中间结果较多。为了便于求解，本研究采用 $C^{\#}$ 程序开发语言，在 Microsoft Visual Studio 2012 平台开发了一款专用的计算工具软件。以 4SW-170 型马铃薯挖掘机和内蒙古乌兰察布市马铃薯种植基地的土壤参数作为初始输入参数，研究各因素变化对挖掘阻力计算值的影响。以小铲体为研究对象，如图 3-17 所示。

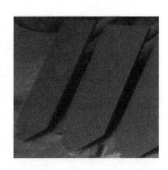

图 3-17　小铲体挖掘铲结构

土壤类型为沙壤型栗钙土，参考表 3-5 取土壤内摩擦角 φ 为 26°（$\mu = \tan\varphi = 0.49$），C 为 15kPa（约 2.18 磅·英寸 $^{-2}$），参考表 3-6 并采用插值法求得 C_a 为 2.22 磅·英寸 $^{-2}$（约 15306Pa）。

表 3-5　黏性土的 C、φ 值

质地	状态	内摩擦角 φ/°	黏结力 C/kPa
黏土	软	8~10	5~10
	中等	14	20
	硬	16~20	40~60
壤土	软	13~14	2~5
	中等	17~18	10~15
	硬	16~20	20~40
砂壤土	软	18	2
	中等	22	5~10
	硬	26	15

表 3-6　几种类型铲体的附着力参数值　　　　　　单位：磅·英寸 $^{-2}$

土壤参数	通用型铲体	半通用型铲体	特殊型铲体
C	C_a 的临界值	C_a 的临界值	C_a 的临界值
2~4	1.95~4.9	1.7~4.9	1.3~4.5

计算工具软件的工作界面如图 3-18 所示。

图 3-18　挖掘铲工作阻力计算界面

3.3.2.1　单因素分析

为了研究影响挖掘铲工作阻力的相关因素，可以采用控制变量法对不同参数进行分析。在保证其他参数不变的情况下，通过工作阻力计算工具研究铲面宽度 b，挖掘深度 d 和铲面倾斜角度 δ 的变化对工作阻力 W 的影响。挖掘铲工作阻力影响因素分析条件见表 3-7，数据计算结果分别见表 3-8 至表 3-10，对比分析结果如图 3-19 所示。

表 3-7　工作阻力影响因素分析条件

影响因素	分析条件	分析目标
铲面宽度 b	$d = 0.15\text{m}$ $\delta = 10°$	分析 W 与 b 的关系
挖掘深度 d	$b = 0.08\text{m}$ $\delta = 10°$	分析 W 与 d 的关系
铲面倾角 δ	$b = 0.08\text{m}$ $d = 0.15\text{m}$	分析 W 与 δ 的关系

表 3-8　铲面宽度与工作阻力大小的关系

b/m	0.08	0.1	0.15	0.2	0.25	0.3
W/N	573	716	1073	1431	1789	2147

表 3-9　挖掘深度与工作阻力大小的关系

d/m	0.05	0.1	0.15	0.2	0.25	0.3
W/N	398	484	573	665	760	858

表 3-10　铲面倾角与工作阻力大小的关系

$\delta/°$	5	10	15	20	25	30
W/N	531	573	619	671	729	796

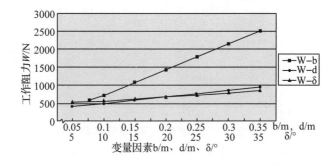

图 3-19　三种影响因素对工作阻力大小影响的对比分析

从以上图表对比分析可知：在其他参数一定的情况下，铲面宽度、挖掘深度和铲面倾角各自逐渐增大时，工作阻力也逐渐增大；铲面宽度的变化对工作阻力大小的影响较大，二者呈线性关系变化；挖掘深度和铲面倾角的变化对工作阻力大小的影响比较接近，影响程度均比较平缓，且呈非线性关系变化；为了减小机具工作时的牵引阻力大小，应在满足挖掘生产的条件下，尽量选择较小的铲面宽度、挖掘深度和铲面倾角。

3.3.2.2　正交多因素分析

借用正交试验的设计思想，采用正交计算法分析挖掘铲工作阻力各影响因素的关系。针对土壤容积密度 ρ、铲面宽度 b，挖掘深度 d、铲面倾斜角度 δ 和机具工作速度 V_0 五个影响因素进行分析。各因素及水平见表 3-11。

表 3-11　正交计算因素及水平

水平	因素				
	土壤容积密度 $\rho/\text{kg} \cdot \text{m}^{-3}$	铲面宽度 b/m	挖掘深度 d/m	铲面倾角 $\delta/°$	机具工作速度 $V_0/\text{m} \cdot \text{s}^{-1}$
1	1400	0.08	0.18	25	1.11
2	1500	0.15	0.22	30	1.67
3	1600	0.25	0.26	35	2.22
4	1700	0.35	0.3	40	2.78

考虑到不同的土壤类型对土壤参数及挖掘阻力均有影响，在正交计算时，取硬砂壤土与硬壤土作比较分析。除去五个正交计算因素外，其余参数的取值作为常量给出，见表 3-12。

表 3-12 两种土壤类型下部分参数的计算初始值

土壤类型	参数名称					
	土壤内聚力因数 $C/N \cdot m^{-2}$	土壤内摩擦因数 μ	土壤附着力因数 $C_\alpha/N \cdot m^{-2}$	土壤与挖掘铲摩擦因数 μ_1	铲面长度 L_0/m	前失效面倾角 $\beta/°$
硬砂壤土	15000	0.49	15306	0.6	0.34	34
硬壤土	20000	0.29	22603	0.7	0.34	45

根据考察的因素及水平，借用 $L_{16}(4^5)$ 的正交试验表来安排正交计算。两种土壤类型下挖掘铲工作总阻力计算结果见表 3-13。通过极差分析，可进一步得出各因素对 W 影响的主次顺序。极差分析结果见表 3-14。

从表 3-13 的分析结果可知：

（1）铲面宽度 b、挖掘深度 d、铲面倾角 δ、土壤容积密度 ρ 和机具工作速度 V_0 对挖掘铲工作阻力的影响程度依次降低。减小铲面宽度 b 对降低挖掘铲工作阻力的效果最明显。

（2）在硬砂壤土和硬壤土中，五个因素对挖掘铲工作阻力的影响关系是一致的。

表 3-13 挖掘铲工作总阻力正交计算方案及结果

计算号	土壤容积密度 $\rho/kg \cdot m^{-3}$	铲面宽度 b/m	挖掘深度 d/m	铲面倾角 $\delta/°$	机具工作速度 $V_0/m \cdot s^{-1}$	挖掘铲工作总阻力 W/N—硬砂壤土	挖掘铲工作总阻力 W/N—硬壤土
1	1	1	1	1	1	792.70	1024.65
2	1	2	2	2	2	1894.80	2387.03
3	1	3	3	3	3	4084.14	5025.96
4	1	4	4	4	4	7519.37	9075.61
5	2	1	2	3	4	1217.16	1512.19
6	2	2	1	4	3	2116.81	2702.47
7	2	3	4	1	2	3662.70	4467.06
8	2	4	3	2	1	4974.36	6140.67
9	3	1	3	4	2	1469.15	1791.44

（续）

计算号	土壤容积密度 ρ/kg·m^{-3}	铲面宽度 b/m	挖掘深度 d/m	铲面倾角 δ/°	机具工作速度 V_0/m·s^{-1}	挖掘铲工作总阻力 W/N—硬砂壤土	挖掘铲工作总阻力 W/N—硬壤土
10	3	2	4	3	1	2703.53	3248.82
11	3	3	1	2	4	3015.17	3811.5
12	3	4	2	1	3	4236.08	5294.56
13	4	1	4	2	3	1393.35	1666.27
14	4	2	3	1	4	2162.19	2633.09
15	4	3	2	4	1	3977.39	4936.84
16	4	4	1	3	2	4439.12	5627.99

表 3-14　正交计算结果极差分析

	分析结果	土壤容积密度 ρ/kg·m^{-3}	铲面宽度 b/m	挖掘深度 d/m	铲面倾角 δ/°	机具工作速度 V_0/m·s^{-1}
砂壤土	$\overline{K_1}$	3572.75	1218.09	2590.95	2713.42	3112
	$\overline{K_2}$	2992.76	2219.33	2831.36	2819.42	2866.44
	$\overline{K_3}$	2855.98	3684.85	3172.46	3110.99	2957.6
	$\overline{K_4}$	2993.01	5292.23	3819.74	3770.68	3478.47
	极差 R	716.77	4074.14	1228.79	1057.26	612.03
	主次顺序	$b > d > \delta > \rho > V_0$				
壤土	$\overline{K_1}$	4378.31	1498.64	3291.65	3354.84	3837.75
	$\overline{K_2}$	3705.6	2742.85	3532.66	3501.37	3568.38
	$\overline{K_3}$	3536.58	4560.34	3897.79	3853.74	3672.32
	$\overline{K_4}$	3716.05	6534.71	4614.44	4626.59	4258.1
	极差 R	841.73	5036.07	1322.79	1271.75	689.72
	主次顺序	$b > d > \delta > \rho > V_0$				

3.3.3　挖掘阻力的分析

为了分析各因素变化对工作阻力 W 的影响，在 Matlab 中编制了计算和绘图程序。各因素的变化范围及其他因素的固定值见表 3-15。

表 3-15　单因素分析方案与初始数据

序号	土壤容积密度 ρ /kg · m^{-3}	铲面宽度 b/m	挖掘深度 d/m	铲面倾角 δ /°	机具工作速度 V_0 / m · s^{-1}	分析目标
1	1200～1800	0. 08	0. 18	25	1. 11	W 与 γ 的关系
2	1400	0. 08～0. 5	0. 18	25	1. 11	W 与 b 的关系
3	1400	0. 08	0. 1～0. 4	25	1. 11	W 与 d 的关系
4	1400	0. 08	0. 18	15～40	1. 11	W 与 δ 的关系
5	1400	0. 08	0. 18	25	1～3	W 与 V_0 的关系

为了使绘图曲线更加精确，在每个因素的变化范围内给定 300 个中间变化值，从而计算出相应的 300 个工作阻力值。各因素对工作阻力的影响曲线及拟合曲线方程如图 3-20～图 3-24 所示。从图中可知，五个因素与工作阻力均成正向关系，其中土壤容积密度 ρ 和铲面宽度 b 与挖掘铲工作阻力呈近似的线性关系。挖掘深度 d、铲面倾角 δ 和机具工作速度 V_0 与挖掘铲工作阻力呈非线性关系。

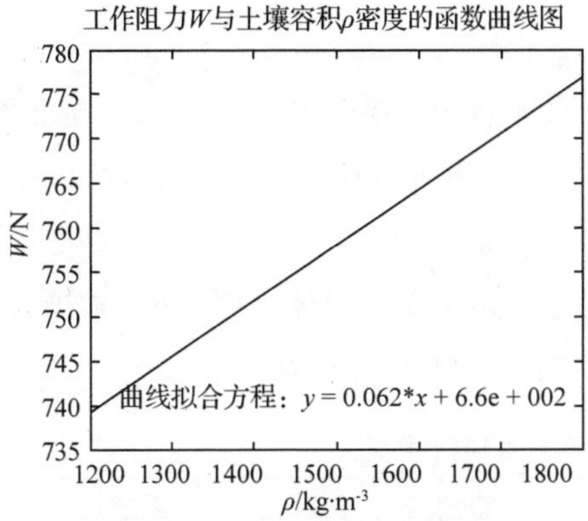
工作阻力W与土壤容积ρ密度的函数曲线图
W/N
ρ/kg·m-3
曲线拟合方程：y = 0.062*x + 6.6e + 002

图 3-20　ρ—W 的影响关系曲线

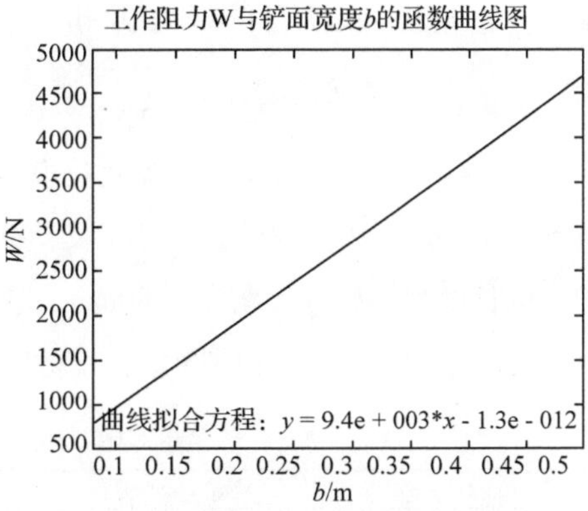
工作阻力W与铲面宽度b的函数曲线图
W/N
b/m
曲线拟合方程：y = 9.4e + 003*x - 1.3e - 012

图 3-21　b—W 的影响关系曲线

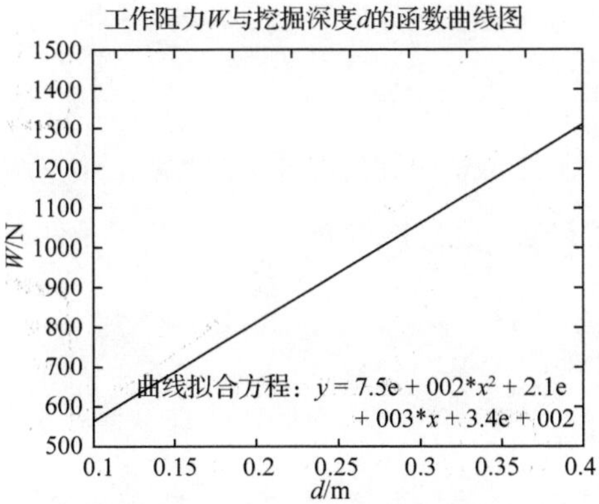
工作阻力W与挖掘深度d的函数曲线图
W/N
d/m
曲线拟合方程：y = 7.5e + 002*x2 + 2.1e
+ 003*x + 3.4e + 002

图 3-22　d—W 的影响关系曲线

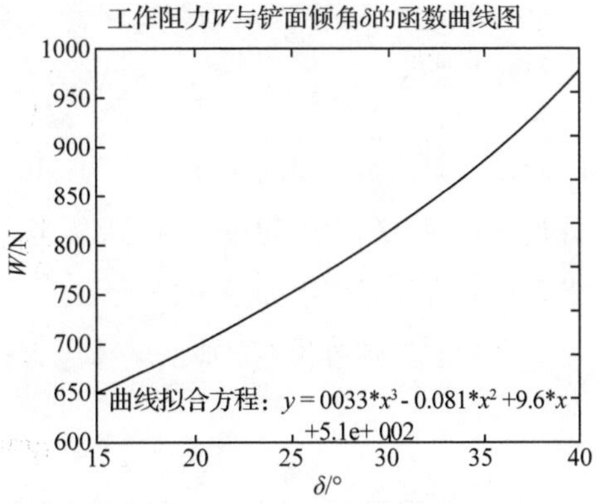
工作阻力W与铲面倾角δ的函数曲线图
W/N
δ/°
曲线拟合方程：y = 0033*x3 - 0.081*x2 +9.6*x
+5.1e+ 002

图 3-23　δ—W 的影响关系曲线

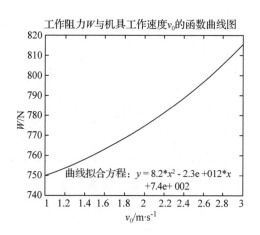

图 3-24　V_0—W 的影响关系曲线

3.3.4　挖掘阻力的有限元分析

采用有限元分析方法，在 SolidWorks Simulation 中对单个铲体的应力分布情况进行分析。将建好的挖掘铲三维参数化模型导入到有限元分析软件中，根据已经建立的铲体工作阻力模型和计算软件工具，可以快速得到不同挖掘条件下铲体的受力情况。以长度为 340mm，宽度为 80mm，厚度为 5mm 的单个铲体为例，在 SolidWorks Simulation 中为铲体添加 1023 碳钢板材质，其相关材料属性见表 3-16。

表 3-16　1023 碳钢板材料属性

属性名称	数值	属性名称	数值
弹性模量/N·m⁻²	2.05e+011	质量密度/kg·m⁻³	7858
泊松比	0.29	屈服强度/N·m⁻²	2.8269e+008
抗剪模量/N·m⁻²	8e+010		

设定其他条件相同，分别以 5°、10° 和 15° 三种铲面倾角进行比较分析。将土壤作用在铲面上的力以均布压力的形式施加于铲面。经过网格划分、施加边界条件和载荷后的有限元模型如图 3-25 所示。

三种铲面倾角状态对应的铲体应力分布如图 3-26 所示。

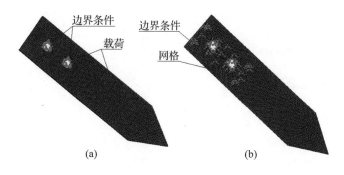

图 3-25　挖掘铲有限元模型

（a）铲体正面　（b）铲体背面

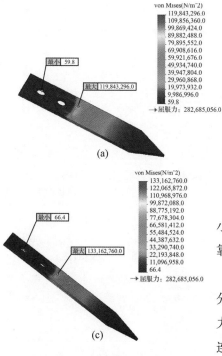

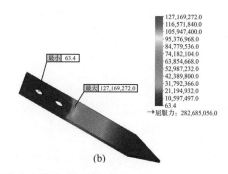

图 3-26　三种铲面倾角状态下
铲体的应力分布图

（a）铲面倾角 δ = 5°　（b）铲面倾角 δ = 10°
（c）铲面倾角 δ = 15°

通过比较分析可知：

（1）三种铲面倾角状态下铲体所受应力大小均小于屈服极限，验证了铲体强度的可靠性。

（2）从应力云图可以发现，铲体整个应力分布较好，中心部位相对于边缘部位所受应力较大，且最大应力出现在铲体与铲架的固连端。

（3）通过三种状态比较分析可知，随着铲面倾角的增大，铲体所受的最大和最小应力均会增加，与理论分析一致。

3.4 马铃薯挖掘机挖掘阻力测试装置

3.4.1 测试装置的结构设计

3.4.1.1 总体结构设计

马铃薯挖掘阻力测试装置要求在不同的参数水平下完成对牵引阻力的测量。马铃薯挖掘阻力测试装置主要由测试系统、悬挂连接装置、铲面倾角调节机构、挖掘铲部件组成，马铃薯挖掘阻力测试装置总体结构如图 3-27 所示。测试系统主要通过拉压力传感器和角度传感器完成对牵引阻力的测量；悬挂连接装置的每一连接处通过传感器与牵引拖拉机的三点悬挂系统连接，承受较大的载荷；挖掘铲部件主要包括挖掘铲、挡土板、铲架横梁、调节法兰 A、调节法兰 B 和紧固螺栓，其结构如图 3-28 所示。

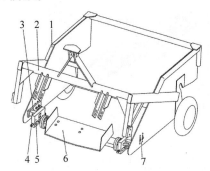
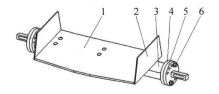

图 3-27 挖掘阻力测试装置总体结构示意图

1. 机架 2. 三点悬挂架 3. 连接板 4. 紧固螺栓

5. 带孔矩形板 6. 挖掘铲部件 7. 机架侧板

图 3-28 挖掘铲部件

1. 挖掘铲 2. 挡土板 3. 铲架横梁

4. 调节法兰 A 5. 调节法兰 B 6. 紧固螺栓

3.4.1.2 悬挂结构设计

马铃薯挖掘阻力测试装置通过三点悬挂架由拖拉机牵引，悬挂架与测力传感器连接，传感器与拖拉机悬挂架相连。传感器结构示意如图 3-29 所示。连接轴与测试装置相连，悬挂销孔所在轴与拖拉机悬挂架相连，再通过螺栓与悬挂销孔连接。

为了实现测力传感器与测试装置悬挂架的连接，需要设计专用的传感器固定支座，如图 3-30 所示。将传感器连接轴与固定支座上的大圆柱孔相配合，再通过紧定螺钉固定轴向位置。

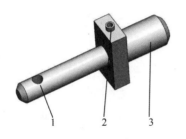

图 3-29　测力传感器　　　　　　**图 3-30　传感器固定支座**

1. 传感器悬挂销孔　2. 通信连接孔　3. 连接轴

传感器固定支座上端的两个安装孔用来与测试装置悬挂架连接固定。测力传感器与固定支座的连接示意如图 3-31 所示。传感器固定支座与测试装置悬挂架的连接示意如图 3-32 所示。

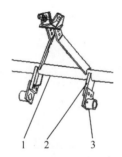

图 3-31　测力传感器与固定支座的连接　**图 3-32　传感器固定支座与测试装置悬挂架的连接**

1. 测试装置悬挂架　2. 下悬挂连接板

3. 传感器固定支座

3.4.1.3　铲体调节机构设计

铲体调节机构包括铲面倾角调节、滑切角调节和挖掘深度调节。

调节法兰 A 和 B 上各分布有 8 个孔，每 4 孔为一组，两组孔成中心对称分布。调节法兰 A 上每组 4 孔之间等间隔 25°分布，调节法兰 B 上每组 4 孔之间等间隔 30°分布。松开紧固螺栓，转动调节法兰 A，使其与调节法兰 B 上不同的 4 对孔分别对齐时，可以实现铲面倾角每间隔 5°大小的调节。在铲面初始倾角条件下，铲面角度调节幅度分别为 0°、5°、10°、15°和 20°。

图 3-27 中，挖掘铲部件两端各焊接一方轴，松开紧固螺栓后，方轴可在带孔矩形板中前后侧向移动，实现滑切角的调节，调节范围为 0°~8°。图 3-28 中，挖掘铲

可拆卸的安装在铲架横梁上，通过 6 个沉头方颈螺栓进行固定，通过更换挖掘铲铲片，也可以实现对滑切角的调节。

图 3-27 中，机架侧板上加工有不同高度的几组安装孔，连接板与不同安装孔之间通过螺栓连接进行固定，可以实现挖掘铲挖掘深度的调节。

测试装置所匹配的拖拉机为东风-900 型，其输出功率为 66.6kW。试验前进速度水平的选择根据马铃薯挖掘机试验速度选取。测试装置的性能及结构参数见表 3-17。

表 3-17　测试装置性能、结构参数

项目	数值	项目	数值
匹配功率/kW	66	挖掘深度/cm	15~30
配套形式	三点悬挂	挖掘行数	1 行
机具外观尺寸 （长×宽×高）/mm	1400×1900×1340	前进速度/m·s⁻¹	0.5、0.65、0.8、1.06、1.22
挖掘铲结构尺寸 （铲宽×铲长）/mm	600×400	铲面倾角/°	16、20、24、28、32
结构质量/kg	310	铲刃滑切角/°	45、50、55、60、65

注：铲面倾角通过安装后实测获取；滑切角通过更换铲片实现。

3.4.2　测试装置悬挂架的强度分析

3.4.2.1　悬挂参数的确定

准确的悬挂参数能够保证机具较好的入土性能、耕深的稳定、较好的控制性能、行驶的稳定性、耕宽的稳定性以及方便可调等优点，因此，需要确定正确的农具悬挂参数。

根据农业机械设计手册确定农具悬挂参数。测试装置所用机架为 4SW-140 机架，悬挂架为 U 形卡型式。根据需要，本连接将其改为联结销式，所匹配的拖拉机为东风-900 型。根据 GB/T 1593.1 东风-900 型拖拉机类别为 2 类，然后查 GB/T 1593—2015 确定三点悬挂架的尺寸：两个悬挂点间距值即下悬挂点的跨度为 825mm，上悬挂点至下悬挂点公共轴线的垂直距离即立柱高度为 610mm。通常，下悬挂点公共轴线在上悬挂点的正下方，而马铃薯挖掘阻力测试装置悬挂架的上悬挂点位置不变，因此可以确定下悬挂点的位置。

机具的三点悬挂架通过传感器与拖拉机后悬挂架连接，上拉杆主要承受的拉力和压力；下拉杆主要受到牵引力和提升力。机具工作时，下悬挂连接板将承受较大的载荷，影响整机的工作性能和可靠性，因此对下悬挂架进行强度分析。传统的强度分析方法与设计方法通常是采用材料力学的方法或者根据经验反复修改结构尺寸。

3.4.2.2　悬挂架的受力分析

遥感仪测力传感器通过固定支座与悬挂连接板连接，传感器销轴受到牵引拖拉机下拉杆的拉力 F_1 和提升力 F_2，如图 3-33 所示。通过力学分析，应力主要集中于悬挂连接板处，分析悬挂连接板 $m-m$ 截面上受到的载荷如图 3-34 所示。

根据静力学平衡方程分析可得悬挂连接板上的受力如下：

X 方向的受力为：

$$F_X = F_2\cos 45° - F_1\cos 45°$$

Y 方向的受力为：

$$F_Y = F_2\cos 45° - F_1\cos 45°$$

X 方向的力矩为：

$$M_X = F_2\cos 45° \times L_1 - F_1\cos 45° \times L_1$$

Y 方向的力矩为：

$$M_Y = F_2\cos 45° \times L_1 - F_1\cos 45° \times L_1$$

F_Y 对 Z 方向产生的力矩为：

$$M_Z = F_Y \times L_2$$

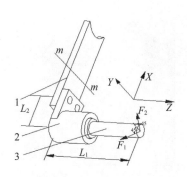

图 3-33　悬挂架的受力图
1. 悬挂连接板　2. 固定支座
3. 遥感仪测力传感器销轴

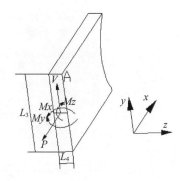

图 3-34　悬挂连接板 $m-m$ 截面受力图

悬挂连接板上的内力包括作用在横截面上的轴力 P、剪力 V 和 Y 方向的弯矩 M_Y、X 方向的扭矩 M_X、Z 方向的弯矩 M_Z。其中：悬挂连接板的正应力由轴力 P、弯矩 M_Z、弯矩 M_Y 所引起，切应力由剪力 V、扭矩 M_X 引起。其中，拉力 F_1 和提升力 F_2 可以在试验过程中实际测量。

3.4.2.3　悬挂架的有限元分析

基于三维建模软件 Pro/E 的参数化建模功能，利用 Pro/E 建立下悬挂架的几何模型，并对结构尺寸进行参数化设置，模型建立完成，利用 Pro/E 与 ANSYS Workbench 的接口，将模型导入到 workbench 中。

依照设计要求，传感器销轴材料选用不锈钢 1Cr17Mn6Ni5N，材料密度为 7860kg·m^{-3}，弹性模量为 2.07×10^{11} N·m^{-2}，泊松比为 0.27，其他选用普通碳素结构钢 Q235A，材料密度为 7830kg·m^{-3}，弹性模量为 2.12×10^{11} N·m^{-2}，泊松比为 0.3。

该模型结构简单，利用 ANSYS Workbench 自带的自动网格划分方法进行网格的划分。网格划分生成 40648 个节点，18053 个单元。通过 ANSYS Workbench 自带网格评估统计的验证，在悬挂连接板划分的网格质量符合要求。

依据实际的装配情况，悬挂连接板与机架连接部位施加固定约束，悬挂连接板与固定支座螺栓连接处施加仅压缩约束，并按图 3-33 所示施加载荷，施加约束载荷的情况如图 3-35 所示。

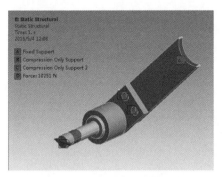

图 3-35　施加约束和载荷图

通过 ANSYS Workbench 进行求解，对模型的等效应力和总变形进行分析，得到等效应力云图，如图 3-36 所示，得到总变形云图，如图 3-37 所示。

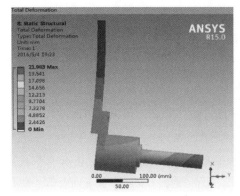

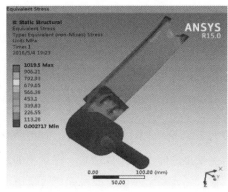

图 3-36 等效应力云图   图 3-37 总变形云图

通过对模型的等效应力云图分析可知，模型的应力较大的区域位于悬挂连接板上。最大的位置位于施加仅压缩约束的位置，即螺纹连接处，其最大应力值为1019.5MPa。其次，悬挂连接板主要部分的应力范围为 0.002717～566.38MPa。悬挂连接板的材料为 Q235A，即屈服强度为 235MPa，悬挂连接板主要部位的最大应力为 566.38MPa，显然远远超出屈服极限范围，计算结果不满足安全要求，该结构强度不符合设计使用要求。

根据有限元分析所得的总变形云图以及应力分布云图位置可知，变形主要发生在悬挂连接板上。变形量从与悬挂横梁的焊接处开始逐渐增大，到悬挂连接板的末端达到最大，最大变形量为 10.22mm，塑性变形量较大。通过与实际的变形结果相对比，该有限元分析结果与实验中的变形量基本一致。实际试验过程中，右悬挂位置的变形结果如图 3-38 所示。

图 3-38 悬挂架右悬挂点的变形图

3.4.3 测试装置悬挂架的优化设计

3.4.3.1 优化设计模型及目标

针对悬挂架应力过大且发生扭曲变形的情况，基于现有的有限元模型和 ANSYS Workbench 静力学分析获得的数据结果，利用响应面优化模块对悬挂连接板的尺寸进行优化设计。获得一个相对最优的结构参数，得到性能良好、结构可靠的方案，为后续的试验提供一个理论参考。

结构优化通常是不影响结构性能并满足约束条件的情况下，改变设计变量，使结构达到最优。本优化的目的是通过改变悬挂连接板的尺寸参数，减少变形量、减小应力。通过 Design Exploration 模块进行优化设计，寻找最优的悬挂连接板的尺寸，因此，将悬挂连接板的长度 X_1、厚度 X_2 设置为设计变量，并设定长度的优化下限值为 225mm，上限值为 275mm，宽度优化的下限值为 14mm，上限值为 28mm。同时根据模型的静力学分析结果，将模型的最大变形 Z_1、最大的等效应力 Z_2 作为优化目标。通常为减小最大变形往往直接增加连接板的厚度，当厚度太大时在一定程度上会影响使用要求，故将整个模型的质量 Z_3 也设定为一个优化目标，优化模型如下：

$$\min \begin{cases} Z_1 = f_1(x_1, x_2) \\ Z_2 = f_2(x_1, x_2) \\ Z_3 = f_3(x_1, x_2) \end{cases}$$

$$s.t. \begin{cases} 225 \leqslant x_1 \leqslant 275 \\ 14 \leqslant x_2 \leqslant 28 \end{cases}$$

实验设计（DOE）是优化和分析系统的一部分，主要用于有根据的确定参数水平或者取样点。使用系统默认的试验设计方法，根据建立的优化数学模型确定的设计参数以及目标函数，建立输入、输出参数，并且设定输入参数的上下限，更新 DOE，生成 17 组设计方案，通过计算机自动分析，得到悬挂连接板厚度、长度不同的情况下的变形、模型质量以及应力情况，见表 3-18。

表 3-18　设计方案及目标值

Name	P_1/mm	P_2/mm	P_3/kg	P_4/mm	P_5/MPa
1	250	21	3.03	5.09	1079.72
2	225	21	2.70	4.65	1050.83
3	237.5	21	2.87	4.87	1106.81
4	275	21	3.36	5.56	1100.40
5	262.5	21	3.20	5.33	1088.98
6	250	14	2.02	21.98	1019.48
7	250	17.5	2.53	7.88	1242.60
8	250	28	4.04	3.01	1165.17

（续）

Name	P_1/mm	P_2/mm	P_3/kg	P_4/mm	P_5/MPa
9	250	24.5	3.54	3.54	1566.33
10	225	14	1.80	18.61	1972.63
11	237.5	17.5	2.39	7.44	1272.94
12	275	14	2.24	25.48	1023.70
13	262.5	17.5	2.66	8.33	1298.11
14	225	28	3.60	2.88	1083.88
15	237.5	24.5	3.34	3.43	1476.46
16	275	28	4.48	3.16	1237.84
17	262.5	24.5	3.73	3.64	1583.90

注：P_1. 连接板的长度；P_2. 连接板的厚度；P_3. 连接板的质量；P_4. 模型总形变；P_5. 模型等效应力。

3.4.3.2 优化设计结果分析

建立输入、输出参数的响应面，设置响应面的算法为 Kriging，得到设计变量与总变形的响应图，如图 3-39 所示。通过得到的响应图分析可知，悬挂连接板的长度与变形的大小有一个线性的关系，长度值越小变形越小，长度值越大变形越大。因此，可以根据使用要求选择一个合适的长度尺寸。悬挂连接板的厚度对变形的影响非常明显，在 14~18mm 范围内变化时，厚度越厚，变形越小，在 22~28mm 范围内变化时，厚度对变形的影响较小。

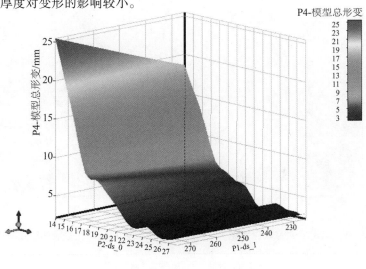

图 3-39　设计变量与总应变的响应图

P1. 连接板的长度　P2. 连接板的厚度

通过上述分析，选择多目标遗传算法对设计参数进行分析并搜索寻优。根据建立的优化模型，将设计参数、最大等效应力、最大变形以及质量作为目标求解，将最大等效应力、最大变形以及质量设定为目标最小，其他均为默认值。更新优化设计方案，得到 3 组优化方案，见表 3-19。

表 3-19　优化设计点

Point	P_1/mm	P_2/mm	P_3/kg	P_4/mm	P_5/MPa
1	225.75	21.07	2.72	4.59	1055.49
2	232.25	20.20	2.69	5.21	1116.13
3	241.75	21.39	2.98	4.40	1121.95

选择系统优化出的最优方案 1 作为最终的优化结果，并将其作为新的设计点重新计算，得到设计参数优化前后各目标函数的性能对比见表 3-20。

表 3-20　优化前后各参数的对比

	P_1/mm	P_2/mm	P_3/kg	P_4/mm	P_5/MPa
优化后	225.75	21.07	2.72	4.59	1055.49
优化前	250	14	2.02	21.98	1019.48

优化后的等效应力图、总变形图如图 3-40、图 3-41 所示。

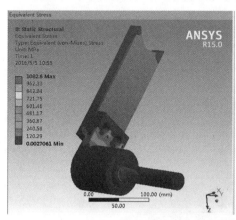

图 3-40　优化后的等效应力图

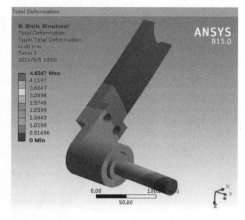

图 3-41　优化后的总变形图

通过对优化后的等效应力图的分析可知，连接板的应力在材料抗弯强度要求以内，显然应力集中得到了优化；而模型整体的最大变形量为 4.59mm，变形量有效减小，达到了该结构的基本使用要求。

3.5 马铃薯挖掘机挖掘阻力测试研究

3.5.1 试验条件

3.5.1.1 试验区环境

2016 年 10 月在内蒙古农业大学马铃薯种植试验田进行挖掘阻力测试试验，试验田长度大于 50m，宽度大于 2m，地表平整，土壤为砂壤土。

土壤含水率的测量通过取样进行：利用五点法在试验区内确定取样点，每个取样点在土壤表面以下分层取样。在 0~5cm、10~15cm 和 20~25cm 下各取一定量的土壤，用天平称其质量，然后放到烘干箱进行干燥，干燥 10h 以后取出称重，重新放入烘干箱，0.5h 后取出称重，直到前后两次质量相差小于 0.005g 结束烘烤，并按下式计算含水率。测量的试验田土壤的含水率见表 3-21。

$$H_t = \frac{W_{ta} - W_{tg}}{W_{tg}} \tag{3-17}$$

式中　H_t——土壤绝对含水率，%；

　　　W_{ta}——土壤干燥前质量，g；

　　　W_{tg}——土壤干燥后质量，g。

表 3-21　试验地不同深度的土壤含水率

测定深度/cm	土壤含水率 H_t/%				
	第一测点	第二测点	第三测点	第四测点	第五测点
0~5	13.68	9.56	8.78	12.07	13.47
10~15	16.95	17.16	14.26	13.72	16.11
20~25	17.43	18.97	14.98	14.27	16.85

用土壤坚实度仪测定土壤硬度：在试验区内用五点法确定测量点位，每点位在土壤表面以下分层测量，每隔 5cm 测量一层。测量结果见表 3-22。

表 3-22　试验地不同深度土壤坚实度

测定深度/cm	土壤坚实度/Pa				
	第一测点	第二测点	第三测点	第四测点	第五测点
0	17	26	20	24	28
5	55	64	88	58	72
10	83	124	182	124	138
15	158	256	225	178	210
20	218	334	384	315	287

3.5.1.2　挖掘阻力测试系统总体结构

马铃薯挖掘机挖掘阻力测试原理如图 3-42 所示。

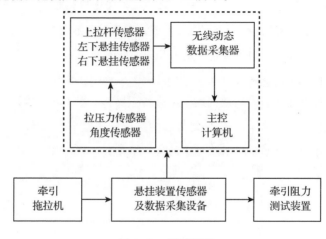

图 3-42　测试原理

上拉杆传感器安装：通过上拉杆传感器将拖拉机的后悬挂上拉杆连接点与测试装置上拉杆悬挂连接点连接在一起，拉压力传感器信号接口和角度信号接口与采集器分别用力通信电缆和角度通信电缆进行连接。

下悬挂销传感器安装：用下悬挂销分别将拖拉机后悬挂左、右连接点与测试装置下悬挂左、右连接点连接在一起；用标准传感器信号通道通信线缆，连接左右悬挂销水平方向牵引力信号接口与数据采集器的通道接口。

主机与无线通信设备的连接：电脑主机中安装数据采集软件，将无线通信设备固定于测试装置机架上，并通过 USB 接口与主机连接。试验过程中，电脑随测试装置移动，测试人员对试验数据进行监测，并完成试验数据的存储。测试装置总体结构如图 3-43 所示。

图 3-43　测试系统布置图

1. 左右下悬挂传感器　2. 上拉杆传感器

3.5.1.3　传感器与数据采集软件

马铃薯牵引阻力的测试仪器是黑龙江省农业机械工程科学研究院研制的田间机械动力学参数遥测仪(简称遥测仪)。测试系统主要实现对三点悬挂式的农机具进行力学性能的实时监测,测试系统的结构如图 3-44 所示,主要包括上拉杆拉压力传感器和角度传感器、左、右悬挂销剪切力传感器、数据采集器、信号接收器、上位机等部分组成。

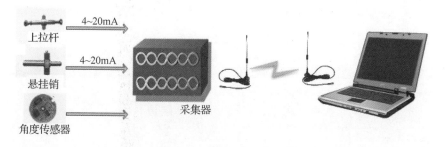

图 3-44　测试系统结构图

通过对机具工作时的受力分析可知,上拉杆沿轴线受到拉力或压力,是纯二力杆。在上拉杆内部安装两个传感器:拉压力传感器(量程: -30~30kN,精度等级:0.1%)和角度传感器。工作时,可以测得上拉杆所受的拉力(或压力)F_1,以及上拉杆与水平面之间的角度 α。通过计算可知上拉杆承受的水平牵引力为 $F_1\cos\alpha$。当上拉杆受拉时,水平牵引力为正,受压时水平牵引力为负,即与拖拉机前进方向相反。下悬挂销传感器测力点的位置在悬挂销轴的中部，传感器测试销轴的剪切力（量程：0~50kN，精度等级：0.2%），可对左、右悬挂点的水平方向的牵引力和垂直方向的提升力进行测试。测试装置牵引阻力为所测得的上拉杆传感器与两悬挂销传感器三处水平牵引力分力矢量之和。

数据采集软件安装在电脑主机上，主要用于接收和显示无线数据采集器的信号，还可以对数据的变化进行监测，并将需要的数据以文本的形式存盘，便于数据的处理分析。采集的数据可以分为3个层次：物理通道数据、虚拟通道数据和显示数据。其中物理通道数据是4~20mA的电信号，是数据采集器采集到的原始数据。物理通道数据根据传感器的量程设定即显示虚拟通道数据；然后将虚拟通道数据按照需要进行一定的组合后即为显示数据。牵引阻力测试数据显示通道、虚拟通道与物理通道的设置见表3-23，传感器、数据与通道的设置如图3-45所示。

表 3-23 传感器、数据与通道的对应设置

显示数据	虚拟通道组合	物理通道
上拉杆拉力	ch0	通道1
上拉杆角度	ch16	角度1
上拉杆水平	ch0 * cos16	
上拉杆垂直	ch0 * sin16	
左悬挂水平	ch2	通道3
右悬挂水平	ch3	通道4
牵引阻力	ch0 * cos16 + ch2 + ch3	

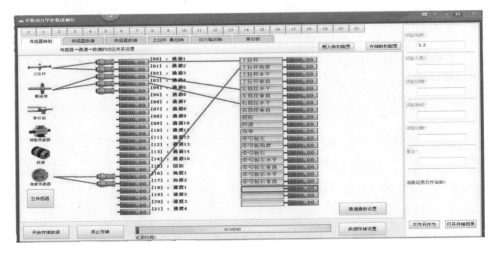

图 3-45 数据采集软件界面

3.5.2 试验过程与数据处理

3.5.2.1 试验因素与水平

阻力测试对象为固定式三角平面挖掘铲。根据固定式三角平面挖掘铲的设计、安装参数以及牵引阻力力学模型分析，选定挖掘铲工作速度、铲面倾角、铲刃斜角作为研究因素。根据实际的工作需要，东风-900 拖拉机在牵引马铃薯挖掘机时通常选择慢 3 档作为工作档位，因此试验考察机组速度控制在慢 2、慢 3、中 1、慢 4、中 2 档位时的牵引阻力；根据现有挖掘铲的设计与理论，铲面倾角在 16°~30°、铲刃斜角在 45°~65°时挖掘装置能够满足收获要求，确定的因素水平见表 3-24。

表 3-24 试验因素水平

水平	因素		
	铲面倾角/°	铲刃斜角/°	前进速度/m·s^{-1}
1	16	45	0.5
2	20	50	0.65
3	24	55	0.8
4	28	60	1.1
5	32	65	1.2

3.5.2.2 单因素试验设计

（1）前进速度对牵引阻力的影响

通过文献分析可知，马铃薯挖掘铲在铲刃斜角为 55°、铲面倾角在 24°时壅土少、阻力较小、挖掘铲的挖掘性能较优，因此选取挖掘铲铲刃斜角为 55°，铲面倾角为 24°时，分别对 5 种不同速度对应的牵引阻力进行测试，机具前进 20m，重复 3 次试验，信号采样间隔为 0.2s，试验后取牵引阻力的平均值，进行试验数据统计分析。

（2）铲面倾角对牵引阻力的影响

通过对马铃薯挖掘机试验可知，东风-900 型拖拉机牵引 4SW-170 马铃薯挖掘机时工作速度在 0.65m·s^{-1}。因此，拖拉机的工作速度选定为 0.65m·s^{-1}、铲刃斜角为 55°，测定 5 种不同铲面倾角对应的牵引阻力，机具前进 20m，重复 3 次试验取平均值。

（3）铲刃斜角对牵引阻力的影响

拖拉机的工作速度为 0.65m·s^{-1}、铲面倾角为 24°时，测量 5 种不同铲刃斜角对应的牵引阻力，机具前进20m，重复3次试验取平均值。

3.5.2.3 试验结果分析

（1）前进速度对牵引阻力的影响

由图3-46可知，在挖掘铲的铲刃斜角、铲面倾角一定的情况下，机具的前进速度在 $0.5 m·s^{-1}$~$1.2 m·s^{-1}$ 范围内变化时，牵引阻力随着前进速度的增大而增大，且增长迅速近似于呈线性增长。根据挖掘铲的受力分析可知，当前进速度增大时，被加速土壤的速度增加，掘起的土壤的加速力增大，牵引阻力也逐渐增加。由此可见，当同一种挖掘铲在保证挖掘深度相同情况下，前进速度对挖掘铲的牵引阻力有着较大影响。

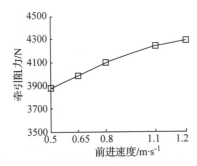

图3-46　前进速度对牵引阻力的影响

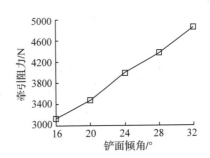

图3-47　铲面倾角对牵引阻力的影响

（2）铲面倾角对牵引阻力的影响

由图3-47可知，同一挖掘铲在前进速度一定且保证农艺要求的情况下，牵引阻力随着铲面倾角的增加而迅速增大。根据挖掘铲的受力分析可知，随着铲面倾角的增大，挖掘铲后端高度的增加，土垡通过挖掘铲向后级输送的难度增加，土壤滞留、壅土现象也随之出现，使得牵引阻力逐渐增大。田间试验发现，铲面倾角较小时，土垡沿铲面向后方滑出流畅；铲面倾角较大时，少量土壤出现滞留现象；当铲面倾角在32°时，土垡不能顺利通过挖掘铲，出现较严重的土壤壅积现象，此时牵引阻力也最大。

（3）铲刃斜角对牵引阻力的影响

由图3-48可知，在挖掘铲的铲面倾角、前进速度一定的情况下，通过更换挖掘铲铲片测量铲刃斜角为45°、50°、55°、60°、65°时马铃薯挖掘装置的牵引阻力。如图3-48所示，铲刃斜角在50°和55°时，牵引阻力相对较小，随着铲刃斜角增大到

60°、65°或者减小到45°时，牵引阻力增大。根据挖掘铲的受力分析可知，随着铲刃斜角的增大，使滑切能力减弱且挖掘铲上土垡质量增加，牵引力必然增加，随着铲刃斜角的减小，铲刃长度的增加，失效面面积增加，摩擦阻力增加，使牵引力增加。田间试验发现，铲刃斜角为45°、60°和65°时铲面上的土壤高度明显大于铲刃斜角为50°和55°时铲面上的土壤高度。

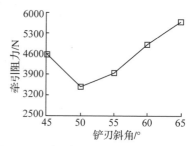

图 3-48　铲刃斜角对牵引阻力的影响

3.5.3　参数优化分析

3.5.3.1　响应面优化试验设计

由单因素试验结果可知，机具的前进速度、挖掘铲的铲面倾角、铲刃斜角对挖掘装置的牵引力均有较大影响，利用 Design-Expert 软件，根据 Box-Behnken 试验设计方法，设计响应面试验，试验以牵引阻力作为试验指标，根据单因素试验结果选择铲面倾角、铲刃斜角、前进速度作为研究因素，选择表 3-25 的因素水平，设计 17 组试验，根据设计原理，其中 12 组为析样本，其他的用来评估误差。根据试验设计，因素水平编码设置见表 3-25，试验方案与结果见表 3-26。

表 3-25　因素水平编码表

水平	因素		
	A. 铲面倾角/°	B. 铲刃斜角/°	C. 前进速度/m·s^{-1}
−1	20	45	0.5
0	24	55	0.65
1	28	65	0.8

表 3-26　试验方案与结果

试验号	铲面倾角/°	铲刃斜角/°	前进速度/m·s^{-1}	牵引阻力/N
1	28	55	0.5	4216
2	24	55	0.65	4029
3	28	55	0.8	4648
4	20	55	0.5	3351

（续）

试验号	铲面倾角/°	铲刃斜角/°	前进速度/m·s⁻¹	牵引阻力/N
5	24	45	0.8	4660
6	24	55	0.65	3957
7	24	65	0.8	5817
8	20	45	0.65	4104
9	24	55	0.65	4041
10	24	45	0.5	4301
11	28	65	0.65	6123
12	20	65	0.65	4866
13	20	55	0.8	3633
14	24	55	0.65	3979
15	28	45	0.65	4932
16	24	65	0.5	5256
17	24	55	0.65	3987

3.5.3.2 响应面试验结果分析

（1）方差分析

经软件处理后，得到关于牵引阻力的方差分析结果，见表3-27。

表3-27 牵引阻力的方差分析

方差来源	平方和	自由度	均方和	F	P
Model	8879316.579	9	986590.731	369.5304	< 0.0001
A	1965153.125	1	1965153.125	736.0538	< 0.0001
B	2065528.125	1	2065528.125	773.6495	< 0.0001
C	333744.5	1	333744.5	125.005	< 0.0001
AB	46010.25	1	46010.25	17.23327	0.0043
AC	5625	1	5625	2.10686	0.1899
BC	10201	1	10201	3.820814	0.0915
A^2	1588.760526	1	1588.760526	0.595075	0.4657
B^2	4441612.866	1	4441612.866	1663.619	< 0.0001
C^2	1242.023684	1	1242.023684	0.465204	0.5171
残差	18688.95	7	2669.85		
缺失项	13717.75	3	4572.583333	3.679259	0.1202
纯误差	4971.2	4	1242.8		
所有项	8898005.529	16			

对表 3-27 的数据进行二次多元回归拟合，将不显著的影响项剔除后得到牵引阻力对编码自变量的二次多元回归方程为：

$$y = 3998.6 + 495.63A + 508.13B + 204.25C + 107.25AB + 1027.07B^2$$

由表 3-27 方差分析结果可知，该模型的 F 值为 369.53，$P < 0.0001$，说明该模型极显著。因子 A、B、C、AB 和 B2 为对牵引阻力影响显著的项，因子 A、B、C、B2 影响非常显著。而失拟项的 P 值检验结果不显著（$P = 0.1202 > 0.05$），说明方程在选择的参数范围内，拟合程度较好。

（2）单因素响应分析

将回归方程作降维处理，得到铲面倾角、铲刃斜角、前进速度对牵引阻力的回归方程：

$$y_1 = 3998.6 + 495.63A$$

$$y = 3998.6 + 508.13B + 1027.07B^2$$

$$y_2 = 3998.6 + 204.25C$$

利用 Design-Expert 软件得到各单因素对牵引阻力的影响曲线图，如图 3-49 所示。从图中可以看出，单因素的响应分析得到的规律与单因素试验规律相符，挖掘铲铲面倾角（A）与牵引阻力的关系方程为一条直线，随着铲面倾角的增大，挖掘阻力迅速增加；铲刃斜角（B）与挖掘力的关系方程为下凹抛物线，铲刃斜角在-0.5 水平到 0 水平阶段时，牵引力相对较小，随着铲刃斜角的增大或减小，牵引阻力增加；前进速度（C）与牵引阻力的关系方程为一条直线，牵引阻力随着前进速度的增大而逐渐增大。

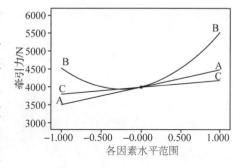

图 3-49　牵引阻力与单因素的关系

（3）各因素交互作用响应面分析

根据试验数据，运用响应曲面法分析交互作用对牵引阻力的作用。3 个因素中某 1 个因素定为零水平，研究其他因素对牵引阻力的作用。

①铲面倾角和铲刃斜角对牵引阻力的影响，固定前进速度为 0.65m·s^{-1}，得到铲刃斜角和铲面倾角与牵引力的回归方程：

$$y = 3998.6 + 495.63A + 508.13B + 107.25AB + 1027.07B^2$$

由图 3-50 可知，在铲面倾角的同一水平下，铲刃斜角在 50°~55°时，牵引阻力较小，增大或减小铲刃斜角时，牵引阻力都将随之增加。由表 3-27 可知，铲面倾角对牵引阻力的 F 值为 736.0538，铲刃斜角对牵引阻力的 F 值为 773.6495。因此，铲面倾角对牵引阻力的影响小于铲刃斜角对牵引阻力的影响，铲面倾角和前进速度对牵引阻力的影响具有交互作用。

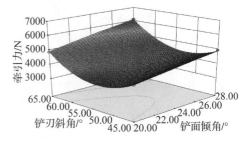

图 3-50　铲刃斜角和铲面倾角
对牵引力影响的响应曲面

②铲面倾角和前进速度对牵引阻力的影响，调整铲刃斜角为 55°，得到铲面倾角和前进速度与牵引力的回归方程：

$$y = 3998.6 + 495.63A + 204.25C$$

在铲面倾角的同一水平下，牵引阻力随着机具前进速度的增大而增大，增加趋势相对缓慢，在前进速度的同一水平下，牵引阻力随着铲面倾角的增大而迅速增大，且上升趋势基本稳定。由图 3-51 可知，铲面倾角和前进速度对牵引阻力影响交互作用不显著，且铲面倾角的显著性大于前进速度的显著性。

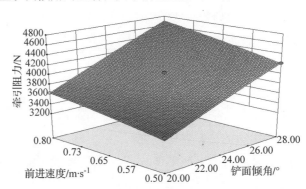

图 3-51　铲面倾角和前进速度对牵引力影响的响应曲面

③铲刃斜角和前进速度对牵引阻力的影响，调整铲面倾角为 24°，得到铲刃斜角和前进速度与牵引阻力的回归方程：

$$y = 3998.6 + 508.13B + 204.25C + 1027.07B^2$$

由图 3-52 所示，在前进速度的同一水平下，铲刃斜角在零水平附近时，牵引阻力都相对最小，随着铲刃斜角的增大或减小，牵引阻力都将增加；在铲刃斜角的同一水平下，牵引阻力随着前进速度的增加而增大，且上升趋势基本稳定。

根据表 3-27 可知，铲刃斜角对牵引阻力的 F 值为 773.6495，前进速度对牵引阻力的 F 值为 125.005，因此铲刃斜角对牵引阻力的影响明显大于前进速度对牵引阻力的影响，铲面倾角和前进速度对牵引阻力影响的交互作用不显著。

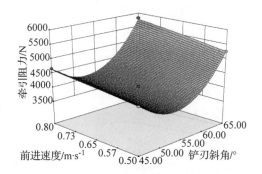

图 3-52 铲刃斜角和前进速度对牵引力影响的响应曲面

3.5.3.3 参数优化与验证

在满足挖掘深度的情况下，将减小牵引阻力、提高工作效率作为优化目标，利用软件的参数优化功能，设置约束条件，通过优化分析得到回归方程，进而得到优化方案。约束条件的设置见表 3-28，优化方案与验证结果见表 3-29。

表 3-28 优化约束条件设置

	优化目标	最小值	最大值
A. 铲面倾角/°	范围内	20	28
B. 铲刃斜角/°	范围内	50	55
C. 前进速度/ m · s⁻¹	最大	0.5	0.8
牵引阻力/ N	最小	3351	6123

根据最佳的优化方案，并考虑实际情况，选择铲面倾角 20°、铲刃斜角 55°、前进速度 0.8m · s⁻¹，重复 10 次试验，得到牵引阻力的平均值为 3852N，相对误差为 6.97%，该值在允许范围内，验证了回归模型的准确性，表明了优化结果的正确性。

表 3-29   优化方案及试验验证

	铲面倾角/°	铲刃斜角/°	前进速度/m·s⁻¹	牵引阻力/N
优化方案	20	52.8	0.8	3583.5
试验验证	20	55	0.8	3852

3.6   薯土升运装置的结构分析

3.6.1   薯土升运分离装置的结构

挖掘铲掘起的薯土混合物通过升运链装置的输送和分离，进一步运送到摆动筛分装置上进行薯土分离。4SW-170 型马铃薯挖掘机升运链装置的结构如图 3-53 所示。

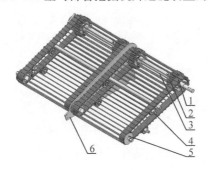

图 3-53   4SW-170 型马铃薯挖掘机升运链

1. 升运链   2. 升运链齿轮   3. 驱动轴   4. 托轮轴   5. 支撑轴   6. 中隔板

该升运链装置由两组相同结构组成，中间通过隔板 6 隔开。两组升运链通过一侧的链传动机构驱动，驱动链轮安装在驱动轴 3 的外侧。升运链由多根相互平行的杆条固定在同步带上形成，同步带安装在升运链齿轮上。升运链的中部安装有托轮轴，轴上安装托轮，用来对升运链上的薯土混合物起支撑作用。

升运链的倾斜角度为 15°，在工作过程中，其升运速度可以通过链传动系统进行调节，升运链的倾斜状态可以通过托轮轴的安装位置来调节。

3.6.2   薯土升运分离装置的工作原理

升运链一般采用同步带杆条式，具有使用周期长、工作性能稳定、噪声小等优点。升运链杆条直径为 9~11mm，根据我国马铃薯块茎的尺寸分布特点，各杆条间距一般为 30~50mm。一般升运链装置包括驱动部件、杆条同步带、抖动激振装置几部分，图 3-54 所示为一种典型的升运链的结构示意图。

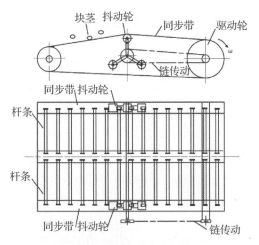

图 3-54　升运链的结构示意图

牵引拖拉机通过马铃薯挖掘机的变速装置，将动力传动到升运链驱动轮，带动同步带运动。升运链上的薯土混合物在输送的同时实现分离作用。抖动轮通过与升运链驱动轮同轴的链传动机构驱动，抖动轮使同步带产生上下激振作用，使筛面上的薯土混合物上下振动。抖动轮的激振幅度为同步带被顶起的最大高度，激振频率为同步带每秒激振次数。激振幅度和激振频率会影响马铃薯在升运链上的跳跃高度、碰撞次数和碰撞力的大小，从而影响薯土分离的效果。

3.7　几种常见的薯土输送及分离装置的结构与工作原理

3.7.1　抖动链式薯土输送分离装置

　　甘肃农业大学 4U-1200 型马铃薯挖掘机的薯土升运装置为抖动链式输送分离器。它由抖动链、抖动轮及主、从动链轮组成，如图 3-55 所示。通过适当调整升运链的倾角和速度，可在保证运送顺畅的基础上增加抖落土壤的效果。当

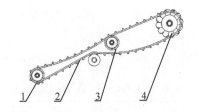

图 3-55　抖动链式输送分离器
1. 从动轮　2. 升运链　3. 抖动轮　4. 主动轮

速度过快或者过慢时，会造成伤薯及拥堵现象，降低工作效率。抖动轮的振幅反映升运链振动的强度，会直接影响着伤薯率和分离土壤的效果。

3.7.2　两级升运链式薯土输送分离装置

两级升运链式马铃薯挖掘机输送分离装置结构如图 3-56 所示，主要由升运链、前导向轮、后驱动轮、抖动器、张紧轮、调节臂等组成。薯土混合物随第一级升运链上升，初步筛分土壤、破裂大块土垡，当薯土混合物运动到第一级升运链末端，落至第二级升运链上，第二级升运链由于抖动器作用，使升运链向上运动的同时伴随产生一定频率、振幅的振动，对薯土混合物产生输送、分离、破碎和筛分等作用，分离出的薯块最终被输送到机器的末端，散落到地面上铺放成条。

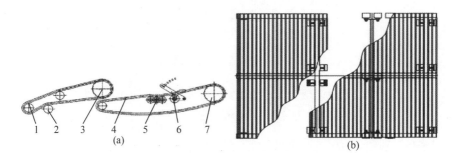

图 3-56　两级升运链式薯土分离装置结构简图

(a) 主视图　(b) 俯视图

1. 前导向轮　2. 张紧轮　3. 第一级升运链驱动轮　4. 升运链　5. 抖动器

6. 调节臂　7. 第二级升运链驱动轮

该分离输送装置采用两级升运链式的结构设计，为满足其输送和破碎大块土垡能力，设计第一级升运链长度为 2.1 m，安装倾角为 16.5°，工作倾角可根据拖拉机牵引悬挂进行改变。第二级升运链安装有抖动器，为增强其破碎和筛分土壤能力，并由各部件安装位置关系，设计第二级升运链长度为 3.1m。抖动器用于抛散薯土混合物，强化分离性能，增加升运链所移动土壤的破碎率。抖动器安装在后驱动轮的张紧边下侧，在第二级升运链前导向轮和后驱动轮中间位置，其结构如图 3-57所示，该抖动器为双滚子式主动型抖动器，独立的滚子可绕自身固定轴转动。

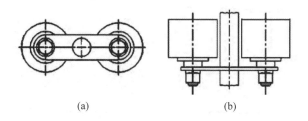

图 3-57　抖动器结构图

（a）主视图　（b）俯视图

3.7.3　振动与波浪两级升运链式输送分离装置

振动与波浪两级升运链式输送分离装置分为振动分离段和波浪形分离段，采用振动分离与波浪分离的两级薯土分离形式，其波浪分离段如图 3-58 所示。

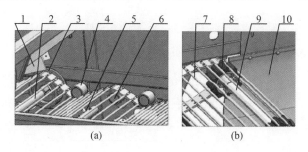

图 3-58　波浪分离段的结构

（a）波浪结构　（b）驱动结构

1. 导流防护装置　2. 中间驱动轴　3. 介轮　4. 压筛胶轮　5. 波浪调整轴

6. 支承胶轮　7. 分离筛　8. 梅花轮　9. 主动轴　10. 集薯装置

薯土分离装置的波浪分离段设有 2 段波浪形薯土分离区间，可把"波谷—波峰"段视作输送分离段，完成薯土混合物输运的同时实现薯土及时分离，"波峰—波谷"段视作碎土分离段，利用峰谷高差变化实现土块翻滚、破碎与分离；波浪分离段可减轻振动装置参数调整不当造成的伤薯现象，同时收获机后端不再设置振动装置，节约能耗。

薯土分离装置的振动分离段主要由振动强度调整装置和抖动装置组成，在抖动装置的配合作用下，使得分离筛在运行过程中还伴随着上下方向的抖动，以迫使土块破碎，并抖落土壤颗粒、秧蔓和杂质。振动分离过程包括无振动、有振动未顶起和有振动顶起 3 种情况，如图 3-59 所示。

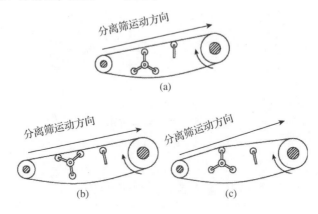

图 3-59　振动分离段的三种情况

(a)无振动　(b)有振动未顶起　(c)有振动顶起

图 3-59(a)为振动分离阶段分离筛在无振动状态时的示意图，分离筛被振动强度调整装置的胶轮"顶起"，使得抖动装置未能接触到分离筛，因此，抖动装置对分离筛无影响。图 3-59(b)为振动分离阶段分离筛有振动状态时，抖动装置刚接触分离筛时的示意图，此时振动强度调整装置的胶轮未接触分离筛，分离筛在与抖动装置未接触时处于"悬垂"状态。图 3-59(c)为振动分离阶段分离筛有振动状态时，抖动装置的最高点接触分离筛时的示意图，分离筛的筛面在抖动装置的胶轮作用下"凸起"，混合物在抖动装置的转动作用下受迫振动，实现薯土分离。

Chapter Four | 第 4 章
马铃薯三维实体
建模

在此之前，在研究薯土分离过程中马铃薯在分离筛面上的运动学和动力学特性时，研究人员一般将马铃薯简化为一质点进行研究。为了进一步提高研究结果的准确性，起初本研究团队根据马铃薯的外形特点，将马铃薯简化为球形和椭球形进行研究，但是，马铃薯的实际外形并非是球形或椭球形，将其简化为球形或椭球形两种形状进行分析，必然会导致研究结果与实际马铃薯在分离筛面上的运动学和动力学特性存在一定差异。所以，本研究团队在前期研究的基础上，根据微积分理论、3D 扫描技术和动态图像等理论和方法，分别建立马铃薯的三维实体模型，从而使马铃薯三维实体建模经历了球形、椭球形、曲面造型法、3D 扫描和动态图像等不同阶段。至此，马铃薯三维实体模型更接近马铃薯实际外形。

4.1　基于曲面造型法建立不规则马铃薯三维实体模型

4.1.1　基本方法与理论

曲面造型是计算机图形学和计算机辅助几何设计的一种重要方法，主要研究在计算机图像系统环境下，对曲面的表达、创建、显示以及分析等。早在 1963 年，美国波音飞机公司的 Ferguson 首先提出将曲线、曲面表示为参数的矢量函数方法，并引入参数三次曲线。从此，曲线曲面的参数化形式成为了形状数学描述的标准形式。1971 年，法国雷诺汽车公司的 Bezier 又提出一种控制多边形设计曲线的新方法，这种方法很好地解决了整体形状控制问题，从而将曲线曲面的设计向前推进了一大步。但是，Bezier 提出的曲线曲面设计方法仍存在连接问题和局部修改问题。直到 1975 年，美国 Syracuse 大学的 Versprille 首次提出有理 B 样条（NuRBS）方法，可以精确地表示二次规则曲线曲面，从而能用统一的数学形式表示规则曲面与自由曲面。这一方法的提出，使非均匀有理 B 样条方法成为现代曲面造型中最为广泛流行的技术。

经过多年的发展，现在曲面造型已形成了以有理 B 样条曲面（Rational B-spline Surface）参数化特征设计和隐式代数曲面（Implicit Algebraic Surface）表示这两类方法为主体，以插值、拟合、逼近这三种手段为骨架的几何理论体系。

从马铃薯本身特征来看，马铃薯块茎是地下变态茎的一种，地下茎末端形成膨大而不规则的块状。马铃薯外观形状极不规则，而且具有随机性。因此，不能用简单的直线、圆弧曲线对其外形进行描述与建模。所以，借助曲面造型理论，对类似马铃薯这样一些不规则外形表面进行造型。

由于马铃薯本身具有自相似性的特点，取出任意一个界面都是由一条封闭且曲率不均匀的曲线围绕而成。因此，在对马铃薯建模过程中，需要用带有明显特征的曲线来控制封闭曲面的生成。基于以上特点，本研究采用相互垂直两个方向的曲线集合，最终生成三维的封闭曲面来实现马铃薯的三维实体建模。

4.1.2　马铃薯边界样条曲线数据的采集与统计

在 ProE 5.0 中的 Pro/SURFACE 曲面造型模块中，首先构建样条曲线，建立两条方向链。然后对其进行边界混合扫描，形成封闭的曲面，检查曲面与实际马铃薯的相似情况，完成曲面造型。其中第一条方向链的主要作用是控制马铃薯的纵向结构特征，要求每组样条曲线的端点必须重合。第二条方向链控制马铃薯的横向截面特征，要求每组样条曲线彼此相互平行。

4.1.2.1　马铃薯样品采集

本研究建模所用马铃薯产自内蒙古和林县，从田间采集一定量的马铃薯，将其带回实验室。从中随机挑选 15 个马铃薯，按照质量将其分为大、中、小三组（图 4-1），分别对其进行两个方向链的样条数据的采集。

图 4-1　分组后的马铃薯

4.1.2.2　样条曲线数据采集的方法

（1）将马铃薯从第一纵向截面处切开，沿切口处绘制出实际尺寸的轮廓曲线。如图 4-2（a）所示。

（2）在沿垂直于第一纵向截面方向的第二纵向截面处切开，沿切口处绘制出另外一条轮廓曲线。如图 4-2(b)所示。

(3)对应标出轮廓线的切口位置，并以此为坐标原点建立坐标系，同时将两条封闭的轮廓曲线划分为四条样条曲线，形成第一方向链，来控制马铃薯的纵向结构特征，样条曲线的端点彼此相互重合。

(4)观察曲线的变化趋势，在曲率发生明显变化的地方设置横向截面。以 1∶1 的比例标出坐标值。如图 4-3 所示，a，b，c，…. 为各个横向截面，共同组成了第二方向链，来控制马铃薯的横向截面特征，样条曲线彼此相互平行。

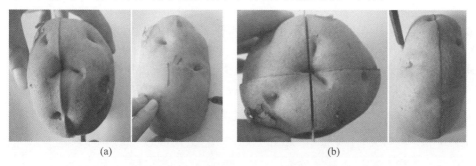

(a)　　　　　　　　　　　　　　　　(b)

图 4-2　第一纵向截面和第二纵向截面的轮廓曲线

(a)第一纵向截面　　(b)第二纵向截面

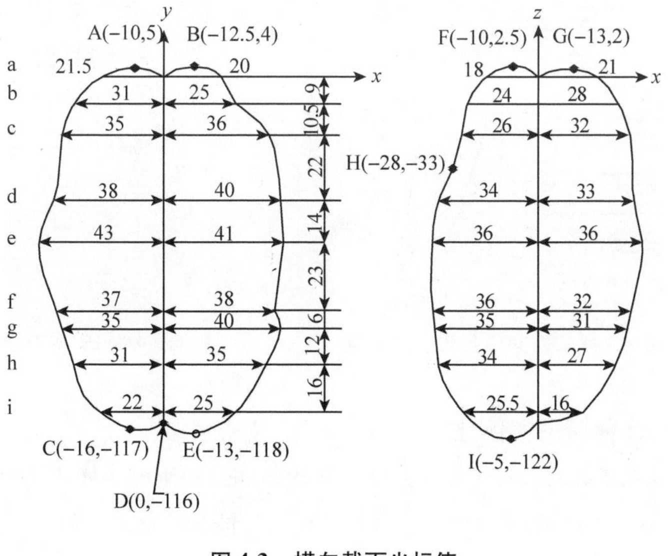

图 4-3　横向截面坐标值

4.1.2.3 数据采集的原则

①纵向轮廓曲线最大化。由于本研究将纵向轮廓曲线作为第一方向链的样条曲线样本，纵向轮廓曲线控制着马铃薯的纵向结构特征，只有它最大化才能够保证所建立的马铃薯模型包含整个马铃薯的结构特征。

②横向轮廓有显著特征。在纵向轮廓曲线曲率变化明显的地方设置横向截面，以协调马铃薯表面曲率的变化。

③样条曲线尽量光滑，对特殊点进行光滑处理。

4.1.3 基于 PeoE 5.0 环境下的不规则马铃薯实体建模

4.1.3.1 样条曲线的建立

在 PeoE 5.0 环境下，以采集的轮廓曲线为依据，建立相互平行的几个基准平面，分别在各基准平面上绘制第二方向链的样条曲线，如图 4-4(a)所示。然后以建立好的第二方向链的样条曲线为基准，绘制第一方向链的 4 条样条曲线，如图 4-4(b)所示。形成如图 4-5 所示的轮廓曲线框架。最后对其进行边界混合，完成不规则马铃薯的表面造型。

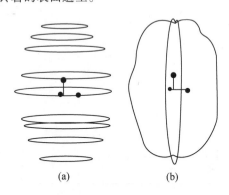

(a)　　　　　(b)

图 4-4　第二方向链与第一方向链

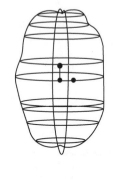

图 4-5　轮廓曲线框架

4.1.3.2 马铃薯模型实体化

选中已经创建好的马铃薯封闭曲面，使用封闭曲面中的实体化命令，创建马铃薯的三维实体模型。如图 4-6 所示，分别是建立好的马铃薯模型和实际的马铃薯。

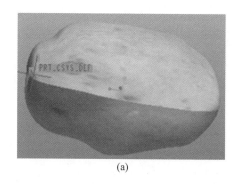
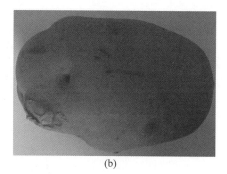

（a）　　　　　　　　　　　　　（b）

图 4-6　马铃薯模型和实际的马铃薯对比

（a）马铃薯模型　（b）实际马铃薯

4.1.4　不规则马铃薯模型的质量验证

4.1.4.1　实测马铃薯的密度

试验方法：

（1）取样分组。随机取三个马铃薯，对其进行编号。再对马铃薯进行分割切块，每组取出六块，共三组，将其作为试验样本进行测定。如图 4-7 所示。

（2）用电子天平称量出各组马铃薯块茎的质量，再分别一一对应并用已经装有 40mL 水的量杯测量出每组马铃薯块茎的体积，并列表进行记录。

（3）用 $\rho = \dfrac{m}{v}$ 计算出每组的密度取平均值，由表 4-1 计算出马铃薯的密度为 $1.1\mathrm{g} \cdot \mathrm{cm}^{-3}$。

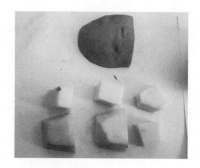

图 4-7　马铃薯密度试验样本

表 4-1 马铃薯密度测量值

组数	序号	质量/g	体积/cm³	密度/g·cm⁻³
I	1	36.3	32	1.1
	2	36.5	34	1.1
	3	21.9	20	1.1
	4	17.0	17	1.0
	5	20.7	19	1.1
	6	22.6	20	1.1
II	1	29.3	28	1.0
	2	28.6	25	1.1
	3	24.3	22	1.1
	4	23.0	20	1.2
	5	11.9	11	1.1
	6	12.6	11	1.1
III	1	13.9	12	1.1
	2	13.2	12	1.1
	3	15.5	15	1.0
	4	13.2	12	1.1
	5	12.5	11	1.1
	6	9.9	9	1.1
密度平均值：1.1 g·cm⁻³				

4.1.4.2 试验结果与分析

将不规则马铃薯模型用 ADAMS/Exchange(图形接口模块)导入 ADAMS 中，添加材料属性，根据上述测量结果，马铃薯的密度设置为 $1.1 \ g \cdot cm^{-3}$，系统将会自动计算出模型的质量。

马铃薯的实际质量用电子天平(最小刻度为 2g)测出。

表 4-2 马铃薯质量实测值与模拟值的对比

编号	实测值/kg	模拟值/kg	相对误差
1	0.212	0.218	2.9%
2	0.152	0.148	2.6%
3	0.132	0.130	1.5%
4	0.134	0.130	2.9%
5	1.112	0.109	2.6%
6	0.260	0.264	1.5%

（续）

编号	实测值/kg	模拟值/kg	相对误差
7	0.258	0.252	2.3%
8	0.280	0.275	1.8%
9	0.266	0.261	1.9%
10	0.310	0.300	3.3%
11	0.446	0.438	1.8%
12	0.440	0.431	2.0%
13	0.442	0.410	2.9%
14	0.394	0.398	1.0%
15	0.448	0.439	2.0%

由表 4-2 可以看出，模型马铃薯质量与实际马铃薯质量值非常接近，模型值与实测值的最大误差均在 5% 以内。可见，用 PeoE 5.0 所建的不规则马铃薯模型是合理的。

4.2 基于 3D 扫描技术建立不规则马铃薯三维实体模型

马铃薯的大小、形状各异，在对马铃薯建模时，采用传统的建模方法很难准确地描述其形状。在以上基于曲面造型建模的基础上，本节提出采用基于 3D 扫描技术对不规则形状马铃薯进行三维实体建模，探索不规则外形马铃薯的又一种建模方法。

3D 扫描系统采用非接触光栅式照相扫描技术，可以扫描自由形状物体；系统采用安全的结构光白光光源和混合相位技术，能扫描马铃薯的整体形状包括其凹凸表面。搭载高速相机，以每帧 0.4 s 的速度对马铃薯外表面进行面扫描，一次扫描可以得到一个马铃薯外表面。扫描过程中，基于马铃薯特征的无标志点全自动拼接及扫描合并，实现外形复杂马铃薯的快速扫描。另外，配合机械臂和自动转盘可以实现对马铃薯表面无死角、自动扫描。

采用基于 ICP(Iterative Closest Point) 的全局误差校正技术，将扫描所得马铃薯点与数据的公共部分中所有点进行最佳匹配运算，使马铃薯的整体误差控制在一定范围内，解决了拼接过程中可能会出现的分层问题和全局误差校正问题。将扫描后的马铃薯数据输出成 .step、.stl 等格式，导入 Pro/E、Solidworks 等软件中，生成易于后期处理的马铃薯三维实体模型。

4.2.1 扫描设备

本节选择具有代表性的近似圆球形和椭球形且质量近似相等的马铃薯块茎，应用 3D 扫描数据采集设备(图 4-8)进行数据采集、建立不规则马铃薯块茎的三维实体模型。该 3D 扫描数据采集设备主要包括计算机、光栅发射器、图像采集器和工作台，其中：计算机主要用于三维扫描仪系统的操作，数据采集以及数据运算和显示导出；光栅发射器用于响应系统的请求从而投射结构光栅；图像采集器用于响应系统的请求拍摄图像；工作台用于固定支撑三维扫描系统的硬件支架和支座。扫描完成后利用后处理软件对所建模型进行修正，使其大小、形状更接近真实马铃薯。

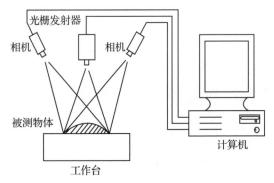

图 4-8　3D 扫描设备结构原理图

4.2.2 建模方法及过程

运行扫描软件，接通工作平台电源，在平台旋转的过程中，摄像头拍摄马铃薯图像并全面记录模型的数据并存储。因工作环境对 3D 扫描过程有影响，所以在扫描完毕后进行去噪处理，得到多边形网格形式的马铃薯三维实体模型，该模型能够反映马铃薯实体的真实尺寸和形状。

将所建立的三维实体模型导入到 Geomagic studio 软件系统，将多边形网格形式的模型进行网格细化(即平滑处理)，最后保存如 .stl 或 .step 等格式的模型。

随机选取品种相同、质量近似相等的不同形状和尺寸的马铃薯，如图 4-9(a)所示；分别对所选择的马铃薯进行 3D 扫描，将扫描后的马铃薯导入 Solidworks 三维绘图软件，并另存为 .step 格式文件，结果如图 4-9(b)所示；将 .step 格式的马铃薯模型文件导入离散元分析软件，软件会自动读取其网格模型，如图 4-9(c)所示，对马铃薯网格模型进行颗粒填充，填充后的马铃薯模型如图 4-9(d)所示。

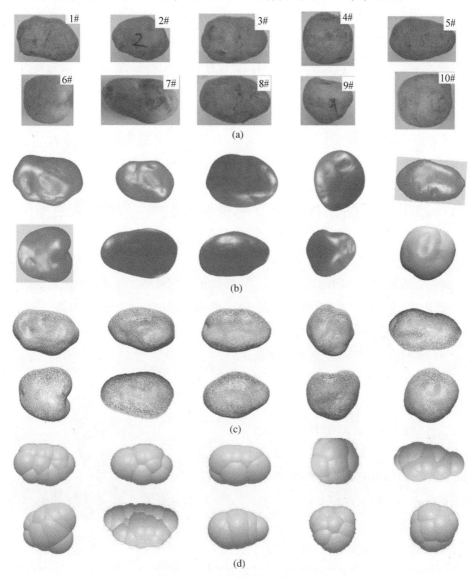

图 4-9　马铃薯模型比较

（a）实体马铃薯块茎　（b）3D 扫描后马铃薯模型　（c）网格填充模型　（d）填充后马铃薯模型

4.2.3　真实颗粒与模型的比较

将得到的马铃薯模型导入到离散元仿真分析软件后，设置马铃薯的密度、剪切模量、泊松比等材料属性，将网格模型马铃薯进行圆球颗粒填充，得到不规则马铃薯三维实体模型。通过与实际马铃薯对比分析可知，不规则马铃薯的三维实体模型较接近实际马铃薯的外形，通过仿真软件获得马铃薯模型的质量与实际马铃薯的质量相近，且最大质量误差在 4% 范围内。所以，本研究所提出的基于 3D 扫描方法建立不规则马铃薯三维实体模型的方法是合理可行的，且所建立的不规则形状马铃薯模型，可以用于研究马铃薯在分离筛面上的运动学和动力学特性。

4.3　基于动态图像技术建立不规则马铃薯三维实体模型

在前面基于曲面技术建模的基础上，本节除了对两垂直方向的线条进行采集外，通过摄取旋转图像的方式对更多方向的线条进行采集。舍弃原手工划线的方式，使用 UG 建模里的光栅图像建模方式对马铃薯外形进行最大程度地还原。

摄取马铃薯旋转图像时，首先在马铃薯上进行画线标定。标定后将马铃薯放置旋转台上，如图 4-10 所示。将摄像机对准旋转台进行摄影，摄像机的像素为 1300万。当马铃薯在旋转台上旋转一周标记线再次出现时停止摄像。将摄像完成后的影像导入到 corel PROX4 软件中进行分析，如图 4-11 所示。导入 corel PROX4 软件后，将图像进行逐帧播放，本研究中马铃薯在第 22 帧再次出现与原来相同的位置，说

图 4-10　标定马铃薯

明马铃薯外形影像已全部拍摄完成，因此，可用于构建模型轮廓线的图像有 22 幅。

在摄取马铃薯分帧图像后，将图像转换为 tiff 格式（UG 光栅可识图像）后导入UG 软件中。将外观显示调至艺术外观，调用草图命令，使用艺术样条在马铃薯光栅图像上描点划线如图 4-12（a）所示。

图 4-11　马铃薯旋转影像

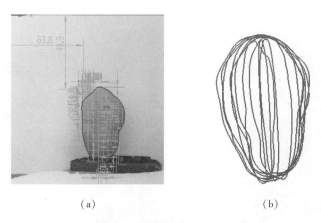

（a）　　　　　　　　　　　　　（b）

图 4-12　划线和线条组合

在 corel PROX4 软件中，测试到马铃薯旋转一周共拍摄到 22 帧，即每帧图像旋转角度为 16.36°。因此，在进行下一幅图像描点取线时应将光栅图像旋转相应的角度，在对偏差曲线进行相应的处理后获取最终的马铃薯模型边线组合空间图像如图 4-12(b)所示。

在获取维度方向空间组合图像后，如果直接采用省略等方式构造模型容易失真。因此，应继续获取维度方向的组合曲线并采用曲线组、网格曲线等命令构造模型。为获取维度方向的相交曲线，使用经线与截面求交点，空间相交如图 4-13 所示，在与截面求交后获取交线并可得到的空间点云如图 4-14 所示。

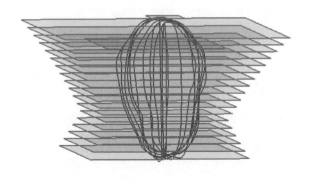

图 4-13　空间相交图　　　　　　　**图 4-14　空间点云图**

最终建模后的马铃薯模型如图4-15所示。将原马铃薯图像补光后与建立的马铃薯模型进行对比，经对比可以看出，所建模型与原型的相似度较高，所建模型不仅能很好地用于马铃薯在薯土分离过程中的运动学和动力学特性研究，而且也为深入研究薯土分离过程中马铃薯的碰撞损伤奠定了基础。

（a）　　　　　　　　（b）　　　　　　　　（c）

图 4-15　马铃薯模型与原型

（a）马铃薯原型　（b）原型补光图像　（c）马铃薯建模模型

本研究团队对马铃薯三维实体建模做了许多探讨，不规则外形马铃薯建模经历了球形、椭球形、曲面造型法、3D扫描和动态图像等不同阶段，马铃薯三维实体模型越来越接近真实马铃薯，利于提高对马铃薯运动学和动力学特性研究的准确性。

4.4 马铃薯块茎模型的有限元分析

4.4.1 有限元方法和 ANSYS 简介

目前在工程技术领域内常用的数值模拟方法有有限元法(Finite Element Method, FEM)、边界法(Boundary Element Method, BEM)、有限差分法(Finite Difference Method, FDM)等,但就其实用性和应用广泛性而言,应用较多的是有限元法。作为一种离散化的数值解法,有限元法在结构分析等领域得到了广泛应用。

有限元法的基本思想是将物体(即连续的求解域)离散成有限个且按一定方式相互连接在一起的单元组合,来模拟或逼近原来的单元,从而将一个连续的无限自由度问题简化为离散的有限自由度问题求解的一种数值分析法。物体被离散后,通过对其中各个单元进行分析,最终得到对整个物体的分析。网格划分中每一个小的块体称为单元,确定单元形状、单元之间相互连接的点称为节点。单元上节点处的结构内力为节点力,外力(有集中力、分布力)为节点载荷。

ANSYS 软件是融结构、流体、电磁场、声场和耦合场分析于一体的大型通用有限元分析软件。该软件能与多数 CAD 软件,实现数据的共享和交换,如 Pro/E、Solidworks、ADAMS 等已成为现代产品设计中的高级 CAD/CAE 工具之一。

4.4.2 马铃薯块茎模型的有限元分析

考虑到马铃薯本身是柔性体,在仿真过程中,需要将马铃薯进行柔性处理。然而 ADAMS 软件生成柔性体的功能很弱,因此,本研究借助有限元软件 ANSYS 来进行有限元分析,生成 ADAMS 可识别的模态中性文件 MNF,为创建马铃薯的柔性体提供条件。

4.4.2.1 导入模型

将已经建立好的不规则马铃薯模型,采用 Parasolid 的格式导入 ANSYS 环境中,然后将马铃薯的类型(style of area and volume plots)设置为实体(Normal Faceting),如图 4-16 所示。

图 4-16 马铃薯的原始模型

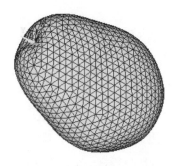

图 4-17 马铃薯的有限元模型

4.4.2.2 有限元模型的建立

（1）设置单元类型

将马铃薯的单元类型（element type）设置为实体单元类型，即实体（solid）→块（brick）→solid185。

（2）设置材料属性

由实验计算得出马铃薯密度为 $1.1 \times 10^3 \mathrm{kg} \cdot \mathrm{m}^{-3}$；通过查阅相关资料，这里马铃薯的弹性模量 E 取近似值 $5 \times 10^6 \mathrm{Pa}$。

（3）网格划分

采用自由网格的划分方式生成有限元网格，如图 4-17 所示。

4.4.2.3 生成 MNF 文件

在 ANSYS 环境下对马铃薯有限元模型进行求解，最终计算生成 MNF 文件。

操作步骤如下：Solution→ADAMS Connection→Export to ADAMS。

Chapter Five | 第 5 章
马铃薯相对分离筛
运动过程分析

本章利用三维加速度传感器和高速摄像机同步采集了分离筛加速度数据和马铃薯运动影像数据，将试验所得的分离筛加速度与理论结果对比，得到了试验值与理论值之间的修正系数，结合修正系数建立了马铃薯相对分离筛运动速度的数学模型，阐释了马铃薯相对分离筛的运动过程，最后依据分离过程中马铃薯在筛面上的运动影像对解析结果进行了验证。

5.1　马铃薯相对分离筛运动影像

利用高速摄像机实时拍摄摆动分离筛上马铃薯的运动影像，分析筛面倾角为 7.7°、曲柄转速为 187.5r·min⁻¹ 时马铃薯相对分离筛的运动过程，如图 5-1 所示。

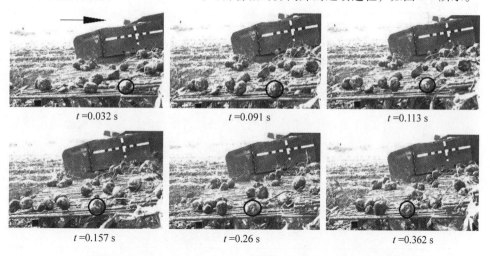

图 5-1　曲柄转速为 187.5r·min⁻¹ 时马铃薯运动过程高速影像

注：黑色圆圈内为标记马铃薯，箭头所指方向为机器前进方向，下同

由图 5-1 可以看出，在筛面倾角为 7.7°、曲柄转速为 187.5r·min⁻¹ 的情况下，$t=0.032$s 时，被标记的马铃薯初速度为零，处于正向滑动的初始位置，直至滑动至 0.091s 时马铃薯开始抛离筛面，运动至 0.113s 时达到最高点，而后于 0.157s 时落至分离筛面，落至筛面后相对分离筛正向滑动至 $t=0.26$s 所示位置，正向滑动速度为零时开始反向滑动，反向滑动未结束即于 0.362s 开始第二次抛离筛面运动。

依据物料相对分离筛运动状态分析的经典理论，计算得到马铃薯抛离筛面的临界曲柄转速为 272r·min⁻¹。而该试验结果表明，曲柄转速为 187.5r·min⁻¹ 时出现明显的马铃薯抛离筛面的现象，并且马铃薯抛离筛面前相对分离筛的运动状态为正向滑动，排除了马铃薯自身弹性及形状影响的可能。综合考虑田间试验中其他影响因素，分析了造成曲柄临界转速试验值小于理论计算值的原因：在摆动分离筛工作过程中，田间地面不平及拖拉机牵引等因素会导致分离筛加速度较理论值大，从而使曲柄转速未达到临界转速即出现马铃薯抛离筛面的现象。

因此，为了更准确分析不同分离筛参数条件下马铃薯相对分离筛的运动，在采集马铃薯相对分离筛运动影像的同时，应同步采集摆动分离筛的加速度数据，将其与理论计算得到的加速度对比分析，得到加速度试验值与理论值之间的修正系数，以此为依据推导马铃薯相对分离筛速度计算公式，从而准确解析马铃薯相对分离筛的运动过程。

5.2 试验设备与方法

5.2.1 试验条件与设备

2015 年 10 月 1~7 日在呼和浩特市前乃莫板村进行田间试验。试验地块土质为砂土，地块平坦，水浇地垄作，亩产马铃薯为 3000kg，作业面积约 2hm²，试验前一周割秧除草。马铃薯品种为内蒙古中西部地区广泛种植的克新 1 号。试验地块参数见表 5-1。

表 5-1 试验地块参数

测量深度/mm	土壤含水率/%	土壤硬度/($N \cdot cm^{-2}$)
100	6.13	182.6
200	8.72	222.4
300	13.41	357.2

试验机型为内蒙古农业大学研制的 4SW-170 型马铃薯挖掘机，配套动力为约翰迪尔 904 型拖拉机，功率 66.18 kW。分离筛加速度测试系统包括 DYTRAN 3032 三维加速度传感器、AVANT MI-7016 数据采集与分析仪和计算机，马铃薯相对分离筛运动影像采集系统包括 Phantom Miro2 高速数字摄像机和计算机，其他仪器设备包括土壤坚实度测定仪、土壤水分速测仪、皮尺等。

5.2.2 数据采集方法

为全面分析分离筛不同位置处的加速度特性，以分离筛底 3 个横梁的中间位置作为加速度测点，将 3 个加速度传感器分别固定于横梁中间。在分离筛侧板上设置高速摄像数据采集标尺，然后用支架将摄像机连接于挖掘机机架上，调整摄像机拍摄视角使其能够拍摄到马铃薯相对分离筛的运动过程。试验时，启动拖拉机开始作业，待马铃薯挖掘运转机稳定后，开启数据分析仪及高速摄像机，同时采集摆动分离筛加速度和马铃薯运动影像数据，参照《马铃薯挖掘机质量评价技术规范》（NY/T 648—2015）中试验方法，采集 10m 稳定测试区数据后完成一次测试。测试系统安装位置如图 5-2 所示。

图 5-2　测试系统安装图

1. 高速摄像机　2. 视角调节杆　3. 支架
4. 计算机　5. 加速度传感器 1　6. 加速
   度传感器 2　7. 加速度传感器 3
8. AVANT 数据采集分析仪

5.2.3 试验因素及水平

结合预试验结果及分离筛结构特征，确定表 5-2 的试验因素及水平。试验中选取的机器前进平均速度较正常工作时低，主要因为较低的机器前进平均速度可使落至分离筛的薯土混合物较少，为有效捕捉马铃薯相对分离筛的运动影像提供便利，从而利于高速影像的分析。通过控制拖拉机油门调节机器前进平均速度，调节筛角调节机构以改变筛面倾角，每组试验重复 3 次，试验结果取平均值。

表 5-2　试验因素及水平

水平	因　素	
	筛面倾角/°	机器前进平均速度/(km·h⁻¹)
1	0.5	0.8
2	7.7	1
3	—	1.2

5.3 分离筛运动分析

分离筛结构如图 5-3 所示，筛面 BC 通过前后摆杆 BE、CD 铰接于机架上，曲柄 OA 驱动连杆 AB 从而推动筛面 BC 往复运动。通过对分离筛进行运动仿真得出筛面做往复弧线运动。由于分离筛运动轨迹长度远小于连杆长度，将筛面运动轨迹简化为直线，以振动方向为 S 轴，分离筛面处于平衡位

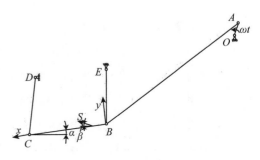

图 5-3 分离筛结构示意图

置作为筛面位移和时间的初始点，得出分离筛的位移：

$$s = r \sin \omega t \tag{5-1}$$

式中　s——分离筛的位移，m；

　　　r——曲柄半径，mm；

　　　ω——曲柄角速度，rad·s^{-1}；

　　　t——时间，s。

由此得出分离筛的速度及加速度分别为：

$$v = r\omega \cos \omega t \tag{5-2}$$

$$a = -r\omega^2 \sin \omega t \tag{5-3}$$

式中　v——分离筛的速度，m·s^{-1}；

　　　a——分离筛的加速度，m·s^{-2}。

分别以平行于筛面和垂直于筛面建立 xy 坐标（图 5-3），其中，x 轴指向分离筛尾，则分离筛的加速度在 x、y 轴的分量分别为：

$$a_x = -r\omega^2 \sin \omega t \cos(\beta + \alpha) \tag{5-4}$$

$$a_y = -r\omega^2 \sin \omega t \sin(\beta + \alpha) \tag{5-5}$$

式中　a_x——分离筛的加速度在 x 轴的分量，m·s^{-2}；

　　　a_y——分离筛的加速度在 y 轴的分量，m·s^{-2}；

　　　α——筛面倾角，°；

β——分离筛的振动方向角,°。

由式(5-4)和式(5-5)可知,摆动分离筛加速度与曲柄半径 r、筛面倾角 α、振动方向角 β 及曲柄转速有关。因此,为了将加速度理论计算结果与试验结果对比分析,除了分析试验所得的不同分离筛参数时摆动分离筛 x、y 轴的加速度外,还应分析不同的机器前进平均速度所对应的分离筛摆动频率,以获得试验过程中分离筛的曲柄转速。

5.4 分离筛加速度结果与分析

基于上述分析结果,首先分析机器不同前进平均速度时分离筛的摆动频率,以获得机器前进平均速度所对应的曲柄转速,然后分析分离筛 x、y 方向的加速度,将其与理论计算结果对比,得到试验值与理论值间的加速度修正系数。

5.4.1 分离筛曲柄转速

为明确机器前进平均速度与曲柄转速的对应关系,利用 AVANT MI-7016 数据处理软件对筛面倾角为 7.7° 的情况下,3 种不同机器前进平均速度时分离筛 3 个位置处 x 方向的加速度进行频谱分析,分析结果如图 5-4 所示。

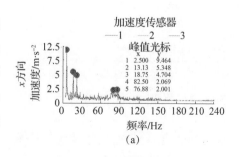
(a)

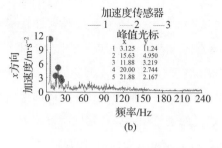
(b)

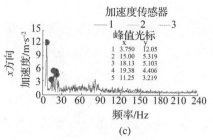
(c)

图5-4 不同机器前进平均速度时分离筛 x 方向加速度频谱曲线

(a)机器前进平均速度为 0.8km·h⁻¹   (b)机器前进平均速度为 1km·h⁻¹

(c)机器前进平均速度为 1.2km·h⁻¹

由图5-4(a)可知，机器前进平均速度为0.8km·h^{-1}时所对应的加速度峰值①处的频率为2.5Hz，加速度峰值②处的频率为13.13Hz，与基频2.5Hz的5次谐波相近，加速度峰值③处的频率为18.75Hz，与基频2.5Hz的7次谐波相近。据此可知，摆动分离筛以2.5Hz的频率往复摆动，结合式(5-6)可求得机器前进平均速度为0.8km·h^{-1}所对应的曲柄转速为150r·min^{-1}；由图5-4(b)、(c)可知，机器前进平均速度为1km·h^{-1}和1.2km·h^{-1}所对应的加速度峰值①处的频率为3.125Hz和3.75Hz，同理可求得机器前进平均速度为1km·h^{-1}和1.2km·h^{-1}所对应的曲柄转速分别为187.5r·min^{-1}和225r·min^{-1}，机器前进平均速度与曲柄转速的对应关系见表5-3。

$$n = 60 \cdot f \tag{5-6}$$

式中　n——曲柄转速，r·min^{-1}；

　　　f——分离筛摆动频率，Hz。

表5-3　机器前进平均速度与曲柄转速的对应关系

参数	数　值		
机器前进平均速度/km·h^{-1}	0.8	1	1.2
曲柄转速/r·min^{-1}	150	187.5	225

5.4.2　分离筛加速度

利用AVANT MI-7016数据处理软件分别对分离筛x、y方向的加速度数据进行处理，得出每种曲柄转速、筛面倾角下3次重复试验中每个测点的加速度有效值（去除干扰信号后所得的加速度值，可通过AVANT MI-7016数据处理软件直接获得）的均值，将不同的曲柄转速和筛面倾角分别代入式(5-4)中求得摆动分离筛x方向加速度的理论值，以加速度有效值的平均值除以理论值求得不同曲柄转速和筛面倾角时分离筛x方向加速度的修正系数，见表5-4；将不同曲柄转速和筛面倾角分别代入式(5-5)中得到摆动分离筛y方向加速度的理论值，以加速度有效值的平均值除以理论值求得不同曲柄转速和筛面倾角时分离筛y方向加速度的修正系数，见表5-5。

表 5-4 摆动分离筛 x 方向加速度试验值与理论值的对比分析

筛面倾角/°	曲柄转速/r·min⁻¹	试验号	加速度/m·s⁻²		修正系数
			试验值	理论值	
7.7	150	1	12.263		
		2	12.589	8.898	1.376
		3	11.870		
	187.5	1	15.761		
		2	16.514	13.904	1.162
		3	16.186		
	225	1	22.759		
		2	23.184	20.021	1.161
		3	23.773		
0.5	187.5	1	17.231		
		2	18.034	14.38	1.24
		3	18.251		

表 5-5 摆动分离筛 y 方向加速度试验值与理论值的对比分析

筛面倾角/°	曲柄转速/r·min⁻¹	试验号	加速度/m·s⁻²		修正系数
			试验值	理论值	
7.7	150	1	8.862		
		2	9.163	2.995	2.981
		3	8.796		
	187.5	1	12.23		
		2	13.571	4.679	2.774
		3	13.145		
	225	1	24.099		
		2	22.727	6.738	3.452
		3	22.955		
0.5	187.5	1	10.031		
		2	9.111	2.935	3.152
		3	8.612		

由表5-4可知，分离筛 x 方向的加速度试验值大于理论值，并且试验值与理论值差异较小，每种曲柄转速和筛面倾角下3次试验的均值除以理论值后的修正系数介于1.161~1.376之间，说明源自拖拉机牵引和地面不平对分离筛 x 方向加速度的影响不显著；由表5-5可知，分离筛 y 方向的加速度试验值大于理论值，并且试验值与理论值差异较大，每种曲柄转速和筛面倾角时3次试验的加速度有效值的均值除以理论值后得到的修正系数介于2.774~3.452之间，主要原因是马铃薯挖掘机工作过程中，拖拉机牵引和地面不平造成的激振作用力通过行走轮传递给分离筛，使分离筛 y 方向产生较强烈的振动，从而导致 y 方向的加速度与理论值相比较大。因此，为准确解析马铃薯相对分离筛的运动过程，在对马铃薯相对分离筛的运动进行理论分析时，应将修正系数代入公式中，则式(5-4)、式(5-5)转化为：

$$a_x = -k_1 r\omega^2 \sin \omega t \cos(\beta + \alpha) \tag{5-7}$$

$$a_y = -k_2 r\omega^2 \sin \omega t \sin(\beta + \alpha) \tag{5-8}$$

式中　k_1——分离筛 x 方向加速度的修正系数；

　　　k_2——分离筛 y 方向加速度的修正系数。

5.5　马铃薯相对分离筛运动分析

分离筛在进行薯土分离的同时要把筛面上的物料向后输送。当分离筛选取不同的结构和工作参数时，物料在分离筛上会出现相对静止、往复滑动和抛离筛面的运动。借鉴经典筛分理论，可将物料相对筛面的运动分为2类：物料相对分离筛往复滑动和抛离筛面运动。

5.5.1　基本假设

分离筛工作过程中筛面上马铃薯存在着相互挤压、碰撞以及自身翻滚等随机运动。为分析方便，做如下假设：

(1)忽略马铃薯的弹性、残余根系的牵连及空气阻力的影响。

(2)忽略马铃薯之间的相互挤压、碰撞及自身的翻滚，将其个体视为质点。

5.5.2 马铃薯相对分离筛滑动过程分析

5.5.2.1 马铃薯正反向滑动受力分析

分析马铃薯相对分离筛正反向滑动时的受力情况如图 5-5 所示，得出马铃薯正反向滑动的动力学方程为：

$$m(a_{x1,2} + a_x) = mg\,\sin\alpha \mp F_f \tag{5-9}$$

$$ma_y = F_N - mg\,\cos\alpha \tag{5-10}$$

$$F_f = \mu F_N \tag{5-11}$$

式中　$a_{x1,2}$——马铃薯相对分离筛正反向滑动时的加速度，$\mathrm{m \cdot s^{-2}}$；

　　　μ——马铃薯相对分离筛滑动时的滑动摩擦系数，试验测得 $\mu = 0.35$；

　　　F_f——马铃薯与分离筛之间的摩擦力，N；

　　　F_N——分离筛对马铃薯的支持力，N；

　　　m——马铃薯的质量，kg；

　　　g——重力加速度，$\mathrm{m \cdot s^{-2}}$。

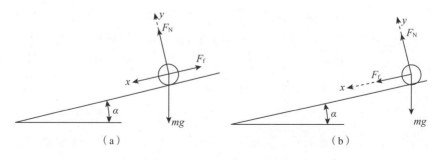

图 5-5　马铃薯相对分离筛滑动时的受力分析

（a）马铃薯相对分离筛正向滑动时的受力分析　（b）马铃薯相对分离筛反向滑动时的受力分析

5.5.2.2 马铃薯开始正反向滑动的条件

将分离筛结构和工作参数（分离筛参数）$r = 35\mathrm{mm}$，$\omega = 150\mathrm{r \cdot min^{-1}} = 15.7\mathrm{rad \cdot s^{-1}}$，$\beta = 10.9°$，$\alpha = 7.7°$代入式（5-9）～（5-11）得到加速度 a_x、$g\,\sin\alpha - F_f/m$ 和 $g\,\sin\alpha + F_f/m$ 曲线如图 5-6 所示。

马铃薯相对分离筛开始正向滑动的瞬间 x 方向的加速度为：$a_x = g\,\sin\alpha - F_f/m$，开始反向滑动的瞬间 x 方向的加速度为：$a_x = g\,\sin\alpha - F_f/m$，由此得到马铃薯相对

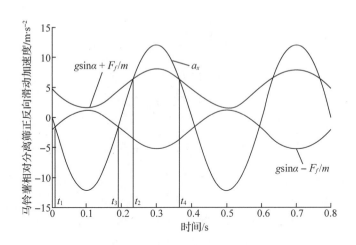

图 5-6　马铃薯相对分离筛滑动加速度

分离筛正向滑动时间区域(t_1，t_3)、反向滑动时间区域(t_2，t_4)。其中：t_1 和 t_2 分别为理论正向滑动开始时间和理论反向滑动开始时间；t_3 和 t_4 分别为理论正向滑动结束时间和理论反向滑动结束时间。

5.5.2.3　马铃薯正反向滑动速度

在建立马铃薯相对分离筛滑动速度模型前，须了解马铃薯相对分离筛连续滑动的条件：

若理论正向滑动开始时间 t_1 小于理论反向滑动开始时间 t_2，马铃薯正向滑动先于反向滑动，正向滑动速度为 0 时马铃薯结束正向滑动，如果实际正向滑动结束时间位于非反向滑动时间区域内，则运动是间断的，马铃薯相对分离筛静止一段时间后在 t_2 处开始反向滑动；如果实际正向滑动结束时间位于反向滑动时间区域内，则运动是连续的，马铃薯结束正向滑动即开始反向滑动。

若理论反向滑动开始时间 t_2 小于理论正向滑动开始时间 t_1，马铃薯反向滑动先于正向滑动，反向滑动速度为 0 时马铃薯结束反向滑动，如果实际反向滑动结束时间位于非正向滑动时间区域内，则运动是间断的，马铃薯相对分离筛静止一段时间后在 t_1 处开始正向滑动；如果实际反向滑动结束时间位于正向滑动时间区域内，则运动是连续的，马铃薯结束反向滑动即开始正向滑动。

由图 5-6 可知马铃薯相对分离筛正向滑动先于反向滑动，则根据式(5-9)~ 式(5-11)得出，马铃薯相对分离筛正向滑动速度和反向滑动速度分别为：

$$v_{x1} = -r\omega[k_1\cos(\beta+\alpha)+k_2\mu\sin(\beta+\alpha)](\cos\omega t_1)-g(\mu\cos\alpha-\sin\alpha)(t-t_1)$$

$$(5-12)$$

$$v_{x2} = -r\omega[k_1\cos(\beta+\alpha)+k_2\mu\sin(\beta+\alpha)](\cos\omega t-\cos\omega t'_2)+g(\mu\cos\alpha-\sin\alpha)(t-t'_2)$$

$$(5-13)$$

式中　v_{x1}——马铃薯相对分离筛正向滑动速度，$m\cdot s^{-1}$；

　　　v_{x2}——马铃薯相对分离筛反向滑动速度，$m\cdot s^{-1}$；

　　　t'_2——实际反向滑动开始时间，s。

将分离筛参数代入式(5-12)、式(5-13)，利用 Matlab 软件得到马铃薯相对分离筛正反向滑动速度曲线如图 5-7 所示。

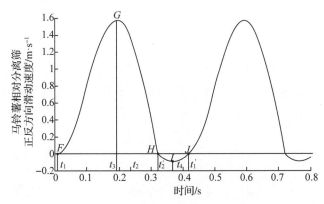

图 5-7　马铃薯相对分离筛滑动速度

马铃薯相对分离筛正向滑动开始点 F 对应时间 t_1 处 $a_x=g\sin\alpha-F_f/m$，马铃薯开始正向滑动，速度为正，由于 $a_x<g\sin\alpha-F_f/m$ 马铃薯相对分离筛加速运动，至 t_3 时 a_x 再次等于 $g\sin\alpha-F_f/m$，马铃薯正向滑动速度增至最大(G 点)；此后 $a_x>g\sin\alpha-F_f/m$，马铃薯相对分离筛做正向减速运动，直至速度减为 0(H 点)，由于 H 点对应时间落在反向滑动区间，马铃薯相对分离筛的运动为连续运动，即马铃薯在 H 点开始反向滑动，至 $a_x=g\sin\alpha+F_f/m$ 时，马铃薯反向滑动速度达到最大(I 点)，此后由于 $a_x<g\sin\alpha-F_f/m$，马铃薯反向滑动速度逐渐减小，速度减小为 0(J 点)时所对应时间 t'_1 落在正向滑动区间内，马铃薯在 t'_1 即开始正向滑动，如此往复运动。曲线 FGH 与速度为 0 的时间轴所围成的面积大于曲线 HIJ 与速度为 0 的时间轴所围成的面积，说明马铃薯正向滑动距离大于反向滑动距离，该分离筛参数满足向后输送物料的要求。

5.5.3 马铃薯抛离分离筛运动过程分析

马铃薯抛离筛面的临界条件为 $F_N = 0$，即：

$$k_2 r\omega^2 \cos\omega t \sin(\beta + \alpha) = g \cos\alpha \tag{5-14}$$

由式(5-14)可求得马铃薯抛离分离筛的时间 t_0。

由式(5-9)~式(5-13)计算得到马铃薯相对分离筛正向滑动时间 t_1 小于马铃薯抛离筛面时间 t_0。结合图 5-7 分析可知，马铃薯由静止到抛离筛面前会在时间区域 (t_1, t_0) 内相对分离筛正向滑动。

马铃薯抛离筛面运动过程的动力学方程为：

$$m(a'_x + a_x) = mg \sin\alpha \tag{5-15}$$

$$m(a'_y + a_y) = -mg \, \text{sos}\alpha \tag{5-16}$$

式中　a'_x——马铃薯抛离筛面后相对分离筛 x 方向的加速度，$\text{m} \cdot \text{s}^{-2}$；

　　　a'_y——马铃薯抛离筛面后相对分离筛 y 方向的加速度，$\text{m} \cdot \text{s}^{-2}$。

则马铃薯抛离筛面后相对分离筛的加速度分别为：

$$a'_x = k_1 r\omega^2 \sin\omega t \cos(\beta + \alpha) + g \sin\alpha \tag{5-17}$$

$$a'_y = k_2 r\omega^2 \sin\omega t \sin(\beta + \alpha) - g \cos\alpha \tag{5-18}$$

根据式(5-17)和式(5-18)可得到马铃薯抛离筛面后相对分离筛的速度为：

$$v'_x = v_{x,t_0} - k_1 r\omega \cos(\beta + \alpha)(\cos\omega t - \cos\omega t_0) + g(t - t_0)\sin\alpha \tag{5-19}$$

$$v'_y = -k_2 r\omega \sin(\beta + \alpha)(\cos\omega t - \cos\omega t_0) - g(t - t_0)\cos\alpha \tag{5-20}$$

式中　v'_x——马铃薯抛离筛面后相对分离筛 x 方向的速度，$\text{m} \cdot \text{s}^{-1}$；

　　　v'_y——马铃薯抛离筛面后相对分离筛 y 方向的速度，$\text{m} \cdot \text{s}^{-1}$；

　　　v_{x,t_0}——马铃薯抛离筛面瞬间相对分离筛 x 方向的初速度，$\text{m} \cdot \text{s}^{-1}$。

马铃薯抛离筛面后相对分离筛 y 方向的位移为：

$$s'_y = k_2 r\omega \sin(\beta + \alpha)(t - t_0)\cos\omega t_0 - k_2 r \sin(\beta + \alpha)(\sin\omega t - \sin\omega t_0) - \frac{1}{2}g(t - t_0)^2 \cos\alpha \tag{5-21}$$

式中　s'_y——马铃薯抛离筛面后相对分离筛 y 方向的位移，m。

当马铃薯抛离筛面后相对分离筛的位移 $s'_y = 0$ 时，马铃薯抛离筛面运动结束，回到分离筛上，据此可求得马铃薯落回筛面的时间 t'。假设马铃薯与分离筛间的恢复系数为 0，即碰撞后 y 方向的相对速度 $v'_y(t' + \Delta t) = 0$。根据动量定理，得：

$$v'_x(t' + \Delta t) = \begin{cases} 0, & |v'_x(t')| \leqslant -\mu v'_y(t') \\ v'_x(t') + \dfrac{v'_x(t')}{|v'_x(t')|} \mu v'_y(t'), & |v'_x(t')| > -\mu v'_y(t') \end{cases} \tag{5-22}$$

式中　$v'_x(t')$——马铃薯落至筛面瞬间相对分离筛 x 方向的速度，$\mathrm{m \cdot s^{-1}}$；

$\quad\quad v'_y(t')$——马铃薯落至筛面瞬间相对分离筛 y 方向的速度，$\mathrm{m \cdot s^{-1}}$；

$\quad\quad v'_x(t' + \Delta t)$——马铃薯与筛面碰撞后相对分离筛 x 方向的速度，$\mathrm{m \cdot s^{-1}}$。

将分离筛参数代入到式(5-19)~式(5-22)中，利用 Matlab 软件得到了筛面倾角为 7.7°、曲柄转速为 187.5r·min⁻¹ 和 225r·min⁻¹ 时马铃薯相对分离筛 x 方向的运动速度曲线分别如图 5-8、图 5-9 所示。

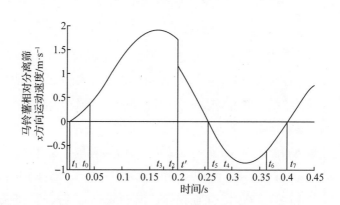

图 5-8　曲柄转速为 187.5r·min⁻¹ 时马铃薯相对分离筛 x 方向运动速度

由图 5-8 可知，曲柄转速为 187.5r·min⁻¹ 时，马铃薯在 t_0 时开始正向滑动，滑动至 t_0 时所受支持力 $F_N = 0$，开始抛离筛面，运动至 t' 时落回筛面，落至筛面瞬间由于碰撞及摩擦作用产生速度损失，速度降为 1.169m·s⁻¹，马铃薯继续正向滑动，滑动至 t_5 时正向滑动结束，由于 t_5 在反向滑动时间区域 (t_2, t_4) 内，马铃薯结束正向滑动随即开始反向滑动，滑动至 t_6 时所受支持力 $F_N = D$ 开始第二次抛离筛面运动，运动至 t_7 时运动速度开始转为正向。马铃薯经历了相对分离筛正向滑动、抛离筛面运动、正向滑动、反向滑动、再次抛离筛面的运动过程。

对比图 5-1 中马铃薯相对分离筛运动影像可以发现，田间试验中马铃薯相对分离筛的运动也经历了相对分离筛正向滑动、抛离筛面运动、正向滑动、反向滑动、再次抛离筛面的运动过程，与理论分析结果一致。

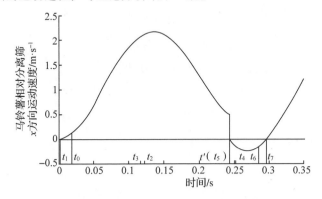

图 5-9　曲柄转速为 225r·min^{-1}时马铃薯相对分离筛 x 方向运动速度

由图 5-9 可知，曲柄转速为 225r·min^{-1}时，马铃薯在 t_1 时开始正向滑动，滑动至 t_0 时所受支持力 $F_N = 0$ 开始抛离筛面，运动至 t' 时落回筛面，落至筛面瞬间由于碰撞及摩擦作用产生速度损失，速度降为 0，由于 t' 在反向滑动时间区域 $(t_2，t_4)$ 内，马铃薯结束正向滑动即开始反向滑动，滑动至 t_6 时所受支持力 $F_N = 0$ 开始第二次抛离筛面运动，运动至 t_7 时速度开始转为正向。马铃薯经历了相对分离筛正向滑动、抛离筛面运动、反向滑动、再次抛离筛面的运动过程。

综合分析图 5-8、图 5-9 可知，曲柄转速为 187.5r·min^{-1}时马铃薯相对分离筛 x 方向的正向运动距离小于曲柄转速为 225r·min^{-1}时的正向运动距离，曲柄转速为 187.5r·min^{-1}时马铃薯相对分离筛 x 方向的反向运动距离大于曲柄转速为 225r·min^{-1}时的反向运动距离，因此，曲柄转速为 225r·min^{-1}时分离筛对马铃薯的输送能力强于曲柄转速为 187.5r·min^{-1}时的输送能力。

将分离筛参数代入到式(5-19)~式(5-22)中得到曲柄转速为 187.5r·min^{-1}、筛面倾角为 0.5°时马铃薯相对分离筛 x 方向的运动速度曲线如图 5-10 所示。

由图 5-10 可知，筛面倾角为 0.5°时，马铃薯在 t_1 时开始正向滑动，滑动至 t_0 时所受支持力 $F_N = 0$，开始抛离筛面，由于理论抛离高度仅为 0.006mm，马铃薯抛离筛面运动了 0.04s 于 t' 时落回筛面，落至筛面瞬间由于碰撞及摩擦作用产生速度

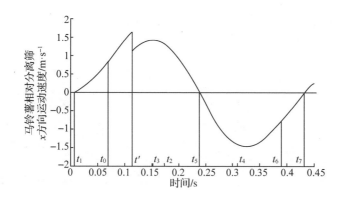

图 5-10 筛面倾角为 0.5°时马铃薯相对分离筛 x 方向运动速度

损失，速度降为 $1.105\mathrm{m} \cdot \mathrm{s}^{-1}$，马铃薯继续正向滑动，滑动至 t_5 时正向滑动结束，由于 t_5 在反向滑动时间区域（t_2，t_4）内，马铃薯结束正向滑动随即开始反向滑动，滑动至 t_6 时所受支持力 $F_N = 0$ 开始第二次抛离筛面运动，运动至 t_7 时运动速度开始转为正向。马铃薯经历了相对分离筛正向滑动、抛离筛面运动、正向滑动、反向滑动、再次抛离筛面的运动过程。

对比分析图 5-8、图 5-10 可知，筛面倾角为 0.5°时，马铃薯相对分离筛 x 方向的正向运动距离小于筛面倾角为 7.7°时的正向运动距离，筛面倾角为 0.5°时，马铃薯相对分离筛 x 方向的反向运动距离大于筛面倾角为 7.7°时的反向运动距离，因此筛面倾角为 7.7°时，分离筛对马铃薯的输送能力强于筛面倾角为 0.5°时的输送能力。

5.6 马铃薯相对分离筛运动过程的高速影像分析

为进一步验证理论分析结果，分别分析不同曲柄转速和筛面倾角时马铃薯相对分离筛运动过程影像。

筛面倾角为 7.7°的情况下，曲柄转速为 $150\mathrm{r} \cdot \mathrm{min}^{-1}$ 时马铃薯相对分离筛的运动过程如图 5-11 所示。

由图 5-11 可知，在曲柄转速为 $150\mathrm{r} \cdot \mathrm{min}^{-1}$ 的情况下，$t = 0.01\mathrm{s}$ 时，被标记的马铃薯处于相对滑动的初始位置，初速度为零，在分离筛反向运动的作用下，在 0.26s 时可以明显看到马铃薯相对分离筛正向滑动，正向滑动结束随即开始反向滑动，直至滑到0.46s所处的位置反向滑动结束，随即开始正向滑动至0.72s所处位置，如此反复连续运动。马铃薯正向滑动时间大于反向滑动时间，且正向滑动距离大于反向滑动距离，与理论分析一致。

t =0.01 s t =0.26 s

t =0.46 s t =0.72 s

图5-11　曲柄转速为150r·min^{-1}时马铃薯运动过程高速影像

筛面倾角为7.7°的情况下，曲柄转速为225r·min^{-1}时马铃薯相对分离筛的运动过程如图5-12所示。

t =0.347s t =0.426 s t =0.475 s

t =0.533 s t =0.668 s t =0.705 s

图5-12　曲柄转速为225r·min^{-1}时马铃薯运动过程高速影像

由图 5-12 可知，在曲柄转速为 225r·min⁻¹的情况下，$t = 0.347s$ 时，被标记的马铃薯初速度为零，处于正向滑动的初始位置，直至滑动至 0.426s 时马铃薯开始抛离筛面，运动至 0.475s 时达到最高点，而后于 0.133s 落至分离筛面，落至筛面随即开始反向滑动，反向滑动未结束随即于 0.668s 开始第二次抛离筛面运动，运动至 0.705s 时达到第二次抛离运动最高点。运动过程中马铃薯相对分离筛 x 方向正向运动距离明显大于反向运动距离，与理论分析一致。

对比图 5-1、图 5-12 可以发现，曲柄转速为 225r·min⁻¹时马铃薯在运动周期内向分离筛尾运动的距离大于曲柄转速为 187.5r·min⁻¹时的运动距离，说明曲柄转速为 225r·min⁻¹时分离筛的输送能力强于曲柄转速为 187.5r·min⁻¹时的输送能力，与理论分析结果吻合。

图 5-13　筛面倾角为 0.5°时马铃薯运动过程高速影像

筛面倾角为 0.5°的情况下，曲柄转速为 187.5r·min⁻¹时马铃薯相对分离筛的运动过程如图 5-13 所示。

由图 5-13 可知，在筛面倾角为 0.5°的情况下，$t = 0.34s$ 时，被标记的马铃薯初速度为零，处于正向滑动的初始位置，直至滑动至 0.42s 时马铃薯开始抛离筛面，由于马铃薯抛离高度极小，未见明显的抛离状态，马铃薯相对分离筛正向滑动至 0.57s 所示位置，正向滑动速度为零时开始反向滑动，反向滑动未结束随即于 0.68s 开始第二次抛离筛面运动。运动过程中马铃薯相对分离筛 x 方向正向运动距离大于反向运动距离，与理论分析一致。

对比图 5-1、图 5-13 可以看出，筛面倾角为 0.5°时马铃薯在运动周期内向分离筛尾运动的距离小于筛面倾角为 7.7°时的运动距离，说明筛面倾角为 7.7°时分离筛的输送能力强于筛面倾角为 0.5°时的输送能力，与理论分析结果吻合。

对比图 5-7 和图 5-11、图 5-1 和图 5-8、图 5-9 和图 5-12、图 5-10 和 5-13 可以发现，田间试验中马铃薯相对分离筛正反向运动时间与理论分析结果存在差异。主要原因是分离筛工作过程中分离筛杆及马铃薯上裹挟砂土，使马铃薯与分离筛间的摩擦系数不断变化；同时，由于马铃薯自身弹性及形状的影响，马铃薯与分离筛碰撞后能量耗散不完全，也是造成马铃薯相对分离筛运动时间的试验值与理论值之间存在差异的原因。

尽管如此，本章所建立的马铃薯相对分离筛运动过程的模型还是从理论上解释了马铃薯相对分离筛滑动和抛离筛面的运动过程，同时揭示了曲柄转速未达到临界转速而马铃薯抛离筛面的原因。

Chapter Six

第6章
基于虚拟样机技术
的马铃薯
在摆动分离筛上的
运动仿真研究

本章分别将 4SW-170 型马铃薯挖掘机摆动分离筛的虚拟样机模型导入到 AD-AMS、EDEM 和 RecurDyn 等软件中，对规则形状马铃薯模型、马铃薯柔性体、3D 扫描建立的马铃薯模型和动态图像技术建立的马铃薯模型在分离筛上的运动特性和碰撞损伤特性进行了仿真分析，获得了分离筛不同参数时马铃薯模型的运动和碰撞损伤规律。

6.1 基于 ADAMS 技术马铃薯在摆动分离筛上的运动学和动力学分析

6.1.1 摆动分离筛的结构与工作过程

摆动分离筛安装在马铃薯挖掘机的尾部，主要由筛架、吊杆、筛条和筛角调节板等构成，如图 6-1 所示。摆动筛的前吊挂杆下销轴与马铃薯挖掘机传动机构的连杆相连，前吊杆通过销轴吊挂在马铃薯挖掘机的机架上，筛角调节板在机架上的筛角调节支座上可自由调节，从而改变摆动分离筛的筛面倾角。

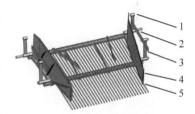

图 6-1 马铃薯挖掘机摆动分离筛

1. 前吊挂杆 2. 筛角调节板
3. 后吊挂杆 4. 筛架 5. 筛条

6.1.2 摆动分离筛虚拟样机模型

根据 4SW-170 型马铃薯挖掘机的实际结构，在 SolidWorks 中按照 1∶1 的比例，采用"自底向上"的模式对马铃薯挖掘机摆动分离筛进行三维实体建模。首先完成各零件的三维建模，再通过装配功能将零件模型依据零部件之间的装配关系，添加相应装配约束(如同轴、平行、重合等)进行模拟装配，最后装配各零部件生成摆动分离筛整体的实体模型，在此过程中，随时进行干涉检查。SolidWorks 能以 IGES 格式、STEP 格式和 Parasolid 格式将输出的装配体文件导入 ADAMS/View。经比较分析，本研究以 Parasolid 格式进行转换模型效果最好。

将摆动分离筛 SolidWorks 模型导入 ADAMS 后，机具模型的几何特征完全保留，但原有的装配关系都已经无效，只是提供了各构件的初始位置，各构件之间独立存在于 ADAMS 中，并不是具有现实意义的虚拟样机。所以，要在 ADAMS 中将零部件

"装配"成整体并设置实体模型的质量特性和约束，从而建立完整的虚拟样机模型。

6.1.2.1 导入模型

为了研究方便，将整机模型建立一个新配置，去掉无关的零部件，使模型简化为图 6-2 后，以 Parasolid 格式导入 ADAMS/View 中，图 6-3 为导入时的设置。

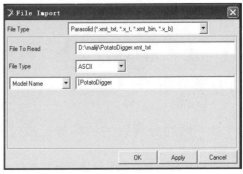

图 6-2　马铃薯挖掘机三维实体简化模型　　　　**图 6-3　ADAMS 中导入设置**

6.1.2.2 设置建模环境

在 ADAMS/View 模块中，选用笛卡尔坐标系（Cartesian）作为全局坐标。单位设定选用 MKS（m，kg，N，s，deg）选项，即长度、质量、力、时间及角度单位分别为 m、kg、N、s 和 deg。设置重力加速度沿 Y 轴负方向，大小为 9.807m · s^{-2}。设置工作栅格时选用直角坐标（Rectangular），栅格平面尺寸（Size）为 $X = 0.5$m、$Y = 0.5$m，其间距值（Spacing）为 0.005m，将栅格的圆点设在第一传动轴的左端处。

6.1.2.3 添加材料属性

模型的各个零件添加材料属性。所选用的材料均为碳钢类，根据 ADAMS 标准材料库：碳钢类材料的弹性模量 $E = 2.07 \times 10^5$N · mm^{-2}，密度 $\rho = 7.8 \times 10^{-6}$kg · mm^{-3}，泊松比 $\lambda = 0.29$。

6.1.2.4 添加约束副

由于 SolidWorks 模型导入 ADAMS 后，模型中原有的装配关系都已经无效，故需要使用 ADMAS 中的布尔加运算和约束副将它们连接起来，以定义物体之间的相对运动。利用 ADMAS 中的布尔加运算 🔩 将机架的各个零件组合，调用 ADAMS 中的 Revolution 命令中的固定副 🔒，将机架部装与大地之间创建固定副，再用布尔加运算将筛架部装、杆条式升运链的各个零件组合，仿真时它们成为一个整体一起运动，偏心轮与大地创建旋转副 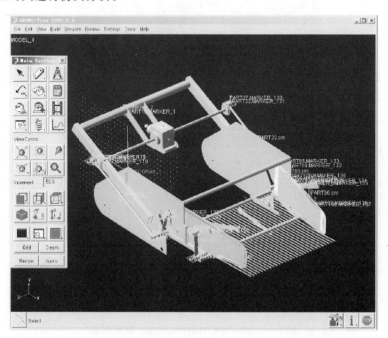，连杆、前后吊挂杆分别与其相对应销轴创建旋转副 。

6.1.2.5　添加驱动

设定偏心轮为原动件，在其旋转副上创建旋转驱动（Rotational Joint Motion）Motion-1 ，Function（time）为 $1620°/s$（$=270r \cdot min^{-1}$）。

6.1.2.6　ADAMS 模型自检

利用 ADAMS 自带的模型自检工具进行模型自检。自检是检查模型中不恰当的连接和约束、没有约束的构件、无质量构件、样机的自由度等。这项检验是从机械原理的角度对模型的综合评价，一般通过这项检验就可以进行仿真分析。

在 ADAMS/View 模型界面中单击菜单【Tools】→【Model Verify】，进行模型自检，系统会自动弹出自检信息窗口。由自检结果可以看出模型已通过自检，说明可以进行仿真试验了。

这样建立了完整的虚拟样机模型（图 6-4）。利用 ADAMS 的强大的动力学仿真功能可以对其进行仿真分析。

图 6-4　4SW-170 型马铃薯挖掘机摆动分离筛仿真模型

6.1.3　摆动分离筛虚拟样机仿真分析

虚拟样机模型建成后，对其进行仿真分析。选择仿真工具 ▦ 进行 1.2s，50 步的仿真分析。可选回放工具 ▦ 回放仿真过程。在 ADAMS/View 中可以设置仿真分析结果输出，包括模型的位移、速度、加速度、力、力矩以及它们的各个分量等。设置所需输出后，经过仿真分析，ADAMS/Solver 求解之后，可获得仿真结果。选择 ▦ 启动后处理模块 ADAMS/PostProcessor，在该程序界面内可以重现仿真过程和绘制仿真分析曲线。

图 6-5 为摆动分离筛样机模型经仿真分析后，在后处理模块中绘制的仿真分析输出结果，即摆动筛质心的位移、速度、加速度曲线图。图 6-6 ~ 图 6-8 是上筛筛面中心线 P_1 点（前端）、P_2（中点）、P_3 点（末端）和上筛质心处位移仿真结果。

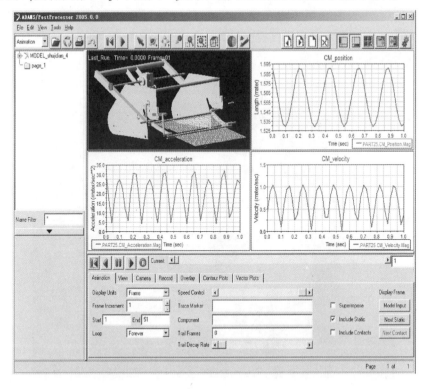

图 6-5　ADAMS/PostProcessor 程序界面

6.1.3.1 摆动分离筛筛面上不同点的位移仿真分析

启动 ADAMS 仿真命令，输出各点 x、y 方向的位移和合成位移，如图 6-6 ~ 图 6-8 所示，由图可知：①筛面由前到后各点在 x 方向的位移逐渐增大，使得筛上物在筛面后端能够很好地被抛出筛面；②筛面由前到后各点在 y 方向的位移的绝对值也是逐渐增大；③在 x 方向的位移要远远大于在 y 方向的位移；④筛面由前到后各点合成位移逐渐增大。

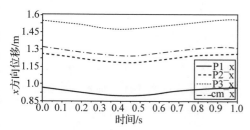

图 6-6　筛面各点 x 方向位移　　　　图 6-7　筛面各点 y 方向位移

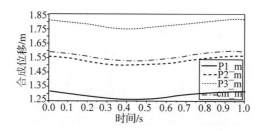

图 6-8　筛面各点合成位移

6.1.3.2 摆动分离筛筛面上不同点的速度仿真分析

上述四点 x 方向的速度 v_x、y 方向的速度 v_y 和合成速度 v 如图 6-9 ~ 图 6-11。由图可知：①筛面由前到后各点的 v_x 随时间的变化规律相同，在同一时刻，筛面由前至后速度逐渐减小；②筛面由前到后各点的 v_y 值基本不变；③筛面由前到后各点的合成速度 v 随时间的变化规律相同，在同一时刻合成速度的大小也几乎相等。

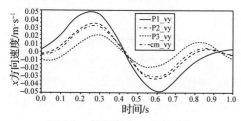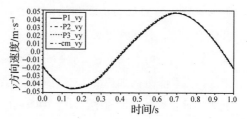

图 6-9　筛面各点 x 方向速度　　　　图 6-10　筛面各点 y 方向速度

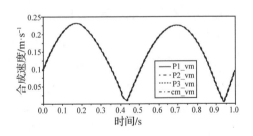

图 6-11　筛面各点合成速度

6.1.3.3　摆动分离筛筛面上不同点的加速度仿真分析

由于分离筛上马铃薯的运动状态直接影响分离筛的筛分效率和分离质量，而马铃薯在筛面上的运动形式和运动方向是由分离筛加速度的大小和方向所决定的，所以，本研究对分离筛筛面加速度的大小以及加速度的方向进行仿真分析。

（1）上述四点在 x 方向的加速度 a_x、y 方向的加速度 a_y 和合成加速度 a 如图 6-12～图 6-14 所示。

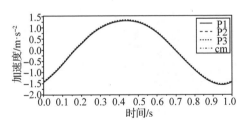

图 6-12　筛面各点加速度 a_x

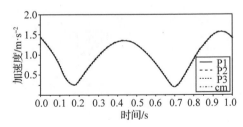

图 6-13　筛面各点加速度 a_y

由图可知：①筛面各点的 a_x 随时间的变化规律一致，且在同一时刻 a_x 的大小几乎相等。a_x 的正负变化可使导致筛面上的马铃薯向前和向后滑动；②a_y 影响马铃薯在筛面上的跳跃和透筛运动，其值为正时，会导致马铃薯在筛面上跳跃，其值为负时，马铃薯会紧贴分离筛筛面，利于薯土分离。在筛面上由前向后，

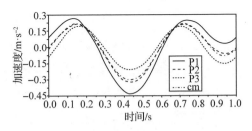

图 6-14　筛面各点合成加速度 a

上述四点垂直方向加速度 a_y 逐渐减小；③在同一时刻，上述四点水平方向的加速度远大于垂直方向的加速度；④上述四点的合成加速度的大小以及随时间的变化规律基本相同。

根据②③分析来看，马铃薯在筛面前部跃起的概率大于在筛面后部跃起的概率，由于薯土混合物刚落到筛面前部时，薯土混合物中土壤含量较多，所以，只要确保跳跃高度较小，也不易导致薯皮损伤，同时还利于土壤破碎和过筛，在筛面尾部，虽然经筛面前部不断分离薯土，薯土混合物中的土壤逐渐减少，但由于筛面尾部垂直方向加速度减小，利于减少薯皮损伤。

（2）加速度方向角的设置、测量与分析，设筛面上任意一点的加速度方向与 x 轴所夹锐角为加速度方向角 λ，其计算公式为：

$$\lambda = \arctan \frac{a_y}{a_x} \tag{6-1}$$

在 ADAMS/PostProcessor 模块中计算 λ 值，并以图的形式输出。由于筛面各点的 a_x、a_y 随时间变化曲线相近，故以 P_1 点为例，其 a_x、a_y 随时间变化曲线和 λ 值随时间变化的曲线如图 6-15、图 6-16 所示。

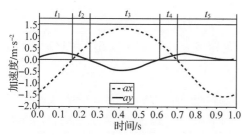

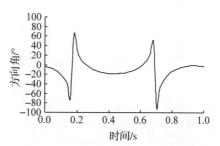

图 6-15 a_x、a_y 随时间变化曲线　　　　图 6-16 λ 值随时间变化的曲线

按照 λ 所处的象限分析可以看出：①在时间 t_1、t_5 内 a_x 为负、a_y 为正，λ 处于第二象限；②在时间 t_2、t_4 内 a_x 与 a_y 均为正，λ 处于第一象限，但加速度的值很小，经历的时间也非常短；③在时间 t_3 内 a_x 为正、a_y 为负，λ 处于第四象限；④λ 不出现在第三象限。

6.1.4　马铃薯在摆动分离筛筛面上运动轨迹的仿真研究

根据薯土分离的实际过程可知，马铃薯在筛面上的运动包括在筛面上的滑动和跃起两种运动状态。在薯土分离过程中，马铃薯在筛面上主要存在向前和向后滑动，前滑大于后滑时，马铃薯向前运动；前滑小于后滑，马铃薯向后运动，逐步移向分离筛尾部并落到地面，所以，应该设法保证向后运动大于向前运动的情况。本研究基于摆动分离筛的虚拟样机模型，先不考虑薯土混合物中土壤的影响，只对马铃薯在筛面上的运动规律进行仿真研究。

6.1.4.1 在虚拟样机中添加物料

在摆动分离筛虚拟样机模型中，添加物料的虚拟样机模型为物料元。对于所添加的物料元，在本研究中作如下简化和设定：

（1）物料元的尺寸和形状。据统计，我国马铃薯主要品种薯形一般有圆、扁圆、卵、扁卵、椭圆、长椭圆、短筒形和长筒形等，采用长 a、宽 b、厚 c 来描述马铃薯块茎形状和尺寸特性。圆球形块茎 $a \approx b \approx c$，椭球形块茎 $a > b > c$。针对圆球形薯块，将物料元设定为圆球形，直径为 50mm。

（2）物料的密度为薯块容重 700kg · m^{-3}，由于马铃薯形状已经确定，则其质量一定。

（3）根据实际薯土分离过程，将物料元的初始高度设定为距离筛面 149mm。相当于从马铃薯挖掘机杆条式升运链末端进入到摆动分离筛前端时的情况。

（4）在物料元与上、下筛面之间分别创建平面约束副 。

（5）在物料元与上、下筛面之间分别创建碰撞力（contect） ，按照图 6-17 所示，设置物料元与筛面的碰撞。

（6）在分离筛虚拟样机模型中创建传感器（sensor）。由于在此主要研究马铃薯在筛面上的运动，因此，创建传感器使马铃薯离开筛面后停止仿真。先使用对象测量（measure），测量的实体为物料，测量点为物料质心（CM）。测量物料质心沿 Y 轴方向的位置，将测量的名称定为 wuliao。Simulate 中选择 sensor 创建传感器。使物料离开筛面后停止仿真的传感器表达式为：wuliao_ position_ y。激发操作的标准数值设定为 0.65。数值比较方式选择 Lessthan orequal，即小于或等于。标准操作选择 Terminate current step and stop，即结束仿真分析，由实际薯土分离过程可获得马铃薯从升运链落至上筛面前端到离开下筛面所用的时间。

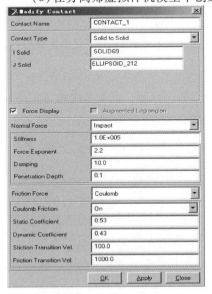

图 6-17　物料与筛面碰撞的设定

6.1.4.2 马铃薯在分离筛上运动轨迹分析

由第 5 章对分离筛上马铃薯运动分析可知，分离筛运动的加速度比 $K = \dfrac{r\omega^2}{g}$ 对马铃薯在筛面上的运动状态具有决定性作用，所以，在虚拟仿真分析中，必须考虑 K 值对马铃薯在筛面上运动的影响，研究马铃薯在筛面上的运动状态与加速度比 K 之间的关系。

在分离筛虚拟样机模型中，设定曲柄长度为 35mm，根据公式 $K = \dfrac{r\omega^2}{g}$，选择 K 取不同的值，同时还应考虑不同薯形和大小对马铃薯在分离筛面上运动状态的影响。由于上、下分离筛是联动的，且运动规律基本相同。在此，本研究只对马铃薯在上分离筛的运动进行仿真分析。

（1）圆球形和椭球形马铃薯的运动曲线

为了便于研究，最初我们将马铃薯的外形假设为圆球形和椭球形两种，分别对圆球形和椭球形马铃薯进行仿真研究，得到马铃薯在筛面上的位移和速度曲线，如图 6-18、图 6-19 所示。从图 6-18 位移曲线可以看出，圆球形马铃薯离开筛面的时间要早于椭球形马铃薯，说明圆球形马铃薯在筛面上运动的时间比椭球形马铃薯短；从图 6-19 速度曲线也可以得到同样的结论；由图 6-19 可以看出，在开始阶段，圆球形马铃薯和椭球形马铃薯向筛面尾部移动速度的大小和变化趋势相近，但由图 6-18 和图 6-19 均可看出，圆球形马铃薯在筛面上的时间较椭球形马铃薯的时间短，所以，在分离过程中圆球形薯块所受的表皮损伤比椭圆形薯块少。

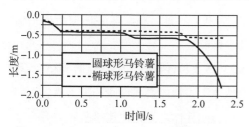

图 6-18　圆球形与椭球形马铃薯位移曲线

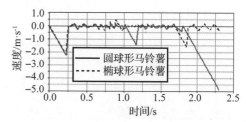

图 6-19　圆球形与椭球形马铃薯速度曲线

（2）不同质量马铃薯的运动曲线

为了研究不同质量对马铃薯在筛面上运动状态的影响，本研究选择大（约每颗 350g）、中（约每颗 250g）、小（约每颗 150g）3 类不同质量马铃薯进行仿真分析，仿真结果如图 6-20 所示。从图 6-20 可以看出，分离过程中，中、小两类马铃薯的运动轨迹相近，且在筛面上的时间很接近。在筛面前部，大、中、小三类马铃薯在筛面上的运动状态相近，但大马铃薯在筛面上运动需时间较长。所以大薯块要比中、小薯块易导致蹭皮损伤和碰撞损伤。

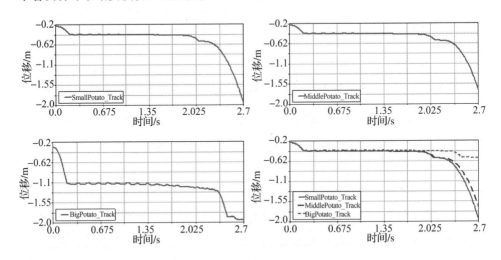

图 6-20　大中小马铃薯运动轨迹

6.2　基于曲面造型技术的柔性体马铃薯虚拟仿真分析

6.2.1　添加马铃薯

由于马铃薯本身并不是纯刚体，在分离过程中存在一定的变形。在第 4 章，本研究团队利用 ANSYS 对马铃薯进行了有限元分析。在此，在对马铃薯进行虚拟仿真分析时，采用在有限元分析中的柔性体马铃薯模型。

将已经建好的柔性体马铃薯模型导入 ADAMS 虚拟样机软件中，根据 ADAMS 系统要求，需要在柔性体和其他的刚性体或柔性体和柔性体之间创建约束关系，还需要在柔性体上施加载荷等。如果直接在柔性体与刚性体之间创建连接关系，有很多限制条件需要考虑，例如，柔性体与刚性体之间不能进行柔性连接等。为了解决这一问题，可以创建一种虚构件，通过虚构件建立柔性体与其他刚性体之间的关系。

具体方法如下：将基于 ProE 5.0 建立好的马铃薯三维实体模型，以 Parasolid 格式导入到 ADAMS 虚拟样机软件中，编辑马铃薯模型的材料属性，将马铃薯的质量和惯性矩设置为 0，仅仅保留马铃薯虚构件的外观。由于虚构件没有任何质量信息，因此，不会对模型的分析结果带来影响。

（1）导入马铃薯的有限元模型

在建立好的马铃薯摆动分离筛的虚拟样机模型中，通过柔性体模块（ADAMS/AutoFlex）导入已建立的马铃薯有限元模型（即 MNF 文件），从而创建马铃薯的柔性体模型。在 ADAMS 中单击菜单 Build→Flexible Bodies→ADAMS/Flex，对其进行如图 6-21 所示的设置，单击 OK 按钮，即可导入马铃薯有限元模型。

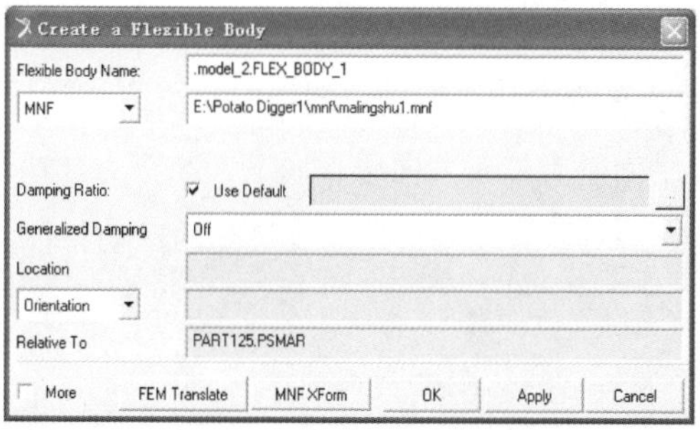

图 6-21　导入的马铃薯有限元模型的参数设置

（2）编辑柔性体

根据摆动分离筛实际工况速度，编辑马铃薯的初始速度，同时将马铃薯的阻尼设置为 0.01。

（3）添加固定约束

在柔性体马铃薯与之前已经建立好的虚拟构件之间添加固定约束。

（4）添加碰撞

根据摆动分离筛实际工况，马铃薯块茎在摆动筛上进行二次分离过程中，将会与分离筛的筛面、侧板等零部件进行多次碰撞，同时，马铃薯之间也会发生碰撞。因此，在建立摆动分离筛虚拟样机模型过程中，应在马铃薯模型与筛架的各个零件之间及马铃薯与马铃薯之间添加碰撞。马铃薯在分离面上的运动过程仿真模型如图6-22 所示。

图 6-22　仿真模型

6.2.2　分离过程仿真分析

在已建立的虚拟样机模型下，对其进行仿真分析。分析摆动分离筛及马铃薯分别在不同转速、不同筛面倾角下的运动规律，从而揭示摆动分离筛及马铃薯在摆动分离筛上的运动特性。

建立如图 6-22 的坐标系，其中：

X——在水平面内，正方向从筛面的前端指向后端；

Y——在水平面内，正方向从筛面的右侧指向左侧；

Z——与 XY 所在平面垂直，正方向竖直向下，与重力加速度的方向一致。

为了研究 4SW-170 型马铃薯挖掘机摆动分离筛的运动特性，主要从以下两个方面入手：

(1)研究摆动分离筛在空载状态下的运动特性。

(2)研究摆动分离筛在添加柔性体马铃薯后的运动特性以及马铃薯自身的运动特性。

6.2.2.1　仿真结果验证

为了验证该虚拟样机模型仿真结果的正确性，将仿真结果与相同试验条件下的试验结果进行对比分析。考虑到马铃薯在分离过程中发生的碰撞会直接影响分离效果，同时，碰撞也是导致马铃薯表皮损伤的主要原因之一。因此，这里采用马铃薯碰撞过程中的平均加速度作为特征值，对仿真结果和试验结果进行对比。

为了便于研究，第一次在摆动分离筛筛面上只添加一个马铃薯，分别测出在摆动分离筛不同摆动频率(对应动力输入转速为 $200\mathrm{r}\cdot\mathrm{min}^{-1}$、$320\mathrm{r}\cdot\mathrm{min}^{-1}$、$540\mathrm{r}\cdot\mathrm{min}^{-1}$ 和 $580\mathrm{r}\cdot\mathrm{min}^{-1}$)下马铃薯在分离筛面上的加速度，然后分别找出每次碰撞中的最大加速度，对其取平均值。同样采取求平均值的方法，获得相应试验中马铃薯的最大平均加速度，比较结果如图 6-23(a)所示。

第二次在摆动筛添加多个不同形状的马铃薯(共 15 个马铃薯)，以其中一个椭球形马铃薯为研究对象，分别在上述 4 个不同摆动频率下测取该马铃薯的加速度，然后分别找出每次碰撞中的最大加速度，对各最大加速度取平均。获得相应试验中的最大平均加速度，比较结果如图 6-23(b)所示。

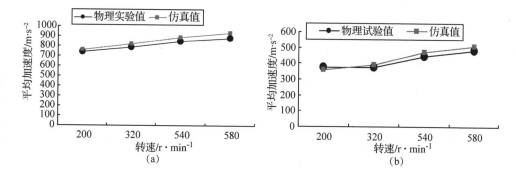

图 6-23 仿真结果与试验结果的比较

（a）单个椭球形马铃薯在不同转速下的平均加速度　（b）多个马铃薯在不同转速下的平均加速度

由图 6-23 可以看出，马铃薯在分离筛面上运动时，其平均最大加速度随摆动分离筛摆动频率的增加呈逐渐上升趋势，且仿真结果与试验结果变化趋势基本吻合，两者的差异较小，研究结果表明，所建立的柔性体马铃薯仿真模型是正确的。

造成仿真结果与试验结果存在差异的主要原因有以下几个方面：

（1）在进行仿真研究时，马铃薯的初始速度是根据升运链自身结构以及输送链的线速度等计算而得到的，反映的是实际田间收获过程中，马铃薯离开升运链时的速度；而在进行试验时，由人工模仿马铃薯离开升运链落到分离筛上的速度抛送在分离筛面上，很难保证抛送速度和实际分离过程中马铃薯落到筛面上的速度一致，必然会导致了仿真结果与试验结果出现差异。

（2）在试验的过程中，会有一些随机因素的影响，也会导致仿真结果与试验结果出现差异。

（3）在进行仿真试验时，在 ADAMS 环境下，没有外界环境的干扰，也没有考虑空气阻力等的影响，与实际试验条件有所不同，从而也会导致误差的产生。

6.2.3 柔性体马铃薯在摆动分离筛筛面上的运动仿真

摆动分离筛本身的运动特性以及非柔性体马铃薯在分离筛上的运动特性已在 6.1 节进行了研究。在此，只针对柔性体马铃薯在摆动分离筛面上的运动特性进行仿真分析。

本研究以摆动筛的筛面倾角和摆动频率作为试验因素，根据马铃薯挖掘机摆动分离筛的实际，本研究选筛面倾角分别为 5.8° 和 14.0° 两个水平，输入转速取

$220r \cdot min^{-1}$、$260r \cdot min^{-1}$、$300r \cdot min^{-1}$、$340r \cdot min^{-1}$、$380r \cdot min^{-1}$、$420r \cdot min^{-1}$、$460r \cdot min^{-1}$、$500r \cdot min^{-1}$、$540r \cdot min^{-1}$ 和 $580r \cdot min^{-1}$ 十个水平，依次对其进行仿真分析，分别测出柔性体马铃薯在分离筛面上运动的速度和加速度。

此外，为了探究在分离过程中柔性体马铃薯之间的相互作用对分离过程的影响，将仿真分成两组，第一组只在摆动分离筛面上添加 1 个柔性体马铃薯，观察马铃薯的运动状态；第二组在原有 1 个马铃薯的基础上，再添加 14 个马铃薯，观察马铃薯群体在分离筛面上的运动状况。

6.2.3.1 柔性体马铃薯的速度仿真分析

第一组仿真试验：分别在筛面倾角为 5.8° 和 14.0° 的条件下，在摆动分离筛面上添加 1 个马铃薯。

图 6-24 为当筛面倾角为 5.8°时，柔性体马铃薯在不同输入转速下 x 方向速度的变化规律。

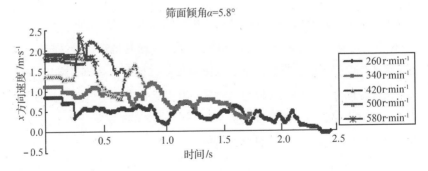

图 6-24　筛面倾角为 5.8°时单个马铃薯在不同输入转速下 x 方向速度的变化规律

由图 6-24 可以看出，当马铃薯挖掘机的输入转速为 $260r \cdot min^{-1}$ 时，柔性体马铃薯在分离筛面上 x 方向的速度随着时间的增加变化较小，且在仿真过程中发现，柔性体马铃薯有向筛面前端移动的趋势，不利于提高分离筛的分离效率，且会造成筛面上出现薯土混合物堆积现象。为了保证在筛面上不产生薯土混合物堆积现象，可能需要降低机器的前进速度，从而必然会降低马铃薯挖掘机的生产率。此外，若种植地属于砂土地，虽然不会在筛面上出现严重的薯土混合物堆积现象，但是，由于马铃薯在分离筛面上的时间会增加，马铃薯与分离筛及马铃薯之间的碰撞次数会增加，必然会导致马铃薯表皮损伤率的增加。

由图 6-24 可以看出，随着分离筛输入转速的增大，在筛面 x 方向马铃薯的速度也在增大，马铃薯在分离筛面停留的时间在逐渐在减小，但从马铃薯在分离筛面上的停留时间来看，在一定转速范围内，马铃薯的损伤率会随着输入转速的增大而减小，但可能会降低薯土混合物的分离效果。由图 6-25 可以看出，无论在哪个输入转速下，马铃薯在筛面尾部的速度较分离筛面前端小，因此当筛面倾角为 5.8°时，不利于提高薯土混合物的分离效果。

图 6-25 是当筛面倾角为 14.0°时，柔性体马铃薯在不同输入转速下 x 方向速度随时间的变化规律。

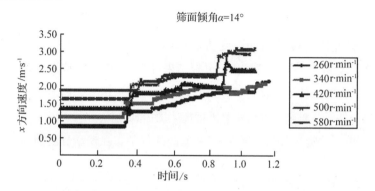

图 6-25 筛面倾角为 14.0°时单个马铃薯在不同输入转速下 x 方向速度的变化规律

由图 6-25 可以看出，在不同输入转速下，柔性体马铃薯在分离筛面 x 方向速度随时间的增加呈上升的趋势。因此，柔性体马铃薯在摆动分离筛分离过程中，在筛面前端柔性体马铃薯沿 x 方向的移动速度相对较小，而当马铃薯移动到摆动分离筛的后端时，土壤减少，马铃薯向后移动的速度增大，使马铃薯尽快离开筛面，利于降低马铃薯的损伤率，因此，这种条件有利于提高薯土混合物的分离效果。

由图 6-25 可以看出，随着分离筛输入转速的增大，柔性体马铃薯沿筛面 x 方向的速度整体呈上升趋势。为了进一步研究马铃薯沿 x 方向速度与输入转速之间的关系，分别对不同输入转速下柔性体马铃薯沿 x 方向速度求平均值，最后绘制出 x 方向平均速度随输入转速变化的散点图，并进行曲线拟合，结果如图 6-26 所示。

由图 6-26 可以看出，柔性体马铃薯沿筛面 x 方向平均速度随输入转速的增大呈线性增大的趋势。

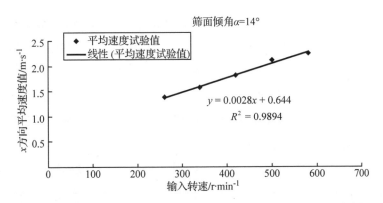

图 6-26　筛面倾角为 **14.0°** 时单个马铃薯 *x* 方向平均速度随输入转速的变化规律

6.2.3.2　柔性体马铃薯的加速度仿真分析

由上述柔性体马铃薯的速度仿真分析结果可知，马铃薯挖掘机摆动分离筛在筛面倾角为 14.0° 的条件下，有利于薯土混合物的分离。因此，本研究只对筛面倾角为 14.0° 的条件下，对柔性体马铃薯进行加速度仿真分析。

第一组仿真试验：在筛面倾角为 14.0° 的条件下，在摆动分离筛面上添加 1 个马铃薯。

图 6-27 为当筛面倾角 14.0°，输入转速分别取 220r · min^{-1}、260r · min^{-1}、300r · min^{-1}、340r · min^{-1}、380r · min^{-1}、420r · min^{-1}、460r · min^{-1}、500r · min^{-1}、540r · min^{-1} 和 580r · min^{-1} 时，单个马铃薯在筛面上的加速度峰值平均值的变化规律。

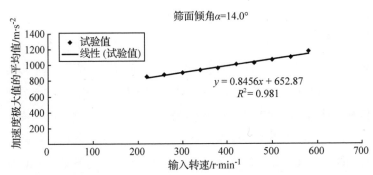

图 6-27　单个马铃薯在分离筛面 *x* 方向加速度峰值的变化规律

由图 6-27 可以看出，随分离筛输入转速的增大，马铃薯在筛面上运动的加速度呈线性增大。

第二组仿真试验：在筛面倾角为 14.0°的条件下，在原摆动分离筛筛面上只有 1 个马铃薯的基础上，再添加 14 个马铃薯，观察马铃薯群体中其中一个特征马铃薯的运动情况以及加速度的变化规律。

图 6-28 是当筛面倾角为 14.0°，输入转速分别取 220r·min⁻¹、260r·min⁻¹、300r·min⁻¹、340r·min⁻¹、380r·min⁻¹、420r·min⁻¹、460r·min⁻¹、500r·min⁻¹、540r·min⁻¹和 580r·min⁻¹时，马铃薯在筛面上运动的加速度平均值的变化规律。

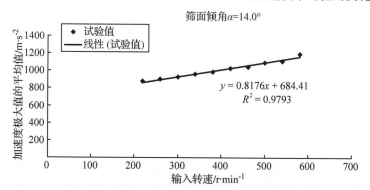

图 6-28   马铃薯在分离筛上加速度的变化规律

由图 6-28 可以看出，分离过程中，在马铃薯群体相互作用下，马铃薯在分离筛面上的加速度随输入转速的增大呈线性增大。

将两组仿真试验结果进行比较，不难发现，摆动分离筛在同一输入转速下，在分离过程中，马铃薯群体的加速度比单个的加速度大，这主要是由于当分离筛面上有多个马铃薯时，马铃薯之间也将会发生碰撞，马铃薯之间的碰撞会导致加速度值增大。因此，马铃薯群体之间的相互作用，在一定程度上会增加马铃薯表皮损伤。

结合之前的理论分析，根据马铃薯在不同筛面倾角下后移的条件可知，仿真结果与理论分析基本吻合，即筛面倾角较小时薯土分离效果较差；而随着马铃薯筛面倾角的增大，筛分效果逐渐变好。

通过对理论分析和仿真结果进一步分析可知，当摆动分离筛的筛面倾角在 14.0°左右时，基本符合薯土混合物分离要求。

不合理的输入转速会导致马铃薯在分离过程中前移量较大，出现这种情况后，一方面马铃薯在筛面上的停留时间较长，造成薯土混合物在筛面出现堆积现象，影响薯土分离，同时也降低了分离效率，另一方面也会使马铃薯在反复前后移动过程中，增加其表皮损伤率。由田间试验结果可见，当输入转速达到 580r·min^{-1}后，马铃薯挖掘机在工作过程中会产生较强振动，影响挖掘机工作的稳定性，同时也会加速摆动筛分离装置易损零部件的损坏。

通过以上分析，建议 4SW-170 型马铃薯挖掘机工作过程中，在满足分离效果的条件下，尽量选择较大筛面倾角，当筛面倾角在 14.0°左右的情况下进行挖掘作业时，马铃薯挖掘机的输入转速控制在 260~540r·min^{-1}之间，有利于薯土混合物的分离以及挖掘机的稳定工作。

6.3 基于3D扫描技术的马铃薯在摆动分离筛面上的运动仿真

为进一步分析摆动分离筛的运动和结构参数对筛面上马铃薯平均速度的影响，本节利用 EDEM 软件，对形状不规则马铃薯在筛面的平均速度进行仿真。

6.3.1 仿真试验设计

马铃薯在分离筛面上的运动主要受分离筛运动和结构参数的影响，分离筛参数主要包括筛面倾角、曲柄转速、摆动方向角和曲柄半径等。通过田间预试验可知，当机器前进速度在 0.8~1.2km·h^{-1}时，马铃薯挖掘机能够正常工作，故选择机器前进速度为 0.8km·h^{-1}、1km·h^{-1}和 1.2km·h^{-1}三个水平，通过测定，对应前进速度下的曲柄转速分别为：160r·min^{-1}、180r·min^{-1}和 210r·min^{-1}，计算出对应摆动分离筛的摆动频率分别为：2.7Hz、3.0Hz 和 3.5Hz；通过改变摆动分离筛的结构参数，选择筛面倾角分别为：4.7°、7.6°和 9.7°；由于机器结构参数限制，曲柄半径不得低于30mm，所以，为了分析曲柄半径对马铃薯运动特性的影响，分别选择曲柄半径为35mm、40mm 和 45mm；选择摆动方向角为：16.8°、17.8°和 18.8°。

设置马铃薯与摆动分离筛的物理参数及力学参数见表 6-1 和表 6-2。首先在 Solidworks 软件中建立摆动分离筛虚拟模型，存为 .step 格式后，导入到 EDEM 软件中进行仿真。

表 6-1   材料属性

	泊松比 υ	剪切模量 G/Pa	密度 ρ/kg·cm^{-3}
马铃薯	0.36	1.99×10^6	1120
钢	0.28	7.9×10^{10}	7800

表 6-2   材料接触系数

	恢复系数	静摩擦系数	滚动摩擦系数
马铃薯与钢	0.42	0.41	0.03
马铃薯与马铃薯	0.31	0.39	0.04

在 EDEM 软件中添加材料属性，对所需参数进行设置，包括：密度、泊松比、剪切强度以及马铃薯与马铃薯之间、马铃薯与筛体之间的接触摩擦系数、碰撞恢复系数，见表 6-2。根据雷利时间步长的计算公式，$T_R = \pi R \sqrt{\rho/G}/(0.1631\upsilon + 0.8766)$，在仿真分析时，软件自动计算雷利步长，取 0.0003s 作为时间步长，设置仿真模型实际的工作和结构参数，通过改变分离筛参数，进行单因素仿真试验。仿真过程如图 6-29 所示。

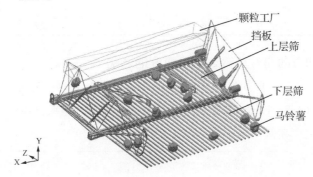

图 6-29   马铃薯在摆动分离筛上运动仿真过程

6.3.2   试验结果及分析

6.3.2.1   筛面倾角对马铃薯平均速度的影响

曲柄转速为 180r·min^{-1}，曲柄半径为 35mm，摆动方向角为 16.8°的情况下，不同筛面倾角时马铃薯在分离筛面上平均速度的变化曲线如图 6-30 所示。

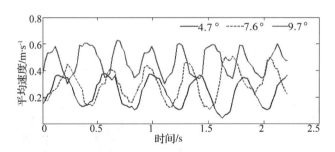

图 6-30　不同筛面倾角下马铃薯在筛面上的平均速度

根据图 6-30 的数据结果可得到马铃薯在分离筛面上的平均速度值见表 6-3。由表 6-3 可知，随着筛面倾角的增加，马铃薯平均速度变化幅度逐渐增大。主要原因是筛面倾角增加时，马铃薯重力的切向分量增大，导致马铃薯向分离筛尾移动速度增大，马铃薯在分离筛面上的运动时间变短，最终导致马铃薯平均速度增大。

表 6-3　不同筛面倾角时马铃薯的平均速度

曲柄半径 /mm	摆动频率 /Hz	摆动方向角 /°	筛面倾角 /°	摆动强度 /K	平均速度 v/m·s^{-1}
35	3.0	16.8	4.7°	1.27	0.06
35	3.0	16.8	7.6°	1.27	0.13
35	3.0	16.8	9.7°	1.27	0.29

6.3.2.2　摆动方向角对马铃薯平均速度的影响

筛面倾角为 9.7°，曲柄半径为 35 mm，摆动频率为 3.0 Hz 的情况下，选取摆动方向角分别为 16.8°、17.8°和 18.8°进行仿真，得到马铃薯在分离筛上的平均速度变化曲线如图 6-31 所示。

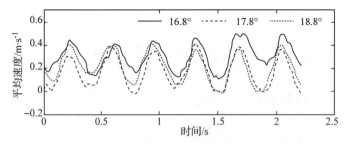

图 6-31　不同摆动方向角下马铃薯在筛面上的平均速度

由图 6-31 可知，在筛面倾角、曲柄半径、摆动频率一定的情况下，摆动方向角越大，马铃薯在分离筛面上的速度越小。马铃薯在摆动分离筛面上的平均速度见表 6-4。

表 6-4　不同摆动方向角时马铃薯的平均速度

曲柄半径/mm	摆动频率/Hz	筛面倾角/°	摆动方向角/°	摆动强度/K	平均速度 v/m·s^{-1}
35	3.0	9.7	17.8	1.27	0.24
35	3.0	9.7	18.8	1.27	0.19

结合表 6-3、表 6-4 可知，当摆动方向角取值分别为 16.8°、17.8° 和 18.8° 时，马铃薯在摆动分离筛面上的平均速度分别为：0.29m·s^{-1}、0.24m·s^{-1} 和 0.19m·s^{-1}。在实际马铃薯收获作业过程中，当土壤含水率较低时，选择较小的摆动方向角，可减小马铃薯与筛面相互作用的时间，从而获得较高的平均速度，故选择摆动方向角 16.8° 为宜。

6.3.2.3　摆动频率对马铃薯平均速度的影响

曲柄半径为 35 mm，摆动方向角为 16.8°，筛面倾角为 9.7° 的情况下，选择曲柄转速分别为 160r·min^{-1}、180r·min^{-1} 和 210r·min^{-1}（对应摆动频率分别为 2.7Hz、3.0Hz 和 3.5Hz）。不同摆动频率下，马铃薯平均速度的变化曲线如图 6-32 所示。

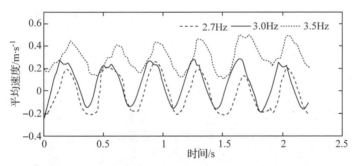

图 6-32　不同摆动频率时马铃薯在筛面上平均速度

通过理论和试验分析，求得马铃薯平均速度见表 6-5。

表 6-5　不同摆动频率时马铃薯平均速度

曲柄半径/mm	筛面倾角/°	摆动方向角/°	摆动频率/Hz	摆动强度 K	平均速度 v/(m·s^{-1})
35	9.7	16.8	2.7	1.00	0.25
35	9.7	16.8	3.5	1.73	0.33

由表 6-5 可知，随着摆动频率的增加，摆动分离筛的摆动强度增大，马铃薯在筛面上运动剧烈程度增加，其平均速度逐渐增大。当摆动频率为 3.5Hz 时，马铃薯在筛面上的平均速度为 0.33m·s^{-1}；当摆动频率为 2.7Hz 时，马铃薯在筛面上的平均速度为 0.25m·s^{-1}。马铃薯收获过程中，过小的摆动频率不利于薯土混合物分离，过大的摆动频率虽然利于薯土混合物的分离，但易导致马铃薯表皮损伤率的增加，故选择摆动频率为 3.0~3.5Hz 较为合适。

6.3.2.4 曲柄半径对马铃薯平均速度的影响

当摆动分离筛的筛面倾角为 9.7°，摆动方向角为 16.8°，摆动频率为 3.0Hz 时，选取曲柄半径为 35mm、40mm、45mm 进行仿真模拟，得到马铃薯的平均速度变化曲线如图 6-33 所示。

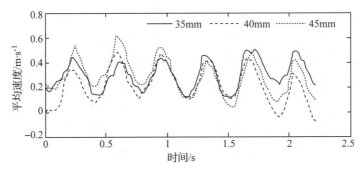

图 6-33　不同曲柄半径时马铃薯在筛面上的平均速度

通过上述分析，可求出马铃薯在摆动分离筛面上的平均速度见表 6-6。

表 6-6　不同曲柄半径时马铃薯在筛面上的平均速度

曲柄半径/mm	摆动频率/Hz	筛面倾角/°	摆动方向角/°	摆动强度/K	平均速度 v/m·s^{-1}
40	3.0	9.7	16.8	1.45	0.26
45	3.0	9.7	16.8	1.63	0.45

结合表 6-3~表 6-6 可知，当曲柄半径为 40mm，马铃薯平均速度最小，原因是马铃薯在摆动分离筛面上发生微小跳跃运动，马铃薯跃起后落回筛面时，马铃薯与筛杆发生碰撞，此时摆动分离筛位于促使马铃薯相对筛面反向运动的角度范围，故容易发生马铃薯反向跳跃或反向滑动现象，从而导致马铃薯在摆动分离筛面上跳跃的次数增加，马铃薯在摆动分离筛面上的运动时间增长，使其平均速度减小。当曲

柄半径为 35mm 时，马铃薯在摆动分离筛面上很少出现跳跃，马铃薯在筛面上以正向滑动和反向滑动为主，且马铃薯的正向滑动位移总是远大于反向滑动位移，所以，马铃薯在筛面移动过程中的平均速度较大；而当曲柄半径增大到 45mm 时，马铃薯在摆动分离筛面上发生频繁跳跃运动，马铃薯跳跃过程中相对筛面发生正向跳跃，向着筛尾运动，马铃薯在摆动分离筛面上运动时间减小，从而导致其平均速度增大。因此，在田间试验过程中，曲柄半径的确定要根据摆动分离筛面薯土混合物的性质进行合理选择。对于含水率较小的土壤，可选择相对较小曲柄半径，在保证薯土分离效率的同时减小马铃薯表皮损伤。

6.4 基于动态图像技术马铃薯在分离筛面上的碰撞损伤仿真分析

本研究使用 RecurDyn 软件对马铃薯在分离过程中的碰撞进行仿真。目前柔性体的创建添加有两种方案：一种是先将待添加的柔性体马铃薯进行有限元仿真，求解后将其转换为柔性体。将转换完的柔性体马铃薯输入到联合仿真界面，替换掉原来的刚体再进行仿真分析。另一种是在运动仿真界面对预求解的目标体进行力学性能传递，使其具备运动状态时的相关性能。将传递后的目标体导入到有限元分析界面再进行仿真，从而获取相关性能指标。在此，本研究欲仿真实际分离工况下马铃薯的碰撞情况，如先进行力学传递再求解，不仅会导致相关约束的缺失，而且使运算冗杂，因此，本研究将采用先进行柔性体仿真的方式对其进行仿真分析。

RecurDyn 提供了模态柔性体分析与全柔体分析两种方式，RecurDyn 全柔体方式通过点位移来说明其变形更加贴近实际。因此，对于马铃薯碰撞的仿真研究将采用这一方式。本研究首先将在 UG 软件中建立的马铃薯收获机摆动分离筛模型转换为 RecurDyn 软件可识别的 stp 格式，导入到 RecurDyn 软件中，将图标显示大小设置为 10mm，模型如图 6-34 所示。

为了在运动仿真时方便建立运动副和驱动，对分离筛不同功能区重新涂不同的颜色，设置完毕后，如图 6-35 所示。

RecurDyn 软件虽然具有兼容 UG 模型的格式，但不具备兼容运动仿真的格式。因此，仿真时需要按 RecurDyn 仿真方法对分离筛构建新的仿真和驱动，构建完的仿

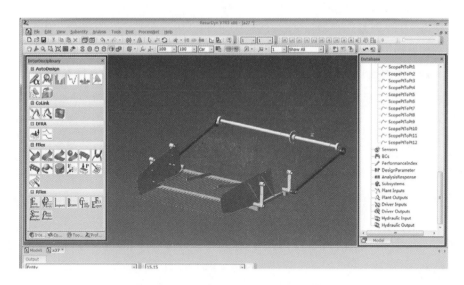

图 6-34 马铃薯收获机摆动分离筛模型

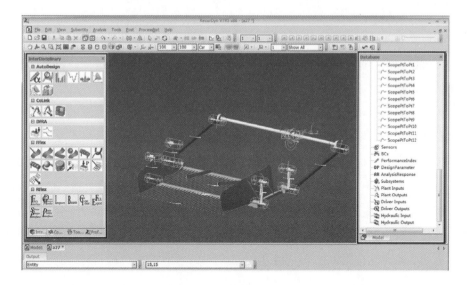

图 6-35 分离筛仿真模型

真模型如图 6-35 所示。

　　建立完马铃薯挖掘机摆动分离筛仿真模型后，对第 4 章中基于动态图像技术所建立的马铃薯模型进行材料属性定义，对泊松比、剪切模量、密度等进行设定。将定义后的马铃薯模型以 .stp 格式导入到当前界面中，划分网格、构建接触面及建立输出点如图 6-36 所示。为了避免在模拟中遗漏接触点，在构建接触面和输出点时应将马铃薯整体进行选择。

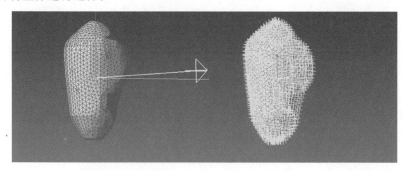

图 6-36　网格划分与点输出

为了模拟马铃薯实际分离工况，并且考虑到计算机性能的限制，在马铃薯挖掘机上添加 5 个马铃薯模型。添加马铃薯模型后，在马铃薯与分离筛之间和马铃薯与马铃薯之间分别建立刚—柔（Fsurface to surface）与柔—柔碰撞（surface to surface），添加完毕后如图 6-37 所示。

图 6-37　多体刚—柔耦合模型

经过虚拟仿真后可以看出，接触碰撞时不同马铃薯在分离筛上的碰撞是不同的，结果如图 6-38 所示。从图 6-38 分析的结果可以看出，仿真过程中马铃薯在分离筛面上的运动状态与实际分离工况下的运动状态比较接近。

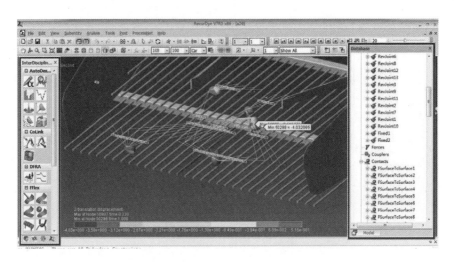

图6-38　马铃薯在筛面方向的碰撞损伤

仿真后对马铃薯在筛面方向的碰撞程度进行分析，以马铃薯变形位移作为损伤评价指标。从图6-38可以看出，在分离过程中，马铃薯在分离筛前后方向的碰撞深度较大，导致的马铃薯表皮损伤已经远超薯皮层的厚度，到达马铃薯的皮层区，造成马铃薯皮层深层损伤。

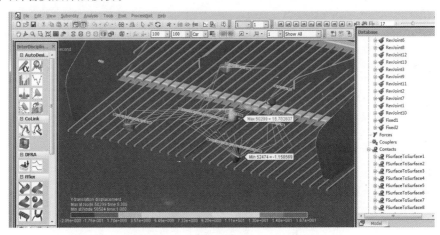

图6-39　马铃薯在筛面垂直方向的碰撞仿真

对马铃薯在与筛面垂直方向的碰撞仿真分析如图6-39所示，由图6-39可以看出，大部分马铃薯薯皮损伤值位于2.05～3.75mm之间，在实际分离过程中表现为皮层损伤。个别马铃薯碰撞接触时垂直方向的损伤极值已达到16mm。该损伤已深入外髓，在实际薯土分离时表现为磕伤，说明马铃薯在垂直方向碰撞损伤也较大。

综上所述，分离过程中，马铃薯与筛面垂直方向和筛面前后方向都会产生不同程度的表皮损伤。为了降低马铃薯在收获分离过程中造成的表皮损伤，第 9 章对马铃薯收获机摆动分离筛进行了优化，在此，本研究将优化后的摆动分离筛在 RecurDyn 软件中进行多体动力学仿真分析，获得分离过程中马铃薯在分离筛垂直方向与筛面前后方向的碰撞仿真结果，如图 6-40 所示。

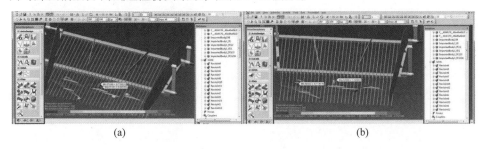

(a)   (b)

图 6-40　分离筛优化后马铃薯在筛面垂直和前后方向的碰撞

通过图 6-40(a)可以看出，大部分马铃薯与分离筛接触碰撞时，垂直方向的碰撞损伤深度集中在 0.019～0.529mm 之间。从整个分离过程来看，个别马铃薯的极大损伤值达到 1.09mm，但是仍未达到 3mm 深层损伤。通过图 6-40(b)可以看出，在筛面前后方向，马铃薯的碰撞损伤深度集中在 0.098～0.142mm 之间，该损伤未到达浅层损伤区。从整个分离过程来看，个别马铃薯的极大损伤值达到 2.01mm，但是仍未达到 3mm 深层损伤。

可见，在分离过程中优化后分离筛在分离过程中马铃薯薯皮损伤率有了明显降低。

Chapter Seven

第 7 章
基于高速摄像技术
的薯土分离过程中
马铃薯运动特性
分析

本章以 4SW-170 型马铃薯挖掘机为试验机型,借助高速摄像技术,分别在室内和田间采集马铃薯在分离筛不同参数下运动的相关信息,利用高速摄像技术对采集到的数据进行处理,并对薯土分离过程中马铃薯的运动特性进行研究。

7.1 马铃薯运动加速度及跳跃特性

7.1.1 室内试验

7.1.1.1 试验台的安装及调试

将马铃薯挖掘机固定在如图 7-1 所示的试验台架上,为了确保高速摄像机能够准确地捕捉到马铃薯在分离过程中的图像信息,在马铃薯挖掘机的一侧放置贴有标尺的坐标板,在坐标板上取一点作为参考点,从而获取筛面上马铃薯与参考点的相对位置。将高速摄像机固定在试验台另一侧选定的位置,采集分离过程中马铃薯的动态图像信息。

通过变频柜调节电动机的转速,通过万向节将电动机与马铃薯挖掘机的主轴连接。试验台主要由变频器、电动机、万向节、变速箱、升运链、分离筛、机架、坐标板等组成,如图 7-1 所示。

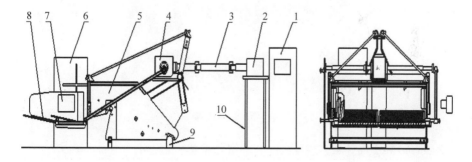

图 7-1 试验台及高速摄像测试系统

1. VARISPEED-616G5 变频柜 2. 电动机 3. 传动轴 4. 变速箱 5. 机架
6. 坐标板 7. 高速摄像机 8. 分离筛 9. 固定支架 10. 电动机支架

试验过程中,4SW-170 型马铃薯挖掘机薯土分离装置的工作参数和技术参数见表 7-1。

表 7-1　试验台的工作参数和技术参数

项目	参　数	项目	参　数
电动机输出轴转速/r·min^{-1}	271，304，330，361，392，418，441，474，502	分离筛的摆杆长度/mm	250
曲柄转速/r·min^{-1}	135，152，165，180，196，209，220，287，251	筛面倾角 /°	1.5，7.7
曲柄半径/mm	35	分离筛水平方向振幅/mm	40
筛面长度/mm	1200	分离筛竖直方向振幅/mm	15
分离筛的连杆长度/mm	975		

7.1.1.2　高速摄像系统

本次试验所用高速摄像机为美国 Vision Research 公司生产的 Phantom Miro2 高速数字摄像机，分辨率 640×480 像素，帧速为 500 帧·s^{-1}。设备连接如图 7-2 所示。

图 7-2　设备连接

PhantomMiro2 高速数字摄像机配套的摄像采集控制软件是 Phantom-675_2，运行于 Windows 操作系统下，可完成对 Phantom 系列高速数字摄像机的参数设置、数据采集、数据卸载及图像分析等工作。

分析软件采用瑞典 Image Systems AB 公司提供的高速运动分析软件（TEMA），该软件具有强大的目标点自动跟踪功能，可以减轻复杂的数据处理、降低数据处理时间，而且可以提高数据处理的质量，还可以对高速数字摄像机所拍摄的图像及视频进行 2D、3D 及 6D 分析，并生成报表。

7.1.1.3 摄像机位置

高速摄像机的固定位置参数见表7-2，示意如图7-3所示。

表7-2 高速摄像机的放置位置

项目	放置位置	项目	放置位置
坐标板上的坐标	坐标原点与摄像机镜头统一在铅垂面上 x 轴水平，y 轴垂直向上	摄像机	距地面高度 600mm 摄像机的镜头与筛面边缘水平距离 300mm

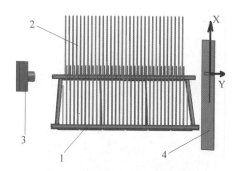

图7-3 高速摄像机位置示意图

1. 一级分离筛 2. 二级分离筛 3. 高速摄像机 4. 坐标板

7.1.2 试验方案

7.1.2.1 试验材料

内蒙古自治区呼和浩特市境内种植的主要马铃薯品种有：克新1号，底希芮，紫花白，兴薯1号，费乌瑞它等，马铃薯的薯形主要有圆形、扁圆形、椭圆形、筒形等，大部分马铃薯的单颗质量在 100~350g 之间。本试验选取近似圆球形和椭球形克新1号马铃薯，马铃薯质量分布在 300~330g 之间，表皮无损伤，两种形状的新鲜马铃薯各30颗。

7.1.2.2 试验因数和水平

本试验选择曲柄转速、马铃薯的形状、筛面倾角为试验因素。

试验水平的选择：根据4SW-170型马铃薯挖掘机实际工作过程中的曲柄转速，选择曲柄转速的3水平为165 r·min^{-1}、180 r·min^{-1}和209 r·min^{-1}。

马铃薯形状选择圆球形和椭球形2个水平。

根据4SW-170型马铃薯挖掘机筛面倾角的范围，筛面倾角为选则1.5°和7.7°共2个水平。

7.1.2.3 试验方法

为了便于观察薯土分离过程中马铃薯在分离筛上的运动规律，先只研究马铃薯在分离筛面上的运动情况，不考虑土壤的影响。试验时将试验马铃薯表面贴上黑色胶带，并采用高速摄像机在线跟踪拍摄。反复观看高速影像发现，分离过程中马铃薯在分离筛上的运动主要是沿筛面的前后移动和在筛面上的跳动，在其他方向的移动量较小。因此，本试验只考虑马铃薯在前后和上下二维平面内的运动情况，利用一台高速摄像机即可完成试验。

试验前将高速摄像机固定在分离筛一侧已选定的位置，在马铃薯挖掘机分离装置上方放置两个灯管照明，调节分离筛筛面倾角和曲柄转速；在马铃薯挖掘机运转平稳后，开始采集马铃薯的动态图像信息。在分离筛的两个筛面倾角（1.5°、7.7°）下，分别记录圆球形和椭球形马铃薯在分离筛面上运动的动态数据，每组试验重复10 次。

7.1.3 试验数据的处理与分析

利用 TEMA 动态图像数据处理软件对马铃薯相对分离筛运动的高速影像数据进行处理。数据处理的主要流程为：打开影像数据、设置参数、选取跟踪点、影像分析、数据滤波和导出数据，高速影像数据处理流程如图 7-4 所示。

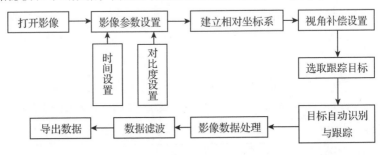

图 7-4 高速影像数据处理流程

7.1.3.1 马铃薯在分离筛面上加速度分析

图 7-5 是分离筛筛面倾角为 7.7°、曲柄转速为 180r·min^{-1}时，2 种薯形（圆球形、椭球形）马铃薯和分离筛的加速度时间历程曲线。

依据马铃薯加速度时间历程曲线可获得分离筛不同参数时两种薯形的马铃薯在

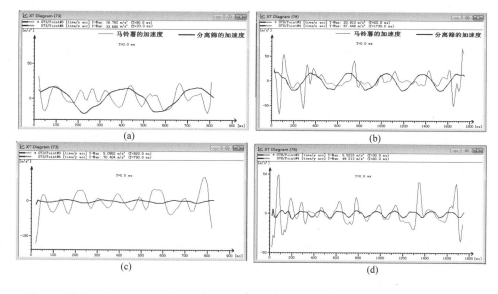

图7-5 筛面倾角为 7.7°（转速 180r · min⁻¹）时圆球形和椭球形马铃薯的加速度时间历程

（a）圆球形马铃薯水平加速度时间历程　（b）椭球形马铃薯水平加速度时间历程

（c）圆球形马铃薯垂直加速度时间历程　（d）椭球形马铃薯垂直加速度时间历程

分离筛上的最大加速度见表 7-3 和表 7-4。

表 7-3　圆球形马铃薯在不同筛面倾角下的最大加速度

曲柄转速/ r · min⁻¹	筛面倾角 1.5°			筛面倾角 7.7°		
	水平加速度/ m · s⁻²	垂直加速度/ m · s⁻²	合加速度/ m · s⁻²	水平加速度/ m · s⁻²	垂直加速度/ m · s⁻²	合加速度/ m · s⁻²
135	24.135	31.562	35.173	21.803	38.536	38.691
152	29.381	42.559	47.347	27.561	43.023	44.220
165	35.130	75.921	76.055	14.462	46.196	46.632
180	39.418	59.568	66.174	33.680	70.404	70.903
196	43.286	61.957	68.266	35.309	75.106	77.334
209	46.056	65.142	72.922	22.322	64.812	65.595
220	47.366	63.990	76.506	47.367	66.970	66.505
237	50.908	65.837	81.105	60.130	69.557	70.340
251	61.843	77.551	83.207	54.270	80.943	81.560

表 7-4　椭球形马铃薯在不同筛面倾角下的最大加速度

曲柄转速/ r · min⁻¹	筛面倾角 1.5°			筛面倾角 7.7°		
	水平加速度/ m · s⁻²	垂直加速度/ m · s⁻²	合加速度/ m · s⁻²	水平加速度/ m · s⁻²	垂直加速度/ m · s⁻²	合加速度/ m · s⁻²
135	37.203	42.590	53.669	48.290	43.556	51.302
152	40.537	43.146	59.062	55.143	56.503	56.901
165	42.555	52.187	71.286	70.170	39.038	70.945
180	61.902	64.106	76.918	76.448	49.213	81.410
196	65.540	71.239	85.022	74.263	79.208	80.291
209	61.354	66.321	82.969	79.707	60.917	86.560
220	71.093	62.530	84.352	71.930	65.942	81.253
237	67.260	63.553	83.386	84.835	63.980	84.237
251	78.038	71.661	92.650	86.803	75.256	87.637

由表 7-3 和表 7-4 可知，椭球形马铃薯的最大水平加速度大于圆球形马铃薯。圆球形马铃薯在筛面倾角为 1.5°时，水平加速度较大；椭球形马铃薯在筛面倾角为 7.7°时，水平加速度较大。圆球形马铃薯在筛面倾角为 1.5°时的最大水平加速度大于筛面倾角为 7.7°时的最大水平加速度。可见，圆球形马铃薯在筛面上最大水平加速度随着筛面倾角的增大而减小。椭球形马铃薯在筛面倾角为 1.5°的最大水平加速度小于筛面倾角为 7.7°，这是因为在筛面倾角为 1.5°时，椭球形马铃薯不易滚动，马铃薯相对分离筛的摩擦力为滑动摩擦力；在筛面倾角为 7.7°时，椭球形马铃薯的运动形式以滚动为主，滑动摩擦力较小。由表 7-3 和表 7-4 也可知，马铃薯最大水平加速度随着曲柄转速的增大而增大。圆球形马铃薯的最大垂直加速度大于椭球形马铃薯。圆球形马铃薯在筛面倾角为 7.7°时，垂直加速度较大；椭球形马铃薯在筛面倾角为 1.5°时，垂直加速度较大。圆球形马铃薯在筛面倾角为 7.7°时的最大垂直加速度大于筛面倾角为 1.5°时的加速度。圆球形马铃薯在筛面上最大垂直加速度随着筛面倾角的增大而增大。椭球形马铃薯在筛面倾角为 1.5°的最大垂直加速度大于筛面倾角为 7.7°时的加速度，这是因为椭球形马铃薯在筛面倾角为 1.5°时的垂直方向上的受力大于筛面倾角为 7.7°。同时，马铃薯最大垂直加速度随着曲柄转速的增大而增大。

由表 7-3 和表 7-4 可知，椭球形马铃薯的最大合加速度大于圆球形马铃薯。在筛面倾角为 7.7°时圆球形马铃薯最大合加速度较小；在筛面倾角为 1.5°时，椭球形马铃薯的最大合加速度较大。两类马铃薯在筛面倾角为 1.5°时的最大合加速度大于筛面倾角为 7.7°时的加速度。两类马铃薯在筛面上最大合加速度随着筛面倾角的增大而减小。

7.1.3.2 马铃薯在分离筛面上运动时间分析

马铃薯在分离筛上的运动时间直接影响了马铃薯在分离过程中的分离效率和马铃薯的表皮损伤。依据不同筛面倾角和不同转速条件下 2 类薯形在分离筛上加速度时间历程图，可获得马铃薯在分离筛上运动的时间。当分离筛筛面倾角分别为 1.5°和 7.7°时，圆球形和椭球形马铃薯在分离筛面运动的时间见表 7-5。

表 7-5　输出转速与运动时间的关系

曲柄转速/ $r \cdot min^{-1}$	圆球形马铃薯运动时间/s		椭球形马铃薯运动时间/s	
	筛面倾角 1.5°	筛面倾角 7.7°	筛面倾角 1.5°	筛面倾角 7.7°
135	1.860	1.540	6.500	4.800
152	1.650	1.350	5.400	4.200
165	1.150	1.050	5.600	3.350
180	0.765	0.820	2.200	1.760
196	1.550	1.380	2.700	1.550
209	1.200	1.600	2.600	2.960
220	1.180	0.950	2.200	1.650
287	0.955	0.845	1.950	1.300
251	0.960	0.740	1.500	0.980

由表 7-5 可知，在筛面倾角分别为 1.5°和 7.7°时，圆球形马铃薯在筛面上运动的时间相差较小。可见，筛面倾角对圆球形马铃薯在筛面上运动时间的影响较小；在筛面倾角分别为 1.5°和 7.7°时，椭球形马铃薯在筛面上运动的时间相差较大。因此，筛面倾角对椭球形马铃薯在筛面上运动时间的影响较大。圆球形马铃薯在筛面运动的时间比椭球形马铃薯短，其原因是圆球形马铃薯与筛面接触面积较小，容易在筛面上滚动，而椭球形马铃薯与筛面接触面积大，不易滚动。

由表 7-5 还可以看出，马铃薯在筛面上运动的时间随着曲柄转速的增大而减小，马铃薯在筛面上运动的时间随着筛面倾角的增大而减小。

7.1.3.3 马铃薯在分离筛面上跳跃次数的分析

根据分离过程中马铃薯加速度时间历程图可以分析马铃薯在筛面上的跳跃情况。如图 7-6 所示，当马铃薯的加速度曲线超出直线 1、2 时，马铃薯出现跳跃，据此可获得马铃薯在筛面上的跳跃次数。

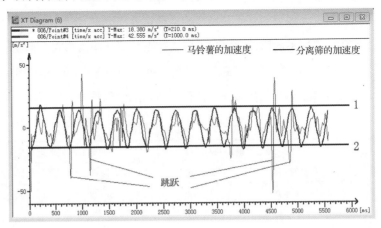

图 7-6　马铃薯在筛面上跳跃情况分析

利用高速运动分析软件分析时，将马铃薯的中心点作为马铃薯的质心。由于圆球形马铃薯并不是理想的圆球形，在分析圆球形马铃薯的加速度时间历程图时，圆球形马铃薯的质心在筛面上运动时出现相对筛面较小的加速度波动时不能算做跳跃，只有在马铃薯的加速度相对筛面出现较大波动时才称为跳跃。椭球形马铃薯的长轴尺寸大于短轴尺寸，分离过程中只有马铃薯质心距筛面的距离大于等于长轴时才算跳跃。因此，在分析椭球形马铃薯的加速度时间历程图时，椭球形马铃薯的加速度在筛面上出现较小的波动时不能算做跳跃，只有在马铃薯的加速度出现较大波动时才为跳跃。

根据马铃薯的加速度时间历程图可以获得圆球形和椭球形马铃薯在不同筛面倾角和不同曲柄转速的情况下马铃薯在筛面的跳跃次数，见表 7-6。

表7-6 两类马铃薯在不同转速和不同筛面倾角时的跳跃次数

曲柄转速/ r·min⁻¹	筛面倾角1.5°		筛面倾角7.7°	
	圆球形马铃薯 跳跃次数	椭球形马铃薯 跳跃次数	圆球形马铃薯 跳跃次数	椭球形马铃薯 跳跃次数
135	4	7	3	5
152	4	6	2	4
165	3	6	3	4
180	4	5	3	3
196	4	5	4	4
209	3	5	3	4
220	2	4	3	3
287	2	3	2	3
251	2	4	2	3

由表7-6可知,马铃薯在筛面的跳跃次数随着曲柄转速和筛面倾角的增大而减小;在筛面倾角分别为1.5°和7.7°时,圆球形马铃薯的跳跃次数小于椭球形马铃薯。

7.1.3.4　马铃薯在分离筛面上跳跃位置分析

将坐标原点设置在一级分离筛的末端,x轴方向水平向左,如图7-7所示。因此,分离过程中马铃薯在一级分离筛面上运动的水平位移为负,马铃薯在二级筛上的运动的水平位移为正。利用TEMA分析室内试验采集到的2种分离筛倾角、3种曲柄转速下的高速影像数据。当筛面倾角为7.7°、曲柄转速为180 r·min⁻¹时,圆球形和椭球形马铃薯在筛面上最大加速度分别出现在距离坐标原点0.84m和-2.6m处,其加速度随位移变化的曲线如图7-8所示。

图7-7　坐标系统设定

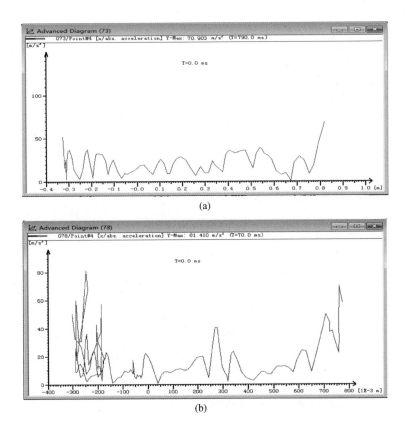

图 7-8　筛面倾角为 7.7°（转速 180r·min⁻¹）时
圆球形(a)和椭球形(b)马铃薯的加速度位移历程

依据马铃薯的加速度位移历程曲线，可以获得分离筛不同参数时圆球形和椭球形马铃薯出现加速度最大值时的位置：当筛面倾角为 1.5°、曲柄转速为 165 r·min⁻¹时，圆球形马铃薯在筛面上的加速度最大值出现在距一级分离筛末端 0.52m 处，椭球形马铃薯加速度最大值出现在距一级分离筛末端 0.55m 处；当筛面倾角为 1.5°、曲柄转速为 180 r·min⁻¹时，圆球形和椭球形马铃薯在筛面上最大加速度分别出现在距离坐标原点 1.1m 和 −1.6m 处；当筛面倾角为 209r·min⁻¹时，圆球形和椭球形马铃薯在筛面上加速度最大值分别出现在距离坐标原点 −0.52m 和 −2.6m 处；当筛面倾角为 7.7°、曲柄转速为 165 r·min⁻¹时，圆球形和椭球形马铃薯在筛面上最大加速度分别出现在距离坐标原点 0.44m 和 0.40m 处；当筛面倾角为 7.7°、曲柄转速为 209 r·min⁻¹时，圆球形和椭球形马铃薯在筛面上最大加速度分别出现在距离坐标原点 0.22m 和 -0.4m 处。

综合上述试验结果可知,马铃薯在筛面上加速度的最大值主要分布在 3 个位置:距离坐标原点 -0.4~ -0.2m 之间,即一级分离筛的前半部分,主要是由于马铃薯由升运链落到一级筛时,马铃薯的加速度较大;原点位置,即一级分离筛末端,主要是由于一级分离筛筛面末端距回转中心较远,该处摆动幅度较大;距离坐标原点 0.6~0.8m 之间,即二级筛的末端,主要是由于二级分离筛筛面末端距回转中心较远,该处摆动幅度更大。通过分析马铃薯在分离筛上的最大加速度出现的位置,可以找出马铃薯在筛面上跳跃的位置,从而可以为马铃薯挖掘机分离筛结构参数的优化提供参考。

7.1.4　田间试验

为了获取薯土分离过程中马铃薯在分离筛上的加速度、最大加速度出现的位置、运动时间和跳跃次数等参数的变化规律,项目组于 2014 年 10 月初在呼和浩特市武川县开展了田间试验。

7.1.4.1　试验机型与试验条件

试验机型为内蒙古农业大学研制的 4SW-170 型马铃薯挖掘机,其结构及工作原理如前所述。试验地块位于呼和浩特市武川县马铃薯种植基地,试验地块地势平坦,土壤为砂壤土,土壤含水率 11.2%,马铃薯品种为克新 1 号。

7.1.4.2　试验方法

为了降低杂草和薯秧对高速摄像机采集数据的影响,试验前人工清除地块中较大的杂草和马铃薯秧,并在已挖出的马铃薯中选取有代表性的圆球形和椭球形马铃薯各 5 颗(其质量为 300~330g, 1 颗作为试验薯,其他 4 颗为备用薯)。为了便于观察和测试,试验时用黄色喷漆和白胶带标记试验用马铃薯,并将试验薯预埋在即将挖掘的土壤中。将高速摄像机安装在摄像导轨上,调节摄像机镜头到最佳摄像位置,并调节分离筛的倾角(1.5°、7.7°)。在挖掘机工作稳定后,拖拉机动力输出轴转速稳定在 540r · min^{-1} 后开始记录数据。

7.1.4.3　试验因素及水平

由于拖拉机动力输出轴转速为 540r · min^{-1},在工作过程中可保持其基本恒定。因此,本试验主要考察分离筛的筛面倾角和马铃薯形状对薯土分离过程中马铃薯运动加速度及跳跃特性的影响。其中，筛面倾角选取 1.5°和 7.7°，马铃薯形状选取圆球形和椭球形。

7.1.4.4　田间试验数据分析

（1）马铃薯在分离筛面上加速度分析

分离筛倾角为 7.7°时，2 种薯形（圆球形、椭球形）马铃薯和分离筛的加速度时间历程曲线如图 7-9 所示。

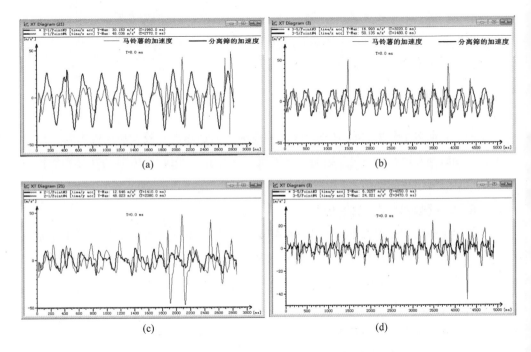

（a）　　　　　　　　　　　　　　　　（b）

（c）　　　　　　　　　　　　　　　　（d）

图 7-9　筛面倾角为 7.7°时马铃薯的加速度时间历程

（a）圆球形马铃薯水平加速度时间历程　　（b）椭球形马铃薯水平加速度时间历程
（c）圆球形马铃薯垂直加速度时间历程　　（d）椭球形马铃薯垂直加速度时间历程

马铃薯在分离筛上最大加速度决定了马铃薯在分离筛上的最大受力、跳跃高度和碰撞强度，直接影响马铃薯在筛分过程中的伤薯率。在正常工作状况下，利用高速摄像系统分析 10 组圆球形和椭球形马铃薯在筛面倾角分别为 1.5°和 7.7°时的最大加速度并计算其平均值，结果分别见表 7-7 和表 7-8。

表 7-7　圆球形马铃薯在不同筛面倾角下的最大加速度

试验号	筛面倾角 1.5°			筛面倾角 7.7°		
	水平加速度/ m·s⁻²	垂直加速度/ m·s⁻²	合加速度/ m·s⁻²	水平加速度/ m·s⁻²	垂直加速度/ m·s⁻²	合加速度/ m·s⁻²
1	66.662	64.233	70.561	36.270	39.059	45.531
2	63.412	45.052	67.183	20.437	24.003	31.552
3	64.752	53.516	73.556	36.082	34.436	42.608
4	65.013	62.883	75.259	37.632	41.372	48.692
5	72.768	47.296	75.694	58.151	47.557	61.801
6	44.464	39.709	48.384	32.101	28.052	39.669
7	47.317	46.645	54.235	28.948	31.561	35.243
8	73.157	51.261	77.142	34.227	37.629	41.509
9	78.588	62.733	80.254	48.036	48.023	60.673
10	76.520	49.611	79.309	68.847	66.960	76.524
平均值	65.265	52.294	70.158	42.140	39.865	51.007

表 7-8　椭球形马铃薯在不同筛面倾角下的最大加速度

试验号	筛面倾角 1.5°			筛面倾角 7.7°		
	水平加速度/ m·s⁻²	垂直加速度/ m·s⁻²	合加速度/ m·s⁻²	水平加速度/ m·s⁻²	垂直加速度/ m·s⁻²	合加速度/ m·s⁻²
1	56.624	23.497	59.552	43.129	31.587	45.256
2	65.147	37.506	72.881	85.422	57.727	86.003
3	64.282	49.059	67.069	55.316	43.619	62.230
4	76.551	58.483	80.937	59.606	49.899	67.551
5	83.229	49.831	85.255	45.909	39.194	51.260
6	67.562	42.127	71.202	37.001	35.765	48.991
7	58.284	34.973	62.230	26.707	33.934	50.275
8	71.634	58.239	79.899	70.268	56.934	72.818
9	34.643	26.116	52.042	50.135	24.021	50.306
10	63.560	47.903	67.339	68.745	46.134	81.588
平均值	64.152	42.773	69.481	54.223	41.881	61.628

从表 7-7、表 7-8 可以看出，分离过程中，不管薯形如何，马铃薯的最大水平加速度大于最大垂直加速度。在筛面倾角为 1.5° 时，圆球形马铃薯在筛面的水平、垂

直和合加速度的最大值均大于椭球形马铃薯的 3 种加速度；在筛面倾角为 7.7°时，椭球形马铃薯在筛面的水平、垂直和合加速度最大值均大于圆球形马铃薯的 3 种加速度；在筛面倾角为 1.5°两种薯形马铃薯的加速度大于筛面倾角为 7.7°时的加速度。

（2）马铃薯在分离筛面上运动时间分析

马铃薯在摆动分离筛上运动时间越长，明薯率越高，但功耗越大，生产率越低，薯块表皮损伤越多。当筛面倾角分别为 1.5°和 7.7°时，圆球形和椭球形马铃薯在分离筛面运动时间见表 7-9。

表 7-9　两类马铃薯在不同筛面倾角下的运动时间

试验号	圆球形马铃薯运动时间/s		椭球形马铃薯运动时间/s	
	筛面倾角 1.5°	筛面倾角 7.7°	筛面倾角 1.5°	筛面倾角 7.7°
1	4.35	3.10	5.17	2.74
2	3.85	2.51	4.61	5.02
3	4.25	3.27	5.14	3.87
4	3.43	1.65	3.84	3.48
5	3.68	2.79	4.69	2.70
6	3.40	2.26	7.00	4.90
7	2.84	2.65	5.10	2.50
8	4.50	1.95	6.40	2.35
9	3.60	2.85	4.40	3.60
10	4.95	2.05	5.25	3.85
平均值	3.89	2.51	5.16	3.50

由表 7-9 可以看出，同类马铃薯在筛面上运动时间随着筛面倾角的增大而减少。在相同筛面倾角下，圆球形马铃薯在筛面运动时间小于椭球形马铃薯。

（3）马铃薯在分离筛面上跳跃次数分析

田间试验数据处理与分析方法与室内试验相似，高速运动分析软件分析时坐标板是固定在机架上，分析马铃薯在筛面上的运动时可以不考虑机器前进速度。分析马铃薯选取的点近似为马铃薯的质心。

马铃薯在分离筛上跳跃次数越多明薯率越高，但薯块表皮损伤越多，功耗越大。结合马铃薯的加速度试验结果，获得 2 类马铃薯在筛面上的跳跃次数见表7-10。

表 7-10　两类马铃薯在不同筛面倾角下的跳跃次数

试验号	圆球形马铃薯跳跃次数		椭球形马铃薯跳跃次数	
	筛面倾角 1.5°	筛面倾角 7.7°	筛面倾角 1.5°	筛面倾角 7.7°
1	5	5	7	4
2	4	4	6	6
3	6	3	7	5
4	7	4	6	4
5	5	3	7	4
6	6	4	6	3
7	7	3	7	4
8	5	3	7	5
9	6	4	6	5
10	5	3	7	4
平均值	5.6	3.6	6.6	4.4

由表 7-10 可以看出，同类马铃薯在筛面上跳跃次数随着筛面倾角的增大而减少。在筛面倾角为 1.5°时，圆球形马铃薯在筛面上平均跳跃次数为 5.6 次，椭球形马铃薯在筛面上平均跳跃次数为 6.6 次。

在筛面倾角为 7.7°时，圆球形马铃薯在筛面上平均跳跃次数为 3.6 次，椭球形马铃薯在筛面上平均跳跃次数为 4.4 次。圆球形在筛面的平均跳跃次数小于椭球形马铃薯。

（4）马铃薯在分离筛面上跳跃位置分析

利用高速运动分析软件，分析田间采集到圆球形马铃薯和椭球形马铃薯在不同筛面倾角下的数据。当筛面倾角为 1.5°时，圆球形马铃薯在筛面上加速度最大的位置距离坐标原点 −0.60m，椭球形马铃薯在筛面上加速度最大的位置距离坐标原点 0.38m；当筛面倾角为 7.7°时，圆球形马铃薯在筛面上加速度最大的位置距离坐标原点 −0.02m，椭球形马铃薯在筛面上加速度最大的位置距离坐标原点 −0.26m；圆球形和椭球形马铃薯在筛面上加速度位移历程曲线，如图 7-10 和图 7-11 所示。

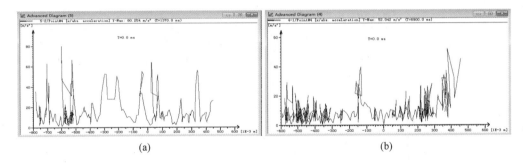

图 7-10　筛面倾角为 1.5°时圆球形(a)和椭球形(b)马铃薯的加速度位移历程

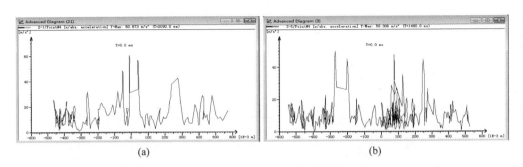

图 7-11　筛面倾角为 7.7°时圆球形(a)和椭球形(b)马铃薯的加速度位移历程

7.1.5　室内试验与田间试验结果的对比分析

为了分析实际分离过程中筛面上土壤、薯秧、杂草等因素对马铃薯在分离筛面上的加速度、运动时间和跳跃次数等的影响，本节将田间试验结果与实验室中曲柄转速为 180r·min^{-1}(与田间工作时的曲柄转速一致)的试验结果进行对比，对比结果见表 7-11。

表 7-11　田间试验与室内试验结果对比

试验项目	薯形	筛面倾角	试验结果					
			室内试验			田间试验		
			水平	垂直	合成	水平	垂直	合成
加速度/ m·s^{-2}	圆球形	1.5°	39.418	59.568	66.174	62.265	52.294	70.158
		7.7°	33.680	70.404	70.903	42.140	39.865	51.007
	椭球形	1.5°	61.902	64.106	76.918	64.152	42.773	69.481
		7.7°	76.448	49.213	81.410	54.223	41.881	61.628

（续）

试验项目	薯形	筛面倾角	试验结果	
			室内试验	田间试验
运动时间/s	圆球形	1.5°	0.765	3.890
		7.7°	0.820	2.510
	椭球形	1.5°	2.200	5.160
		7.7°	1.760	3.500
跳跃次数/次	圆球形	1.5°	4	5.6
		7.7°	3	3.6
	椭球形	1.5°	5	6.6
		7.7°	3	4.4

由表 7-11 可以看出，由于土壤、薯秧、杂草等因素的影响，田间分离过程中马铃薯在筛面上的垂直加速度均小于实验室只有马铃薯时的情况，田间分离过程中马铃薯在筛面上运动的时间明显高于实验室只有马铃薯时的情况，田间分离过程中马铃薯在筛面上的跳跃次数也高于实验室只有马铃薯时的情况，多数情况下实际生产中马铃薯在筛面上的跳跃次数比实验室只有马铃薯时的跳跃次数多 1 次左右，但从马铃薯在筛面上运动时间看，筛面上只有马铃薯时马铃薯在筛面上的运动时间比田间试验短很多，说明田间工作过程中，马铃薯落到筛面后向分离筛尾部自由滚动较只有马铃薯情况的少。因此，为了提高薯土分离效率，在不影响明薯率的情况下，在砂土和砂壤土条件下可以适当增加分离筛倾角。

7.2　薯土分离过程中马铃薯运动速度特性

为了获取摆动分离筛结构和运动参数对薯土分离过程中马铃薯运动速度的影响规律，本节以马铃薯为研究对象，利用 4SW-170 型马铃薯挖掘机开展田间试验，分析摆动分离筛筛面倾角、摆动方向角、曲柄转速和曲柄半径对薯土分离过程中马铃薯运动速度特性的影响。

7.2.1　试验方案

本节选择马铃薯挖掘机摆动分离筛的筛面倾角、摆动方向角、曲柄转速和曲柄半径作为试验因素进行试验，每组试验重复试验 5 次取均值，分析各因素对马铃薯平行于筛面的平均运动速度的影响规律。试验前，结合分离筛结构参数和运动参数，对试验参数进行选择：

（1）根据分离筛结构与预试验结果，选取三个筛面倾角分别为：4.7°、7.6°和9.7°，分离筛摆动方向角分别为 16.8°、17.8°和 18.8°。

（2）曲柄转速是影响马铃薯在筛面上运动的一个重要参数。通过预试验，获得马铃薯挖掘机正常工作和稳定运行的曲柄转速范围为：160～210r·min^{-1}。所以，选择 160r·min^{-1}、180r·min^{-1}和 210r·min^{-1}分别进行试验。

（3）曲柄半径直接影响分离筛的摆动幅度，从而影响马铃薯在筛面上运动特性。曲柄半径最小值为 35mm，当曲柄半径大于 45mm 时，在正常工作条件下，曲柄转轴的轴承座螺钉松动，机器结构的稳定性降低，故曲柄半径最大值不超过 45mm。据此本研究选择曲柄半径为 35mm、40mm 和 45mm 进行试验。

表 7-12　试验因素及水平

水平	因　　素			
	曲柄转速/r·min^{-1}	筛面倾角/°	摆动方向角/°	曲柄半径/mm
1	160	4.7	16.8	35
2	180	7.6	17.8	40
3	210	9.7	18.8	45

7.2.2　试验条件与设备

试验条件与设备同 5.2.1 节。

7.2.3　高速影像数据的采集及处理方法

为了分析薯土分离过程中摆动分离筛面上马铃薯的运动特性和摆动分离筛的运动特性，试验前需要设置标尺作为数据分析时的参考基准。如图 7-12 所示，分别建立绝对坐标系和相对坐标系，坐标系中每个方格尺寸为 30mm×20mm。

高速影像数据的采集方法同 5.2.2 节，数据处理方法同 7.1.3 节。

图 7-12　标尺的设置

7.2.4 试验结果及分析

7.2.4.1 筛面倾角对马铃薯运动速度的影响

当摆动方向角为16.8°、曲柄转速为180r·min⁻¹、曲柄半径35mm时，马铃薯的平均运动速度随着筛面倾角变化的曲线如图7-13所示。

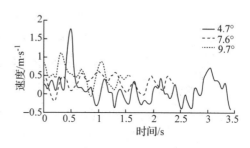

由图7-13可知，随着筛面倾角的逐渐增大，马铃薯在分离筛面的运动时间减少，马铃薯在筛面上运动的平均运动速度增大。进一步对马铃薯的平均运动

**图7-13　不同筛面倾角时
马铃薯运动速度变化曲线**

速度与摆杆的平均运动速度进行分析，得到如图7-14所示的曲线，曲线关系如下：马铃薯速度曲线位于摆杆曲线上方时，说明马铃薯相对摆动分离筛正向移动（包括正向滑动或正向跳跃）；当马铃薯速度曲线位于摆杆曲线下方时，说明马铃薯相对筛面反向移动（包括反向滑动或反向跳跃）；当马铃薯速度曲线与摆杆速度曲线相重合时，说明马铃薯与筛面保持相对静止；马铃薯速度曲线与摆杆速度曲线的封闭区域分别代表马铃薯正向运动位移和反向运动位移。由图7-14可知，当筛面倾角为4.7°、摆动方向角为16.8°、曲柄转速为180r·min⁻¹、曲柄半径为35mm时，薯土分离过程中摆动分离筛面上马铃薯在筛面的运动时间为3.304s；在0.062~0.288s时段，马铃薯由一级分离筛落至二级分离筛；在0.344~0.492s和0.634~0.763s时段，马铃薯在筛面上发生两次跳跃，跳跃持续时间分别为0.204s和0.129s；从$t=0.763s$开始，马铃薯在二级分离筛正向、反向滑动交替变化，正反向滑动次数各9次；

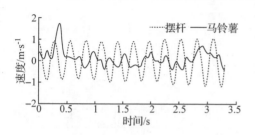

**图7-14　筛面倾角为4.7°时摆杆与
马铃薯的平均运动速度曲线**

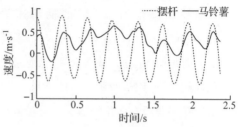

**图7-15　筛面倾角为7.6°时摆杆与
马铃薯的平均运动速度曲线**

取滑动时间的平均值，则摆动分离筛摆动周期内马铃薯正向滑动时间均值为0.157s，反向滑动时间均值为0.137s。

当筛面倾角为7.6°(图7-15)时，薯土分离过程中马铃薯在分离筛面的运动时间为2.366s。当 $t = 0.520 \sim 0.683s$ 时，马铃薯正向滑动、反向滑动各两次，摆动分离筛摆动周期内马铃薯在一级分离筛正、反向滑动时间分别为0.183s、0.133s，正向滑动时间大于反向滑动时间；当 $t = 0.683 \sim 0.925s$ 时，马铃薯由一级分离筛落至二级分离筛。由 $t = 0.925s$ 起始，摆动分离筛摆动周期内马铃薯在二级分离筛以正向滑动、反向滑动交替变化，正反向滑动次数分别为4次，且在二级分离筛马铃薯正、反向滑动时间分别为0.209s、0.114s。

当筛面倾角为9.7°时（图7-16），马铃薯在筛面的运动时间为1.59s，马铃薯在一级分离筛从起始位置正、反向滑动各一次。当 $t = 0.100 \sim 0.226s$ 时，马铃薯由一级分离筛落到二级分离筛，下落持续时间为0.126s，之后马铃薯在二级分离筛筛面做往复运动；摆动周期内，马铃薯正、反向滑动时间分别为0.238s 和 0.092s。

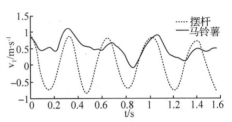

图7-16 筛面倾角为9.7°时摆杆与马铃薯的平均运动速度曲线

由试验结果可知，摆动分离筛筛面倾角不同，马铃薯在筛面的运动时间相差很大，随着筛面倾角的增大，马铃薯正向滑动时间增大，反向滑动时间减小，马铃薯在摆动分离筛面主要以正向、反向滑动为主。筛面倾角较小时，利于薯土混合物充分分离，但不利于马铃薯的输送。

7.2.4.2 摆动方向角对马铃薯运动速度的影响

当筛面倾角为9.7°、曲柄转速为180r·min⁻¹、曲柄半径为35mm时，不同摆动方向角所对应的马铃薯平均运动速度变化曲线如图7-17所示。由图7-17可以看出，随着摆动方向角的增大，马铃薯在筛面的运动时间增加，从而导致马铃薯在筛面上运动的平均运动速度降低。

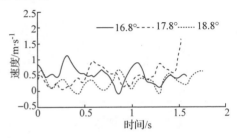

图7-17 不同摆动方向角时马铃薯的平均运动速度变化曲线

7.2.4.3 摆动方向角对马铃薯运动速度的影响

进一步分析摆杆与马铃薯运动速度特性，获得如图 7-18 所示的结果：当摆动方向角为 17.8° 时，薯土分离过程中马铃薯在摆动分离筛面的运动状态有：正向滑动、反向滑动和跳跃运动（两次）；$t = 0.054s$ 时，马铃薯在一级分离筛开始正向滑动，正向和反向滑动各两次，正、反向滑动持续时间分别为 0.152s 和 0.097s；$t = 0.556 \sim 0.733s$ 内，马铃薯由一级分离筛落到二级分离筛；在 $t = 0.733 \sim 1.634s$ 内，马铃薯在二级分离筛筛面以滑动为主，有正向滑动和反向滑动的运动过程。通过计算可得，马铃薯在筛面正、反向滑动时间分别为 0.158s 和 0.108s。在分离筛尾部由于摆杆自身摆动作用，筛杆与马铃薯发生弹性碰撞，使马铃薯出现一次跳跃。

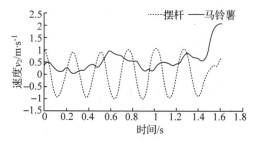
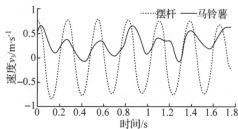

图 7-18 摆动方向角为 17.8° 时
摆杆与马铃薯的平均运动速度

图 7-19 摆动方向角为 18.8° 时
摆杆与马铃薯的平均运动速度曲线

当摆动方向角为 18.8° 时（图 7-19），薯土分离过程中马铃薯运动主要以正向滑动和反向滑动为主。薯土混合物在一级分离筛运动阶段（0.019 ~ 0.581s），马铃薯在筛面正反向滑动各两次，滑动持续时间分别为 0.174s 和 0.108s；当 $t = 0.581 \sim 0.751s$ 时，马铃薯由一级分离筛跳落到二级分离筛，这主要是由于两级分离筛面的高度差导致其产生一次跳跃；从 $t = 0.751s$ 开始，马铃薯在二级分离筛正、反向运动各 4 次，滑动持续时间分别为 0.160s、0.115s。结合图 7-17 可知，摆动方向角越大，马铃薯在筛面的运动时间越长，导致马铃薯的平均运动速度逐渐减小。

7.2.4.4 曲柄转速对马铃薯运动速度的影响

在选择摆动分离筛运动参数时，曲柄转速应在保证分离筛具有良好的输送效果和较低的马铃薯损伤状态下合理选取。曲柄转速越大，摆动分离筛摆动频率越快，薯土混合物分离越彻底，但马铃薯在筛面上跳跃高度会增加，易造成马铃薯表皮损伤。当曲柄转速降低时，薯土混合物在筛面上停留的时间增加，降低了分离筛的输送效率，为了保证马铃薯挖掘机挖掘参数和薯土分离参数的匹配，必须降低机器的前进速度，从而导致马铃薯挖掘机生产率的降低。在此，选择曲柄半径为35mm、筛面倾角为9.7°、摆动方向角为16.8°时，曲柄转速分别为160r · min⁻¹、180 r · min⁻¹ 和210r · min⁻¹（即摆动频率分别为

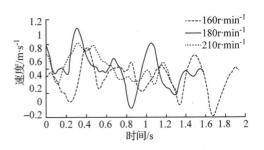

图7-20　不同曲柄转速下马铃薯平均运动速度变化曲线

2.7Hz、3.0Hz 和 3.5Hz)进行试验，获得了马铃薯的平均运动速度变化曲线，结果如图 7-20 所示。

　　由图 7-20 可以看出，曲柄转速越大，摆动分离筛的摆动强度越大，导致马铃薯在筛面的运动越剧烈，马铃薯在摆动分离筛面的运动时间随着曲柄转速的提高逐渐减小。结合图 7-21 可以看出，在曲柄转速为 160r · min⁻¹ 的情况下，当 $t = 0.411 \sim$ 0.518s 时，马铃薯由一级分离筛落到二级分离筛之后，马铃薯在二级分离筛面上正向、反向滑动交替，正、反向滑动次数分别为 5 次，在摆动分离筛运动周期内，马铃薯正向滑动持续时间为 0.249s，反向持续滑动时间为 0.114s。

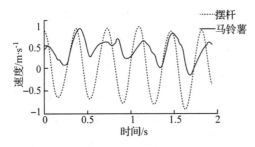

图7-21　曲柄转速为160r · min⁻¹时摆杆与马铃薯的平均运动速度变化曲线

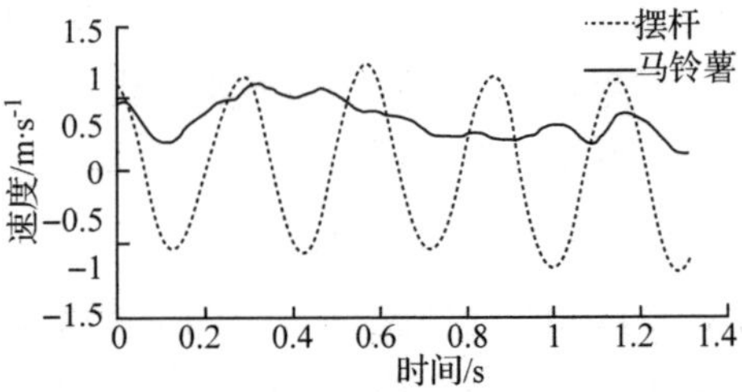

图7-22　曲柄转速为210r · min⁻¹时摆杆与马铃薯的平均运动速度变化曲线

　　当曲柄转速为 210r · min⁻¹ 时（图 7-22），马铃薯在筛面上的运动主要以正向滑动、反向滑动和跳跃为主，并且跳跃状态为轻微跳跃；在 $t = 0.260 \sim 0.101$s 阶段，马铃薯在一级分离筛出现正向滑动；在 $t = 0.101 \sim 1.377$s 时间段，马铃薯由一级分离筛落至二级分离筛，且马铃薯出现持续跳跃，与筛面碰撞后出现相对于筛面的正向跳跃和反向跳跃。通过分析可知，正向跳跃的持续时间为 0.195s、反向跳跃的持

续时间为0.097s，马铃薯在筛面上的剧烈跳跃会造成马铃薯破皮损伤。

7.2.4.5 曲柄半径对马铃薯运动速度的影响

曲柄半径是影响摆动分离筛摆动强度的另一主要因素，对马铃薯在摆动分离筛面上的运动状态有很大影响。曲柄半径越大，筛面的摆动强度越大。因此，只有合理设计曲柄半径，才能保证马铃薯在摆动分离筛面上具有良好的运动状态。为了进一步比较在马铃薯收获过程中曲柄半径对分离筛面上马铃薯运动状态的影响，取摆动方向角为16.8°、曲柄转速180 r·min^{-1}、筛面倾角为9.7°时，曲柄半径为35mm、40mm和45mm进行试验，得到马铃薯平均运动速度变化曲线，如图7-23所示。

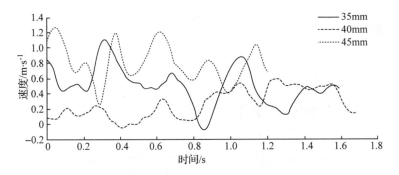

图7-23　不同曲柄半径时马铃薯的平均运动速度变化曲线

由图7-23可知，当曲柄半径为35mm时，马铃薯在筛面上的运动时间为1.59s，运动速度变化范围为-0.45~1.14m·s^{-1}；当曲柄半径为40mm时，马铃薯在筛面的运动时间为1.68s，运动速度变化范围为-0.05~0.63m·s^{-1}；当曲柄半径为45mm时，马铃薯在筛面的运动时间为1.19s，运动速度变化范围0.23~1.21m·s^{-1}。

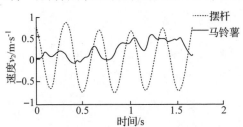

**图7-24　曲柄半径为40mm时摆杆与
马铃薯的平均运动速度变化曲线**

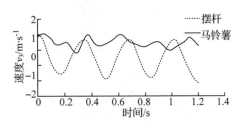

**图7-25　曲柄半径为45mm时摆杆与
马铃薯的平均运动速度变化曲线**

由图 7-24 可知，当曲柄半径为 40 mm 时，马铃薯在分离筛面上的运动状态主要有正向滑动、反向滑动与跳跃。当马铃薯位于一级分离筛时，正向滑动和反向滑动交替变化，正反向滑动各 2 次；当 $t = 0.410 \sim 0.622\text{s}$ 时，马铃薯由一级分离筛落至二级分离筛后，马铃薯的运动状态为反向滑动—正向跳跃—反向滑动交替变化，其中马铃薯在分离筛面上的跳跃只是轻微跳跃；当马铃薯落到二级分离筛面上时，马铃薯会相对筛面反向滑动，然后出现跳跃状态，反向滑动会使马铃薯的相对移动速度降低，而跳跃运动使马铃薯在一定程度上增加了破皮损伤。

由图 7-25 可知，当曲柄半径为 45 mm 时，马铃薯在摆动分离筛面上出现剧烈的跳跃状态。分析试验数据得知：当马铃薯第一次跳跃结束落到筛面时，正好出现在摆动分离筛向后摆动的瞬间，马铃薯在惯性力作用下，继续正向跳跃，在进行下一循环跳跃过程中，由于分离筛相向于马铃薯向平衡位置运动，导致马铃薯跳跃过程中运动速度降低，相对筛面表现出反向运动的状态，但其绝对运动速度大于零。

7.3　马铃薯相对分离筛运动位移特性

为研究薯土分离过程中马铃薯相对分离筛的运动位移特性，本节以单颗马铃薯为研究对象，利用 TEMA(Motion Analysis based on the Track Eye) 动态图像处理软件对马铃薯相对分离筛的运动影像进行处理，统计无土筛面和有土筛面上马铃薯相对分离筛的位移随分离筛参数的变化规律，解析不同分离筛参数及筛面条件下马铃薯相对分离筛运动特性产生差异的原因，为深入剖析分离筛性能随分离筛参数的变化规律提供依据。

7.3.1　试验条件与设备

2016 年 10 月初，在内蒙古农业大学农学院作物种植基地进行了田间试验。试验前一周除秧除草，试验地块平坦，砂壤土平作，作业面积约 1hm^2，土壤含水率 13.1%，土壤硬度 277N·cm^{-2}，马铃薯品种为内蒙古中西部地区广泛种植的克新 1 号，行距 800mm，株距 350mm，结薯深度 $150 \sim 180\text{mm}$，试验期间白天平均气温为 18℃。

试验机型为 4SW-170 型马铃薯挖掘机，配套动力为东风 900 型拖拉机。所用仪器设备有高速摄像机、光电转速仪、皮尺、秒表等，其中高速摄像机为美国 Vision Research 公司生产的 Phantom Miro2 高速数字摄像机；光电转速仪为台湾 SAMPO 公司生产的 TD2234B 光电转速仪，准确度为 ±0.05%，量程为 1~99999 r·min^{-1}，分辨率为 0.1r·min^{-1}。

7.3.2 试验设计与方法

7.3.2.1 试验因素及水平

根据理论分析和生产实践经验可知，分离筛薯土分离效率、马铃薯相对分离筛的运动特性主要与曲柄转速、筛面倾角和机器前进平均运动速度等参数有关，确定试验因素及水平见表 7-13。试验过程中，通过改变传动链轮齿数调节曲柄转速，调节筛角调节机构改变筛面倾角。

表 7-13　试验因素及水平

水平	因素		
	曲柄转速/r·min^{-1}	筛面倾角/°	机器前进平均运动速度/km·h^{-1}
1	161	0.5	1.11
2	180	7.7	1.69
3	205	14.4	2.03
4	230	21.1	2.37
5	—	—	2.78

7.3.2.2 无土与有土筛面条件的确定

为分析无土和有土筛面上马铃薯相对分离筛运动时的位移特性，依据预试验中采集的马铃薯相对分离筛的运动影像，确定无土和有土筛面条件。

在分离筛一侧的挡板上沿 x 轴正方向距离分离筛前端 100 mm 处起平均分布 10 段标尺（图 7-26），用以标记筛面长度所对应的位置，所标记的筛面长度范围为 100~1000 mm，x 轴正方向指向分离筛尾部。

反复观察不同曲柄转速、不同筛面倾角时的高速影像发现：在筛面长度 100~600 mm 范围内能够捕捉到薯土混合物表面的马铃薯相对分离筛运动的影像；而在筛面长度 600~1000 mm 范围内能够捕捉到不受其他物料干扰的马铃薯运动影像。因此，分析曲柄转速、筛面倾角对马铃薯位移特性的影响时，有土筛面上马铃薯位移特性的分析取筛面长度 100~600 mm 范围内薯土混合物表面的马铃薯，无土筛面上马铃薯位移特性的分析取筛面长度 600~1000 mm 范围内不受其他物料干扰的马铃薯。

反复观察不同机器前进平均运动速度时的高速影像发现：随着机器前进平均运动速度的增加，由升运链落至分离筛上的薯土混合物物料量逐渐增加，且同一机器前进平均运动速度时筛面长度 100~600 mm 范围内的薯土混合物厚度基本一致。据此可知，考察机器前进平均运动速度对马铃薯运动特性的影响，实质上是考察薯土混合物物料量对马铃薯运动特性的影响。因此，仅取筛面长度 100~600 mm 范围内薯土混合物表面的马铃薯作为目标来分析机器前进平均运动速度对马铃薯相对分离筛运动的位移特性的影响规律。

综合上述分析结果，确定筛面长度 600~1000 mm 范围内为无土筛面，筛面长度 100~600 mm 范围内为有土筛面，无土与有土筛面状态如图 7-26 所示。

7.3.2.3　高速影像数据采集与处理方法

按照 5.2.2 节中的试验方法，采集马铃薯相对分离筛运动的高速影像数据，每组试验重复 3 次。试验完成后，利用 TE-MA 动态图像数据处理软件对高速影像数据进行处理，在分离筛挡板上建立直角坐标系，其中 x 轴正方向指向筛尾（图 7-26），分析马铃薯沿分离筛 x 轴运动的位

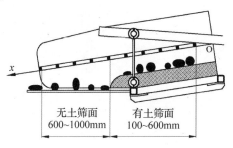

图 7-26　无土和有土筛面

移特性。取每次试验中无土和有土筛面上的 1 颗马铃薯进行分析，获得马铃薯相对分离筛的位移时间曲线，对比分析后取能够代表每组试验中马铃薯位移特性的 1 条曲线作为最终结果。

7.3.3　试验结果与分析

7.3.3.1　曲柄转速对马铃薯相对分离筛位移的影响

（1）无土筛面上马铃薯相对分离筛的位移

筛面倾角为 7.7°、机器前进平均运动速度为 1.69 km·h^{-1} 的情况下，曲柄转速分别为 161 r·min^{-1}、180 r·min^{-1}、205 r·min^{-1} 和 230 r·min^{-1} 时无土筛面上马铃薯相对分离筛的位移时间曲线如图 7-27 所示。

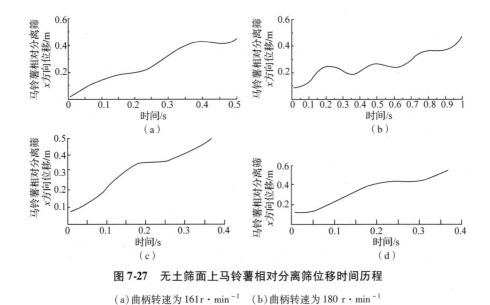

图 7-27　无土筛面上马铃薯相对分离筛位移时间历程

（a）曲柄转速为 161r·min⁻¹　（b）曲柄转速为 180 r·min⁻¹

（c）曲柄转速为 205 r·min⁻¹　（d）曲柄转速为 230 r·min⁻¹

　　4 种曲柄转速时无土筛面上马铃薯相对分离筛的位移时间曲线均呈 S 形（图 7-28），说明 4 种曲柄转速时马铃薯相对分离筛 x 轴均具有正向和反向的运动过程。

　　曲柄转速由 161 r·min⁻¹ 增加至 180 r·min⁻¹ 时，无土筛面上马铃薯相对分离筛的正反向位移的交替变化幅度增大，同一周期内马铃薯正反向位移的最大差值由 20 mm 增加至 60 mm；曲柄转速由 180 r·min⁻¹ 增加至 205 r·min⁻¹ 时，马铃薯正反向位移的交替变化幅度减小，同一周期内马铃薯正反向位移的最大差值由 60 mm 减小至 1 mm；当曲柄转速为 230 r·min⁻¹ 时马铃薯正向位移增加至一定程度后仅出现微弱减小，而后逐渐增大（图 7-27）。

　　结合 5.5.3 节理论分析可知，曲柄转速为 161 r·min⁻¹ 时，无土筛面上的马铃薯相对分离筛的运动状态处于抛离筛面的临界状态，马铃薯相对分离筛正向运动速度较大且运动时间较长，反向运动速度较小且运动时间较短，从而导致马铃薯正反向位移波动不明显。

　　当曲柄转速为 180 r·min⁻¹ 时，马铃薯运动状态转变为轻微跳跃，分离筛参数和马铃薯自身弹性的综合作用使抛离筛面后的马铃薯相对分离筛的正向运动速度增大，反向运动速度的绝对值也增大，正、反向运动时间相近，最终导致马铃薯相对分离筛的正、反向运动距离均较大，位移交替变化明显。

随着曲柄转速的继续升高，马铃薯的运动状态由轻微跳跃转变为剧烈跳跃，马铃薯相对分离筛的正向运动速度增大，使马铃薯相对分离筛的正向位移增大；而由于曲柄转速的升高，马铃薯抛离运动完成落至筛面后仅出现短时间的反向运动即开始正向抛离筛面运动，马铃薯反向运动速度的绝对值较小，运动时间较短，致使其反向运动距离减小，最终导致马铃薯相对分离筛的正、反向位移交替变化幅度减小，位移随时间的变化越来越趋近于直线。

（2）有土筛面上马铃薯相对分离筛的位移

筛面倾角为 7.7°、机器前进平均运动速度为 1.69 km·h^{-1} 的情况下，曲柄转速分别为 161 r·min^{-1}、180 r·min^{-1}、205 r·min^{-1} 和 230 r·min^{-1} 时有土筛面上马铃薯相对分离筛的位移时间曲线如图 7-28 所示。

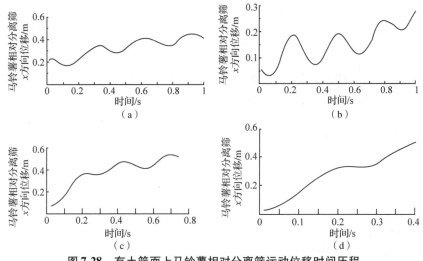

图 7-28　有土筛面上马铃薯相对分离筛运动位移时间历程

（a）曲柄转速为 161 r·min^{-1}　　（b）曲柄转速为 180 r·min^{-1}

（c）曲柄转速为 205 r·min^{-1}　　（d）曲柄转速为 230 r·min^{-1}

随着曲柄转速的升高，有土筛面上马铃薯相对分离筛正、反向位移的交替变化幅度先增大而后逐渐减小。曲柄转速为 161 r·min^{-1} 时同一周期内马铃薯正、反向位移的最大差值为 70 mm，曲柄转速为 180 r·min^{-1} 时同一周期内马铃薯正、反向位移的最大差值增加至 120 mm，曲柄转速为 205 r·min^{-1} 时马铃薯正向位移与反向位移之间的最大差值减小为 50 mm，当曲柄转转速为 230 r·min^{-1} 时马铃薯正向位移与反向位移之间的最大差值仅为 5 mm(图 7-28)。

通过分析与位移时间曲线相对应的速度时间曲线(图 7-29)发现:曲柄转速为 180 r·min^{-1}时马铃薯相对分离筛的速度变化范围为 -1.22~1.58 m·s^{-1},马铃薯相对分离筛的正向速度峰值与反向速度峰值的绝对值更加接近,且马铃薯正反向运动时间基本一致,使其位移幅值的交替变化更加明显;曲柄转速为 161 r·min^{-1}时马铃薯相对分离筛的速度变化范围为 -0.9~1.29 m·s^{-1},马铃薯相对分离筛的正向运动速度峰值小于曲柄转速为 180 r·min^{-1}时的速度峰值,反向运动速度峰值的绝对值也小于曲柄转速为 180 r·min^{-1}时的速度峰值的绝对值,使马铃薯相对分离筛的正向运动距离较大而反向运动距离较小;曲柄转速为 205 r·min^{-1}时马铃薯相对分离筛的速度变化范围为 -0.8~2.2 m·s^{-1},马铃薯相对分离筛的正向运动速度峰值大于曲柄转速为 180 r·min^{-1}时的速度峰值,反向运动速度峰值的绝对值小于曲柄转速为 180 r·min^{-1}时的速度峰值的绝对值,随着曲柄转速的增加这一现象更加明显,致使曲柄转速越高,马铃薯相对分离筛的正向运动距离越大,反向运动距离越小,马铃薯正、反向位移的波动幅度越小。

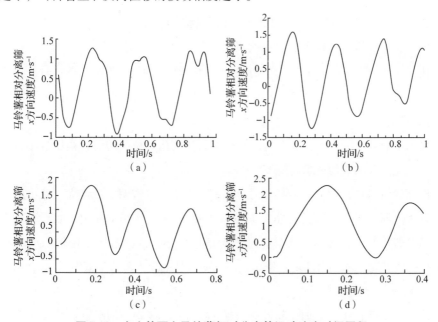

图 7-29 有土筛面上马铃薯相对分离筛运动速度时间历程

(a)曲柄转速为 161 r·min^{-1} (b)曲柄转速为 180 r·min^{-1}

(c)曲柄转速为 205 r·min^{-1} (d)曲柄转速为 230 r·min^{-1}

（3）无土和有土筛面上马铃薯位移特性对比分析

综合分析图 7-27、图 7-28 可知，曲柄转速相同的情况下，有土筛面上马铃薯相对分离筛位移的波动幅度大于无土筛面上马铃薯位移的波动幅度。其原因是：马铃薯在有土筛面上相对分离筛的运动受到土壤、杂草及其他马铃薯的阻碍，使其相对分离筛的运动较无土筛面上迟缓，马铃薯在分离筛某一位置往复运动而不易向后运动。

曲柄转速为 161 r·min^{-1}、180 r·min^{-1} 和 205 r·min^{-1} 时，有土筛面上马铃薯相对分离筛位移的波动幅度与无土筛面上位移波动幅度的差异明显，而曲柄转速为 230 r·min^{-1} 时有土和无土筛面上马铃薯位移波动的差异不明显。主要原因是：曲柄转速为 161 r·min^{-1}、180 r·min^{-1} 和 205 r·min^{-1} 时有土筛面范围内的薯土混合物物料层较厚，土壤、杂草等其他物料对马铃薯的运动具有较强的阻碍作用，当曲柄转速为 230 r·min^{-1} 时有土筛面范围内的薯土混合物物料层薄，土壤、杂草等其他物料对马铃薯运动的阻碍作用弱，使有土与无土筛面上马铃薯运动位移的差异不显著。

7.3.3.2　筛面倾角对马铃薯相对分离筛位移的影响

（1）无土筛面上马铃薯相对分离筛的位移

曲柄转速为 205 r·min^{-1}、机器前进平均运动速度为 1.69 km·h^{-1} 时，筛面倾角分别为 0.5°、7.7°、14.4° 和 21.1° 时无土筛面上马铃薯相对分离筛的位移时间曲线如图 7-30 所示。

筛面倾角越大，无土筛面上马铃薯相对分离筛运动位移的波动幅度越小，位移随时间变化曲线的直线度越高（图 7-30）。

筛面倾角为 0.5° 时，马铃薯相对分离筛运动位移具有明显的增大、减小的起伏变化过程，同一周期内马铃薯正反向位移的最大差值为 70 mm；筛面倾角为 7.7° 时，马铃薯相对分离筛运动位移先增大后微弱减小，位移起伏变化较筛面倾角为 0.5° 时有所减弱，同一周期内马铃薯正、反向位移的最大差值降低至 1 mm；当筛面倾角为 14.4° 时，马铃薯相对分离筛运动位移增大至一定程度后保持不变，而后逐渐增大；而筛面倾角为 21.1° 时，马铃薯相对分离筛的位移呈一直增大的状态（图 7-30）。

主要原因是：筛面倾角较小时，分离筛输送物料的能力较弱，马铃薯处于分离筛某一位置往复运动而不易向筛尾运动，且马铃薯相对分离筛正向运动速度与反向

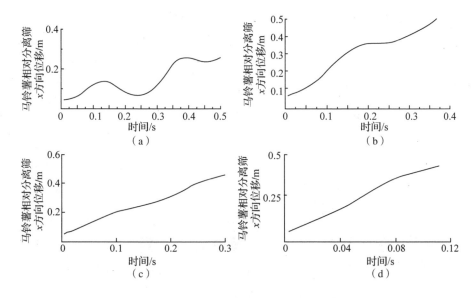

图 7-30　无土筛面上马铃薯相对分离筛运动位移时间历程

(a)筛面倾角为 0.5°　(b)筛面倾角为 7.7°　(c)筛面倾角为 14.4°　(d)筛面倾角为 21.1°

运动速度的绝对值基本一致，同一周期内正反向运动时间相近，最终导致马铃薯相对分离筛正、反向位移交替变化幅度较大；而随着筛面倾角的逐渐增加，分离筛的输送性能增强，马铃薯相对分离筛的正向运动速度和时间逐渐增大，反向运动速度和时间逐渐减少，最终造成马铃薯相对分离筛位移的波动幅度随着筛面倾角的增大而逐渐减小。

(2)有土筛面上马铃薯相对分离筛的位移

曲柄转速为 205 r·min⁻¹、机器前进平均运动速度为 1.69 km·h⁻¹时，筛面倾角分别为 0.5°、7.7°、14.4°和 21.1°时有土筛面上马铃薯相对分离筛的位移时间曲线如图 7-31 所示。

筛面倾角越大，有土筛面上马铃薯相对分离筛的位移随时间的变化曲线越趋近于直线，马铃薯位移的波动幅度越小。筛面倾角为 0.5°时同一周期内马铃薯正、反向位移的最大差值为 145 mm，筛面倾角为 7.7°时同一周期内马铃薯正、反向位移的最大差值为 50 mm，当筛面倾角为 14.4°时马铃薯相对分离筛正向运动一段时间后在原位置短暂停留又开始正向运动，而筛面倾角为 21.1°时马铃薯相对分离筛持续正向运动(图 7-31)。

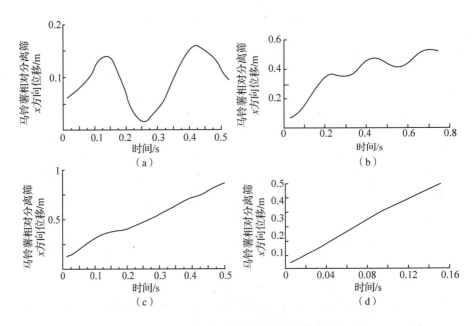

图 7-31　有土筛面上马铃薯相对分离筛位移时间历程

(a)筛面倾角为 0.5°　(b)筛面倾角为 7.7°　(c)筛面倾角为 14.4°　(d)筛面倾角为 21.1°

通过分析与位移时间曲线相对应的速度时间曲线(图 7-32)发现：筛面倾角越小,马铃薯相对分离筛的速度变化幅度越大,筛面倾角为 0.5°时马铃薯相对分离筛的速度变化范围为 $-1.65 \sim 1.3 \ \mathrm{m \cdot s^{-1}}$,筛面倾角为 7.7°时马铃薯相对分离筛的速度变化范围为 $-0.8 \sim 2.35 \ \mathrm{m \cdot s^{-1}}$,致使马铃薯正反向运动的距离相近,正反向位移交替变化幅度较大；而较大的筛面倾角使马铃薯相对分离筛的速度为正值,筛面倾角为 14.4°时马铃薯相对分离筛的速度变化范围为 $0.5 \sim 2.45 \ \mathrm{m \cdot s^{-1}}$,筛面倾角为 21.1°时马铃薯相对分离筛的速度变化范围为 $2.4 \sim 3.55 \ \mathrm{m \cdot s^{-1}}$,即使马铃薯速度具有增大、减小的变化过程,但变化范围均为正值,导致马铃薯相对分离筛的位移随着筛面倾角的增大而持续增大,且位移随时间变化曲线的直线度增强。

(3)无土和有土筛面上马铃薯位移特性对比分析

综合分析图 7-30、图 7-31 可以看出,筛面倾角为 0.5°和 7.7°时,有土筛面上马铃薯相对分离筛位移的波动幅度大于无土筛面上马铃薯位移的波动幅度,且位移波动差异显著；筛面倾角为 14.4°和 21.1°时,无土和有土筛面上马铃薯相对分离筛位移的波动差异不明显。

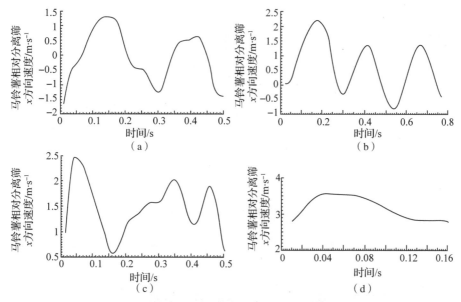

图 7-32 有土筛面上马铃薯相对分离筛运动速度时间历程

（a）筛面倾角为 0.5° （b）筛面倾角为 7.7° （c）筛面倾角为 14.4° （d）筛面倾角为 21.1°

原因是：筛面倾角较小时，分离筛输送物料的能力较弱，有土筛面上薯土混合物物料层较厚，对马铃薯相对分离筛运动的阻碍作用较强，马铃薯在分离筛上某一位置往复运动不易向后输送，从而其相对分离筛运动位移交替变化幅度明显；而筛面倾角较大时，薯土混合物由升运链落至分离筛的距离较大，薯土混合物受到筛面的冲击作用较强，造成薯土混合物物料层较薄，同时由于筛面倾角较大导致分离筛输送性能较强，马铃薯受到土壤、杂草等其他物料的阻碍作用弱，从而使无土与有土筛面上马铃薯运动位移波动幅度的差异不明显。

7.3.3.3 机器前进平均运动速度对马铃薯相对分离筛位移的影响

筛面倾角为 7.7°、曲柄转速为 205 r · min⁻¹ 的情况下，机器前进平均运动速度分别为 1.11 km · h⁻¹、1.69 km · h⁻¹、2.03 km · h⁻¹、2.37 km · h⁻¹ 和 2.78 km · h⁻¹ 时有土筛面上马铃薯相对分离筛的位移时间曲线如图 7-33 所示。

随着机器前进平均运动速度的增大，有土筛面上马铃薯相对分离筛正反向位移的交替变化幅度逐渐增大。机器前进平均运动速度为 1.11 km · h⁻¹、1.69 km · h⁻¹、2.03 km · h⁻¹、2.37 km · h⁻¹ 和 2.78 km · h⁻¹ 时同一周期内马铃薯正反向位移的最大差值分别为 50 mm、50 mm、100 mm、120 mm 和 160 mm（图 7-33）。

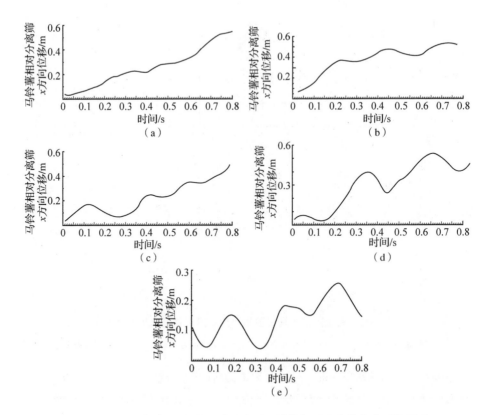

图7-33 不同机器前进平均运动速度时马铃薯相对分离筛位移时间历程

（a）机器前进速度为1.11 km·h⁻¹ （b）机器前进速度为1.69 km·h⁻¹ （c）机器前进速度为2.03 km·h⁻¹

（d）机器前进速度为2.37 km·h⁻¹ （e）机器前进速度为2.78 km·h⁻¹

主要原因是：随着机器前进平均运动速度的增加，由升运链落至分离筛上的薯土混合物物料量增加，薯土混合物对马铃薯相对分离筛运动的阻碍作用增强，最终导致马铃薯位移的波动幅度增大。

Chapter Eight | 第 8 章
马铃薯挖掘机振动
测试

本章以 4SW-170 型马铃薯挖掘机为研究对象，利用无线传感器测试系统，对马铃薯挖掘机分别在室内和田间进行了振动试验研究，并对室内和田间振动试验结果进行了对比分析。

8.1 室内振动试验研究

8.1.1 试验设备与仪器

室内试验借助 4SW-170 型马铃薯挖掘机试验台（图 7-1）进行。建立测试坐标系，其中 X 轴为垂直方向，Y 轴为前后方向，Z 轴为平行主轴方向。

由于 Shannon 采样定理规定了带限信号不丢失信息的最低采样频率为：

$$f_s = \frac{1}{\Delta t} = 2f_N \geqslant 2f_{max} \tag{8-1}$$

式中 f_s——采样频率；

Δt——采样时间间隔；

f_N——折叠频率，又称那奎斯特频率；

f_{max}——原信号中最高频率成分的频率。

而各部件传动频率计算公式为：

$$f = \frac{nZi}{60} \tag{8-2}$$

式中 n——转子转速，$r \cdot min^{-1}$；

Z——齿轮或链轮的当量啮合齿数，$i = 1$，2，3…为谐波数。

本试验台最大输入转速为 540$r \cdot min^{-1}$，由此可以计算出马铃薯挖掘机变速箱传动系统的最大传动频率为 135Hz，即：$f_{max} = 135$Hz，周期 $T = 0.007$s。由此可得最低采样频率为 270Hz。

本试验所用传感器选用必创公司研发的无线测试集成模块，包括传感器、信号调理器、放大器、抗混滤波器、A/D 转换器、缓冲存储器以及 USB 接口无线网关 BS901 等（图 8-1）。数据采集软件选用与传感器配套的信号采集控制软件 BeeData。试验数据的处理采用 MATLAB-guide 工具箱将程序文件编制成友好程序界面。其他设备主要包括广州市速为电子科技有限公司生产的 DT2234B 光电转速仪。

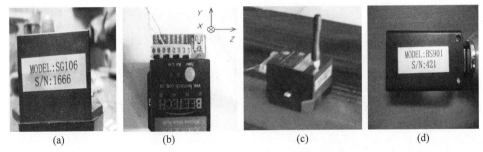

图 8-1　加速度传感器与计算机接收系统

（a）传感器安装磁座　（b）传感器坐标标定　（c）信号发射端　（d）信号接收端

无线加速度传感器（包括三维无线加速度传感器 SA3012 和一维加速度传感器 SG106）采用 2.4G 射频芯片，主要参数如下：

①采样频率范围：500~2000Hz；

②加速度有效量程：SA106（0~100g）/SA3012（0~100g）；

③测量精度：0.001g；

④有效距离：0~100m。

8.1.2　选择测点

为实现对 4SW-170 型马铃薯挖掘机各旋转轴的扭转、梁的弯曲等各种振动的测量，将测点选择在旋转轴轴承座、摆动筛前后梁以及各个连接销轴等处（测点的分布如图 8-2 所示）。

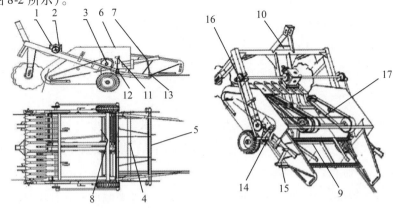

图 8-2　试验测点分布图

1. 变速箱　2. 主轴轴承座　3. 升运链轮轴承座　4. 摆动筛前梁　5. 摆动筛后梁　6. 侧板　7. 筛角调节板　8. 机架上横梁　9. 机架下梁　10. 悬挂梁　11. 前吊挂杆上轴销　12. 连杆前吊挂杆轴销　13. 后吊挂杆下轴销　14. 后吊挂杆　15. 前吊挂杆　16. 连杆　17. 升运链

选定测点之后，将 SA3012 三轴传感器用强力胶固定在测点处，使传感器通道设置为与机架的三自由度——对应：设置 001 通道为 X 轴（垂向）；设置 002 通道为 Y 轴（轴向）；设置 003 通道为 Z 轴（纵向）。

8.1.3　测试方案

（1）整机空载试验

选择筛面倾角为 5.8°作为室内试验初始条件，以输入轴转速为 387r·min^{-1} 为例进行各部件的强度分析。

（2）单因素试验

将传动链条的装配数量、输入轴转速作为试验因素。试验因素水平的选定：

传动链条：双边装配、单边装配和不装配；

输入轴转速：根据 4SW-170 型马铃薯挖掘机实际使用情况，选择 180~540r·min^{-1} 的转速范围，以 30 转左右（对应于变频柜 0.5Hz）为间隔进行测量。

（3）传感器

用 SA3012 三维加速度传感器为主要传感器，分别测取变速箱、主轴轴承座、升运链轮轴承座、摆动筛后梁、连杆、升运链等部位三方向的振动信号。用 SG102 一维传感器测取单方向的信号。

（4）测试方法

根据输入轴已经标定好的转速，启动试验台并运行 3 分钟，当试验台达到平稳运行状态时开始采集数据，采集时间为 10s。以 0.5Hz 为电压频率间隔，使转速依次增加，重复试验 3 次。将试验结果存为 Excel 文件格式并取平均值，利用 MAT-LAB 程序对数据进行分析。

8.2　试验结果及分析

8.2.1　振动强度与振源分析试验

8.2.1.1　试验数据分析

试验过程中，会存在传感器随温度变化、传感器频率范围外低频性能的不稳定以及传感器周围的环境干扰等。由于上述干扰，信号往往会偏离基线，偏离基线随时间变化的整个过程被称为信号的趋势项。为了确保测试精度，应排除趋势项的影响。

本研究利用 MATLAB 程序消除信号趋势项。在输入轴转速为 $387r \cdot min^{-1}$ 时部分测点三个方向的加速度信号如图 8-3 所示，其中，不同测点按行排列，从左向右依次为垂直（X 轴）、前后（Y 轴）和平行轴（Z 轴）三个方向的振动信号，各测点在每

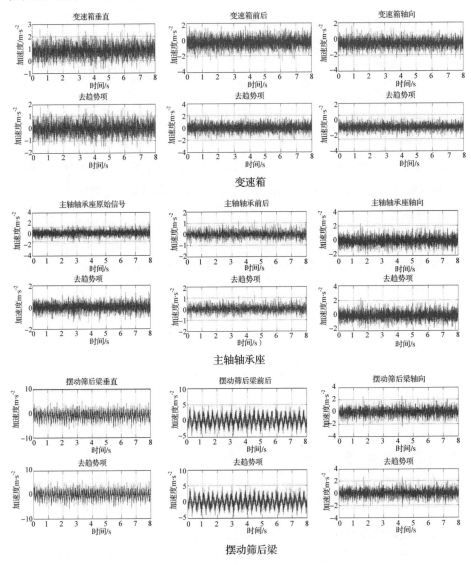

图8-3　部分测点三向加速度信号（输出轴转速为 $387r \cdot min^{-1}$）

一信号组图的上图为其原始信号,下图为其去趋势项信号。从原始信号可以看出,在整个采集时间段内变速箱、主轴轴承、摆动分离筛后梁的信号均偏离了零线;从处理后的结果可以看出,经过处理后数据回到了零基准线上,表明所用处理方法是可行的。

8.2.1.2 振动强度时域分析

试验结果表明,同转速下,马铃薯挖掘机在试验台上的振动强于田间工作过程中的振动。因此,在综合考虑多种因素后,选择以输入轴转速 $387r \cdot min^{-1}$ 作为强度分析转速。

由于振动速度可以反映出振动的能量,绝大多数机械设备的结构损坏都是由于振动速度过大引起的,本研究选用振动速度作为评估振动激烈程度的参量。

利用 MATLAB 程序,对所测加速度信号进行积分处理,使之转换成速度和位移信号,经统计分析,得到了 17 个测点在三个方向的振动速度参数。在此,给出前后和垂直两个方向的统计值(表 8-1、表 8-2),以及三方向的速度均方根值的比较情况(表 8-3)。

表 8-1　垂向速度统计　　　　　　　　单位:$m \cdot s^{-1}$

测点	测试部位	平均绝对值	峰值	均方根值
1	变速箱	3.3725	7.4302	3.8189
2	主轴轴承座	6.8934	14.160	7.707
3	升运链轮轴承座	2.2156	4.9448	2.5487
4	摆动筛前梁	5.3571	14.676	6.8143
5	摆动筛后梁	12.1761	29.048	14.097
7	筛角调节板	9.7169	31.240	12.0472
9	机架下横梁	7.3907	15.247	8.3686
10	悬挂梁	0.118	0.3113	0.134
11	前吊挂杆上轴销	0.3155	1.0656	0.3931
12	连杆前吊杆轴销	2.1285	6.2527	2.6285
13	后吊挂杆下轴销	6.087	16.679	7.3531
14	后吊挂杆	14.2422	30.728	16.1014
15	前吊挂杆	6.6465	12.237	7.4949
16	连杆	7.3907	15.247	8.3686
17	升运链	98.0241	178.84	110.252

表 8-2　前后速度统计　　　　　　　单位：m·s⁻¹

测点	测试部	平均绝对值	峰值	均方根值
1	变速箱	3.6525	7.9234	4.1345
2	主轴轴承座	6.125	13.3705	6.9445
3	升运链轮轴承座	1.5514	4.5196	1.9658
4	摆动筛前梁	5.2143	10.5618	5.9221
5	摆动筛后梁	1.6421	5.7674	2.0832
7	筛角调节板	4.6001	11.931	5.2839
8	机架上横梁	4.8734	11.0529	5.4787
9	机架下横梁	5.8924	14.7358	7.0007
12	连杆前吊杆轴销	50.2967	109.3267	55.9296
14	后吊挂杆	10.0711	20.2402	11.4156
15	前吊挂杆	2.6816	6.177	3.1684
16	连杆	114.512	294.9833	141.2498
17	升运链	117.2313	231.1414	133.1453

表 8-3　各测点三自由度振动强度对比　　　　　　　单位：m·s⁻¹

测点	垂向	前后	轴向	测点	垂向	前后	轴向
1	3.8189	4.1345	4.9658	10	3.8189	4.134	—
2	7.707	6.9445	15.7647	11	0.3931	—	0.501
3	2.5487	1.9658	—	12	2.6285	55.9296	4.8478
4	6.8143	5.9221	24.782	13	7.3531	—	—
5	14.09	2.083	33.474	14	16.1014	11.4156	10.6073
6	—	—	2.894	15	7.4949	3.1684	17.4466
7	12.0472	5.2839	5.1425	16	8.3686	141.2498	17.4466
8	3.4146	5.4787	3.8745	17	110.2528	133.1453	25.824
9	8.3686	7.3569	4.3933				

　　根据 4SW-170 型马铃薯挖掘机各测点振动强度的大小，各部件振动强度由大到小的顺序为：摆动分离筛连杆、升运链杆、摆动分离筛连杆轴销、摆动分离筛后梁、主轴轴承座、筛角调节板、下机架上横梁、变速箱座。由于整机布置测点较多，且每个测点都具有三个振动方向，在此选出具有代表性的测点及其振动最大方向进行重点分析。

　　从每个测点三个方向的振动信号中找出速度均方根值最大的方向，此方向的速度均方根值即为该测点的振动强度值。各测点振动最大的方向见表 8-4。从每一类零部件测点中筛选出振动强度较大的一个，筛选出的测点所在的零部件依次为：摆动分离筛连杆、升运链杆、摆动分离筛连杆轴销、摆动分离筛后梁、主轴轴承座、筛角调节板、机架下横梁和变速箱座。

表 8-4　各测点振动最大方向

方向	测点位置					
垂直	筛角调节板	机架下横梁	悬挂梁	后吊挂杆下轴销	后吊挂杆	机架上横梁
前后	升运轮轴承	摆动筛前梁	摆动筛后梁	连杆前吊挂杆轴销	连杆	升运链
轴向	变速箱	主轴轴承座	侧板	前吊挂杆上轴销		

筛选出振动最大的测点及其振动最大方向如下：平行轴（Z 轴）方向：变速箱和主轴承座的振动强度分别为 $4.9658\mathrm{m \cdot s^{-1}}$ 和 $15.7647\mathrm{m \cdot s^{-1}}$，垂直（$X$ 轴）方向：筛角调节板和机架下梁的振动强度分别为 $12.047\mathrm{m \cdot s^{-1}}$ 和 $8.3686\mathrm{m \cdot s^{-1}}$，前后（$Y$ 轴）方向：摆动分离筛后梁、连杆前吊挂杆轴销、连杆和升运链杆的振动强度分别为 $33.4081\mathrm{m \cdot s^{-1}}$、$55.9296\mathrm{m \cdot s^{-1}}$、$141.2498\mathrm{m \cdot s^{-1}}$ 和 $133.1453\mathrm{m \cdot s^{-1}}$。

8.2.1.3　振源分析

在采集到的信号中包括随机信号（噪声）和确定性信号（周期信号）。由于随机信号的傅立叶变换不存在，所以不能将信号直接通过 FFT 转换为频谱，但可以使用功率谱密度函数来实现。对于筛选出的能够代表机器振动强度的各测点，利用 MATLAB 程序对其加速度信号分别进行频谱转换，结果如图 8-4 和表 8-5 所示。

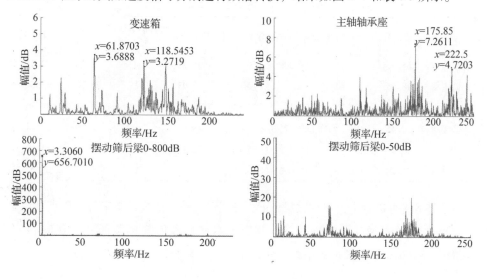

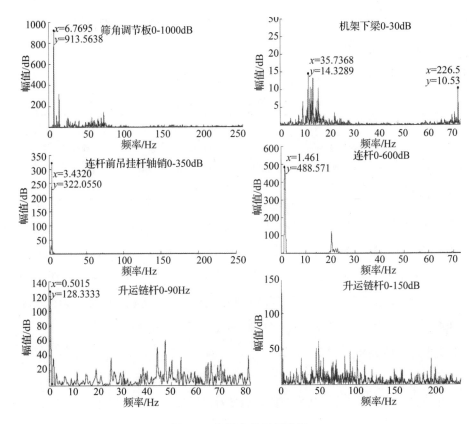

图8-4 各测点信号频谱图

表8-5 自谱峰值频率/主振频率 单位：Hz

阶数	变速箱	主轴轴承座	摆动筛后梁	筛角调节板	机架下梁	连杆前吊挂杆轴销	连杆	升运链
1 阶频率	61.87	98.70	3.30	6.76	35.73	3.43	1.46	0.501
2 阶频率	118.54	96.81	174.27	13.38	42.03	2.17	20.50	47.64
3 阶频率	144.04	92.72	200.40	71.31	38.57	0.78	22.21	44.36
4 阶频率	23.45	101.58	69.11	10.23	48.6		24.02	87.94
5 阶频率	116.6	81.39	166.71	25.66	226.54			81.10
6 阶频率	126.10	106.58	13.066	55.88	28.80			25.30

由图8-4可以看出：在空载状态下，各测点振动的能量主要来源于周期性激励下所产生的受迫振动。为方便寻找振源，本节将峰值频率按照0～10Hz、10～100Hz、>100Hz将各部位的振源划分为A、B、C三个频段分别进行分析。

对比各测点振动信号的峰值频率和主要部件的传动频率(表 8-5、表 8-6),可对各部位的振源做出分析。

表 8-6 主要部件传动频率表(387 r·min⁻¹)

输入轴 387 r·min⁻¹	旋转轴基频/Hz	振动频率/Hz
大锥齿轮(Z1 = 15)	6.4	96
小锥齿轮(Z2 = 30)	3.27	96
主传动轴 198r·min⁻¹	3.27	3.27
小链轮(Z3 = 20)	3.27	60
升运轴 140r·min⁻¹	2.2	2.2
大链轮(Z4 = 30)	2.2	60
升运链/升运链轮(Z5 = 14)	2.2	28
连杆/前后吊挂杆	3.27	3.27
摆动分离筛	3.27	3.27

对比分析各测点振动信号的自功率谱特征频率和振源传动频率可知:变速箱的振动主要集中在 A 频段,其振动频率和大小链轮与链条的啮合冲击频率 96Hz 及 2 次谐波 120Hz 比较接近,故变速箱的振源主要是变速箱内锥齿轮传动和主传动轴两侧的偏心链轮传动。

主轴轴承座的振动频率主要集中在 B、C 频段,B 频段振动主频为 98Hz、96Hz 和 92Hz,故主轴轴承座的振源主要是变速箱内锥齿轮传动。

摆动分离筛后梁的振动频率分布在 A、B、C 三个频段。A 频段的 3.30Hz 正是摆动分离筛的摆动频率,13.06Hz 为升运链轮传动频率的二分之一倍频;B 频段的 69Hz 比较接近大小链轮啮合频率 60Hz;C 频段的 174Hz、200Hz 和 166Hz 与锥齿轮组的 2 次谐波 192Hz 以及大小链轮的 3 次谐波 180Hz 相近。

筛角调节板的振动集中在 B 频段。A 频段的 6.77Hz 为主传动轴基频的二分之一倍频,它是由主传动轴旋转和摆动分离筛摆动引起。13Hz 和 10.23Hz 接近升运链条和链轮传动频率的二分之一倍频 14Hz;B 频段的 25Hz 接近升运链轮的传动频率 28Hz,所以,筛角调节板振源主要为主传动轴、摆动分离筛和升运链轮。

机架下横梁的振动频谱较为宽广,但主要集中在 20~50Hz 这段频率内。其中,28Hz 正是升运链轮的传动频率;C 频段的 226Hz 的振源应考虑传动以外的因素,如固有频率等。

连杆与摆动筛连接轴销的振动频谱最窄，其振动主要来自于摆动筛的往复运动和升运链轮轴的转动。

连杆的振动强度较大，其振动频率主要是 1 阶的 1.46Hz，与主传动轴、摆动筛和升运轴传动频率的二分之一倍频接近。B 频段的 20Hz、22Hz 和 24Hz 与升运链轮的传动频率 28Hz 接近。连杆的振源主要是主传动轴、摆动筛、升运轮轴和升运链轮。

升运链杆振动信号的 6 阶峰值频率为 25Hz，该信号与传动轴升运链轮的频率 28Hz 接近。

8.2.1.4 各部位振动与摆动分离筛振动的相干分析

由于摆动分离筛是引起马铃薯挖掘机振动的主要振源之一，为了识别各部位振动和摆动分离筛振动之间的相关性，本研究将部分测点的振动信号分别与摆动分离筛后梁的振动信号进行了相干分析。得到部分测点的振动与摆动分离筛振动之间的相干性如图 8-5 所示。

平稳信号 $f(t)$ 与 $x(t)$ 之间的相干函数也称为凝聚函数，为互功率谱密度函数的平方与激励和响应信号的自功率谱密度函数的乘积的比值，即定义公式为：

$$\gamma_{yx}^2(f) = \frac{|S_{yx}(f)|^2}{S_{xx}(f)S_{yy}(f)} \tag{8-3}$$

式中　$S_{xx}(f)$，$S_{yy}(f)$——平均周期图法得到的激励振动信号和响应振动信号的 PSD 估计；

　　　　$S_{yx}(f)$——激励与响应信号间的互功率谱密度的估计；

其中 $0 \leqslant \gamma_{yx}^2(f) \leqslant 1$，因此，相干函数可用来检测频响函数和功率谱置信水平，主要用来识别振源和线性程度。一般认为相干系数在 0.8 以上两信号之间是相关的。

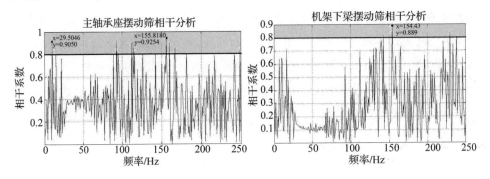

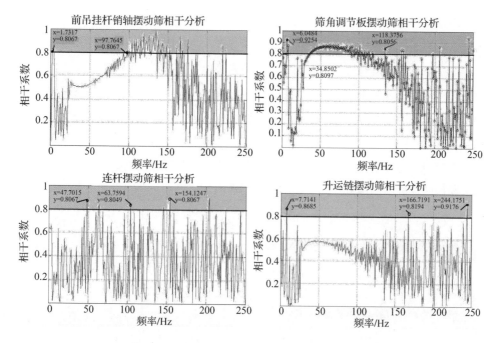

图 8-5　各测点振动与摆动分离筛振动相干分析

在相干系数 0.8 以上的频率范围内，摆动分离筛和相干部位之间存在线性关系，即摆动分离筛的振动是引起这些部位振动的主要振源之一，而其他范围内的振动并非由摆动分离筛的振动引起。

由图 8-5 可知，主轴轴承座与摆动分离筛在频率为 9.50Hz、55.82Hz、93.03Hz 和 113.77Hz 时的相干系数分别为 0.9050、0.9254、0.9167、0.9079 和 0.9254；筛角调节板与摆动分离筛在频率 6.05Hz 和 243.95Hz 时的相干系数分别为 0.9254 和 0.9371，在 34.85～118.38Hz 连续频带内的相干系数也都在 0.8 以上，说明这些部位的振动与摆动分离筛的振动存在线性关系。

8.2.2　影响马铃薯挖掘机振动的主要因素分析

8.2.2.1　链传动

4SW-170 型马铃薯挖掘机的驱动链轮通过轮齿与链条上链节的啮合，将圆周力传递给链条形成拉力。虽然驱动链轮是匀速转动的，但由于链轮是多边形体，上面各处的半径是周期性变化的，所以，链轮周边上各点的圆周速度各不相同。随着半径的周期性变化，各点圆周速度的大小也呈现出周期性的变化，因此，链条的牵引速度也将周期性变化，速度的变化引起加速度变化，从而在链条中产生动载荷。

为了判断传动链对振动的影响，对杆条式升运链运动的不均匀性及自激励引起的振动进行测试和研究。在空载条件下，输入轴转速 387r·min^{-1} 为试验条件，分两种工况分别进行测试，并结合前面的试验内容，对链传动引起振动的大小和频率进行分析。

工况一：将两侧传动链条全部拆去，此时升运机构停止运行，只保留输出轴的旋转和摆动分离筛的往复运动，此时部分测点的加速度曲线与频谱如图 8-6 所示。

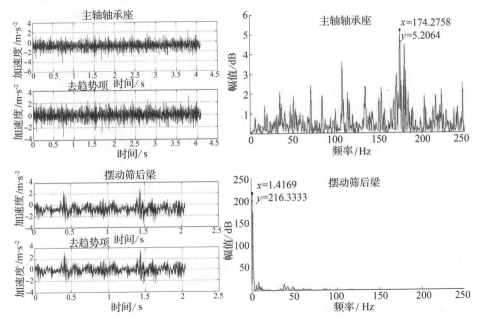

图8-6 无传动链工况下相应位置加速度曲线与对应频谱曲线

工况二：将一条传动链条拆去，使机器在单侧链条的带动下正常运转，测试此时测点的振动水平。此时部分测点的自谱如图 8-7 所示。

将双边传动链、单边传动链和无链传动三种试验条件下的数据统计后得到的三工况振动强度见表 8-7。

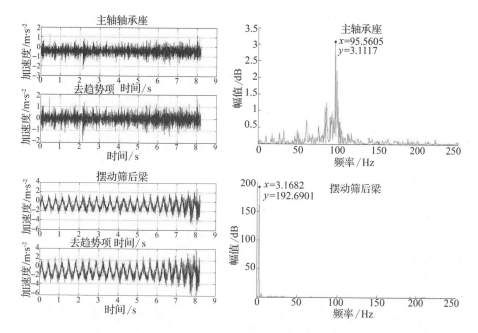

图 8-7　单边传动链工况下相应位置加速度曲线与对应频谱曲线

表 8-7　振动强度　　　　　　　　　　单位：m·s⁻¹

工况	主轴轴承座	摆动筛后梁	筛角调节板	机架下横梁	前吊挂杆下轴销	连杆
双边链条	15.7647	33.4081	12.0472	8.3686	55.9296	141.2498
单边链条	3.6732	29.1485	6.9732	6.8742	19.5198	128.255
无链条	0.7347	16.9024	23.3964	2.2256	17.5738	97.1639

表 8-7 中，与双边传动链输送状态相比，无传动链状态下，马铃薯挖掘机多个重要测点的振动强度都明显下降。经过计算，无链条传动时，主轴轴承座轴向振动速度的有效值为 0.73m·s⁻¹，比完整状态下降低了 95.34%，摆动分离筛后梁速度的有效值降低了 49.41%，筛角调节板速度的有效值增加了 94.21%，机架下梁降低了 73.41%，前吊挂杆下轴销降低了 68.58%，侧板降低了 31.21%。与双边传动链状态相比，单边链传动状态下，马铃薯挖掘机多个重要部位的振动强度都明显减弱。经过计算，单边链条传动时，主轴轴承座振动最大方向的振动速度有效值为 3.67m·s⁻¹，比完整状态下降低 76.7%，摆动分离筛后梁降低了 12.75%，筛角调节板降低了 42.12%，机架下梁降低了 17.86%，前吊挂杆下轴销降低了 65.1%，侧板降低了 69%。

在去掉链条的传动过程中，中高频振动峰明显减少；单边链条传动时，也可以有效地减少高频振动峰值数量。因此，双边链条传动是造成此频段振动的主要影响因素之一。

8.2.2.2　主轴转速

4SW-170 型马铃薯挖掘机的主轴转子是一个具有 2 个偏心链轮和 1 对锥齿轮的扭振系统。由转子力学可知，旋转轴的转速也应是引起马铃薯挖掘机振动的重要因素。本研究通过对不同转速下的数据进行对比研究，来分析转速对马铃薯挖掘机振动的影响。

选择 $213r \cdot min^{-1}$、$272r \cdot min^{-1}$、$325r \cdot min^{-1}$、$387r \cdot min^{-1}$、$415r \cdot min^{-1}$ 和 $475r \cdot min^{-1}$ 六种转速下的加速度数据进行平滑滤波消除随机信号，再进行积分处理，然后将得到的其中三组速度数据绘制在同一坐标系内，部分测点试验结果如图 8-8 所示。

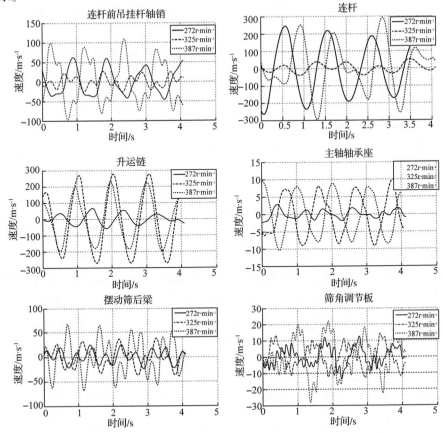

图 8-8　各测点速度时间历程

在对数据进行统计整理后，可得到各转速下的各测点速度均方根值，并以转速和速度的均方根值为横纵坐标，用 Excel 绘制出转速-速度均方根值折线图（图 8-9）。

从图 8-8 和图 8-9 中可以看出，转速和振动强度并非是线性关系。特别是在传动部件弹性连杆和固定承重部件摆动分离筛调节板处，非线性的振动引起了较大幅度的速度波动，形成一个波峰。例如，筛角调节板的幅值由 5.5m·s⁻¹ 陡增到 157.6m·s⁻¹ 后，又降落到 6.97m·s⁻¹；连杆的振动速度幅值由 356r·min⁻¹ 时的 43.3m·s⁻¹ 陡增到 387r·min⁻¹ 时的 143.1m·s⁻¹ 后，又降落到 40.25m·s⁻¹。

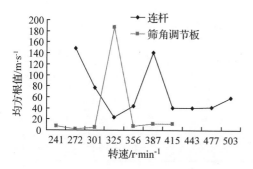 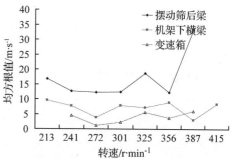

图 8-9　转速－速度均方根值折线图

8.2.2.3　振动条件下摆动分离筛的运动轨迹分析

摆动分离筛作为 4SW-170 型马铃薯挖掘机的最后一个工作部件，其运动情况直接关系到薯土分离质量和分离效率，同时也会影响分离过程中马铃薯的表皮损伤。此外，摆动分离筛的往复运动产生的周期性变化的不平衡力和力矩必然会影响连杆和曲柄的振动强度，也会影响连杆两端轴承的负荷、润滑和磨损，甚至会导致摆动分离筛或机架发生破坏。

4SW-170 型马铃薯挖掘机的摆动分离筛可以简化为一个反向曲柄摇杆机构，如图 8-10 所示。曲柄基本上保持着匀速回转运动。当曲柄以恒定转速运转时，摆动分离筛做往复摆动，连杆一边随摆动分离筛做往复摆动，一边绕轴销摆动。

为了研究马铃薯挖掘机振动对摆动分离筛运动过程带来的影响，分别选取主轴转速为 356r·min⁻¹（该转速导致马铃薯挖掘机各主要工作部件振动强度均匀增加）、325r·min⁻¹（该转速导致筛角调节板振动强度突然增强）和 387r·min⁻¹（该转速导致连杆振动强度突然增强）三种转速条件下摆动分离筛后梁的振动位移作为研究对象，研究马铃薯挖掘机振动对摆动分离筛运动的影响。

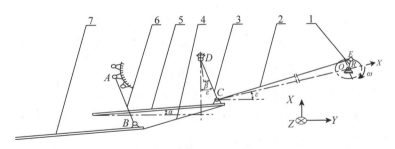

图 8-10   摆动分离筛结构简图

1. 曲柄 2. 连杆 3. 前吊挂杆 4. 筛架 5. 摆动筛前梁 6. 后吊挂杆 7. 摆动筛后梁

由测试结果可知，当转速为 $356\text{r}\cdot\text{min}^{-1}$ 时，摆动分离筛各部件远离共振区。此时，摆动分离筛后梁的加速度信号经过两次积分后的位移轨迹如图 8-11 所示。

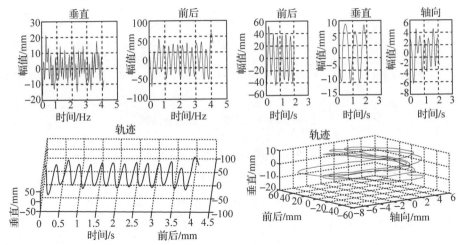

图 8-11   摆动筛后梁位移轨迹

图 8-11 中，上图为筛架后梁垂直和前后方向的位移，下图为三个自由度的轨迹。

当转速为 $325\text{r}\cdot\text{min}^{-1}$ 时，筛角调节板接近共振频率。此时，摆动分离筛后梁的位移如图 8-12 所示。

当转速为 $387\text{r}\cdot\text{min}^{-1}$ 时，连杆接近共振频率。此时，摆动分离筛后梁的位移如图 8-13 所示。

由连杆与筛角调节板接近共振频率时摆动分离筛后梁的运动轨迹可知，连杆共振会使摆动分离筛后梁产生轴向跳动，轴向位移为 12mm；筛角调节板共振会使摆动分离筛后梁垂直的位移增大，上下位移为 30mm。

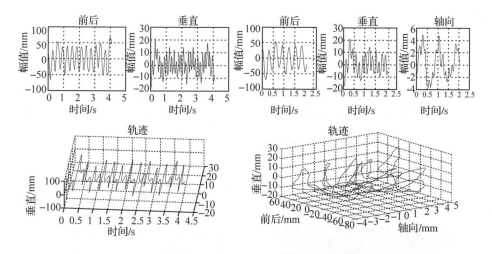

图 8-12　筛角调节板临界转速时摆动分离筛后梁位移

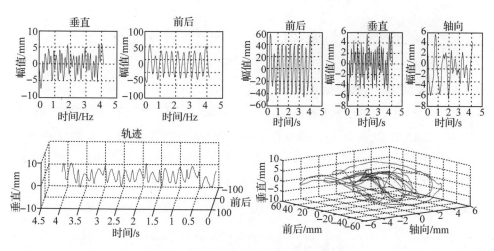

图 8-13　连杆临界转速时摆动筛后梁轨迹

8.2.2.4　基于小波分解的摆动筛轴向共振能量分解

为了探明摆动分离筛轴向振动的能量来源，为马铃薯挖掘机的降振及改进设计提供参考，本研究从能量结构角度对摆动筛的振动进行分析，本试验中采用小波技术对摆动分离筛轴向振动进行分析。

小波变换作为一种信号分析技术，可以将信号分解为不同频段的多个信号，利用小波函数分解并计算各层分解信号的能量系数，就可以得到各个频带的能量分布规律。小波分解在 MATLAB 中可采 T = wpdec（xdata，4，db3´）来实现。其中，xdata

表示被分解的信号，4 表示分解层次，db3 表示分解所采用的小波基类型。然后利用 wenergy 计算各层小波能量。

将筛角调节板接近共振转速($325r \cdot min^{-1}$)时所产生的轴向位移作为原始信号，以 15.625Hz 为分段频率对其进行了 4 层 16 个节点的分解。分解后的前 8 个频段分别为 0~15.625Hz、15.625~31.250Hz、31.250~49.775Hz、49.775~62.500Hz、62.500~78.125Hz、78.125~93.750Hz、93.750~109.375Hz 和 109.375~125.000Hz，后 8 个频段依此类推。

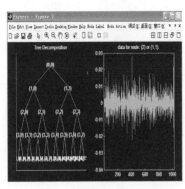

图 8-14　小波四层分解示意图

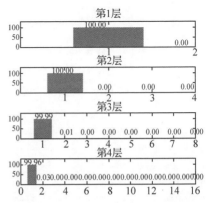

图 8-15　小波四层分解能量分布百分比

从图 8-15 可以看出，99.96% 的共振能量来自于 1 节点的分解频带 0~15.625Hz，在此频带内的振动频率对应于摆动分离筛的摆动频率 2.59Hz，接近于筛角调节板的固有频率。因此，在设计马铃薯挖掘机时，若各零部件的固有频率都能够避开摆动分离筛摆动频率，将有利于防止摆动分离筛轴向振动的发生。

8.3　田间振动试验研究

田间振动试验在内蒙古呼和浩特市和林格尔县进行，试验地质松软，地面平坦。试验时，操作拖拉机使之先从 I 挡慢速启动，再逐渐加快速度；当拖拉机动力输出轴的转速达到额定转速 $540r \cdot min^{-1}$ 时，开始采集并记录测点的振动加速度数据。

8.3.1　试验设备与方法

（1）试验测点的选择

测点选择在机架上横梁和变速箱，可以实现对田间地面加速度响应谱的获取。

（2）传感器的选用

选用一维传感器 SG106 采集测点的垂直方向的振动信号。

（3）传感器的安装和使用

为防止传感器松动，确保传感器安装可靠，将 SG106 传感器用强力胶固定在信号发射磁座上面，安装磁座放置在传动变速箱上。传感器连线：SG106 传感器和发射器的连线必须保持正确，SG106 传感器发射器在田间需要配合发射天线使用，否则信号容易丢失。

（4）试验过程安排

当马铃薯挖掘机达到额定转速并运行平稳后开始采集振动信号，采集时间预设为 120s，具体时间可根据田间实际作业情况调整。

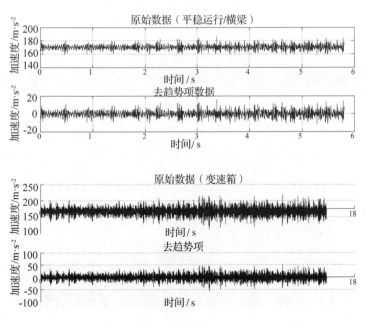

图 8-16　田间试验加速度信号时程（540r · min^{-1}）

8.3.2　田间试验与室内试验数据对比分析

图 8-16 是马铃薯挖掘机田间负载作业时机架上横梁的垂直加速度曲线，为了进一步分析机架振动的频谱特性，在此，对加速度信号进行功率谱分析（图 8-17）。

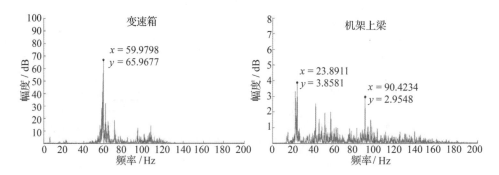

图 8-17　田间垂向加速度功率谱密度图(540r·min^{-1})

为了进一步研究马铃薯挖掘机振动特性,本研究对田间试验数据和室内试验数据进行了对比分析。图 8-18 和图 8-19 分别为额定转速下室内测试结果的加速度和功率谱曲线。

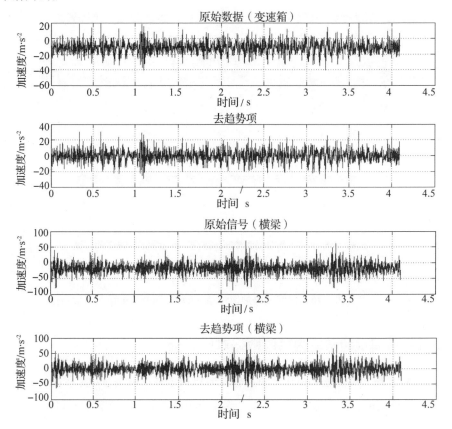

图 8-18　室内试验垂向加速度信号时程图(540r·min^{-1})

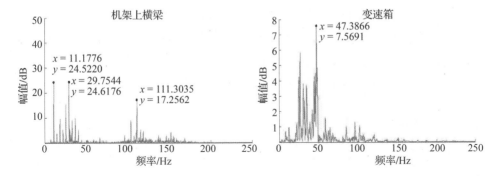

图 8-19　室内试验垂向加速度功率谱密度图（540r·min⁻¹）

表 8-8　田间与室内试验 6 阶主振频率对比　　　　　　　单位：Hz

频率	变速箱		机架上横梁	
	室内	田间	室内	田间
1 阶频率	14.6889	59.8237	90.2696	23.8035
2 阶频率	67.6843	62.3426	196.7166	22.0403
3 阶频率	40.0346	67.8615	178.8594	90.806
4 阶频率	122.9839	71.6625	22.7535	42.1914
5 阶频率	127.5922	108.1864	183.4677	56.801
6 阶频率	132.7765	94.8363	185.1959	51.5113

表 8-9　田间与室内试验振动加速度参数对比　　　　　　　单位：g

场所	平均绝对值	峰值	均值	均方根值	波形系数	波峰系数	
田间	变速箱	1.1691	6.014	2.2162	1.4887	1.2734	4.0399
	机架上横梁	0.4021	2.406	0.2813	0.5304	1.319	4.536
室内	变速箱	0.5825	3.0919	0.5784	0.7605	1.3057	4.0655
	机架上横梁	1.401	8.5752	3.2682	1.8078	1.2904	4.7433

由表 8-8 和表 8-9 可知，与室内试验相比，田间试验结果中变速箱振动加速度的最大值增加 0.58g，有效值增加 0.76g，增加约 50%；在功率谱前 6 阶频率中，田间和室内试验结果只有 2 阶和 3 阶频率分别相同。田间试验结果中，机架上横梁的最大加速度值 2.406g，有效值为 0.53g；室内试验结果中，机架上横梁加速度最大值为 8.5752g，有效值为 1.8078g，田间试验结果振动有效值降低了 72.2%，主要原因是田间试验过程中机具接触的是松软土壤，而实验室是水泥地面，此外，在

田间试验过程中，输送和分离装置上的薯土混合物明显多于室内条件下的情况。从频域角度看，田间试验结果的 3 阶频率为 90.806Hz，此频率正好对应室内试验结果的 1 阶频率 90.2696Hz，田间试验结果的 1、2 阶频率 23.8Hz 和 24.04Hz 对应室内试验结果的 4 阶频率 22.04Hz。

8.3.3　试验结果的模态分析

马铃薯挖掘机的机架是主要的连接和承重部件，必然是传递振动的主要部件，其振动的大小会直接影响与之连接的各零部件的振动。为了降低马铃薯挖掘机整机和各零部件的振动，应尽量避免马铃薯挖掘机主要振源的振动频率接近机架的固有频率。

针对所测得的 4SW-170 型马铃薯挖掘机的振动信号，根据时域或频域算法获得马铃薯挖掘机主要振源的主要频率，再通过频率分析，找到额定转速下固有频率与主要振源频率相接近的各主要零部件。通过改进各主要零部件的结构设计，使其固有频率避开额定转速下马铃薯挖掘机主要振源的振动频率。模态参数识别的步骤如图 8-20 所示。

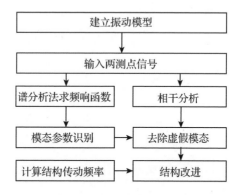

图 8-20　试验方法模态分析流程图

本研究分别采用谱分析法结合频响函数识别以及基于自由衰减振动的增广矩阵法识别两种方法分别识别机架振动三自由度的固有频率。

8.3.3.1　建立模型

首先，建立摆动分离筛—机架的振动模型，本研究所建摆动分离筛—机架 2 个自由度振动模型如图 8-21 所示。

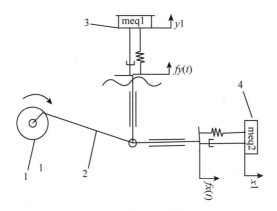

图 8-21　振动系统模型

1. 偏心链轮　2. 连杆　3. 系统垂向等效质量　4. 系统纵向等效质量

在此，以垂直方向自由度为例介绍固有频率的计算过程：

摆动分离筛—机架系统垂向振动的微分方程为：

$$m_{eq}\ddot{y}(t) + c_{eq}\dot{y}(t) + k_{eq}y(t) = f_y(t) \tag{8-4}$$

式中　m_{eq}——垂向等效质量；

c_{eq}——垂向等效阻尼；

k_{eq}——垂向等效刚度。

两边同除以 m_{eq} 将式(8-3)写为：

$$\ddot{y}(t) + 2\xi_{eq}\omega_0\dot{y}(t) + \omega_{0eq}^2 y(t) = \frac{f(t)}{m_{eq}} \tag{8-5}$$

进行傅立叶变换，得：

$$(\omega_0^2 - \omega^2 + 2j\xi\omega_0\omega)X(\omega) = \frac{F(\omega)}{m} \tag{8-6}$$

其中，位移和力的傅立叶变换分别为：

$$X(\omega) = \int_{-\infty}^{\infty} e^{-jax}x(t)\,\mathrm{d}t$$

$$F(\omega) = \int_{-\infty}^{\infty} e^{-jax}f(t)\,\mathrm{d}t \tag{8-7}$$

式中　j——单位虚数，即。令：$X(\omega) = F(\omega)H_d(\omega)$

得到单自由度的位移频响函数：

$$H_d(\omega) = \frac{1}{m(\omega_0^2 - \omega^2 + 2j\xi\omega_0\omega)} \tag{8-8}$$

由傅氏变换的性质得到加速度频响函数：

$$H_a(\omega) = -\omega^2 H_d(\omega) \tag{8-9}$$

频响函数可表达为实部和虚部的形式：

$$H_a(\omega) = R_a(\omega) + jI_a(\omega) \tag{8-10}$$

可以证明实频曲线的正负峰值对应的频率和虚频曲线峰值的 1/2 处对应的为半功率点频率 ω_a 和 ω_b，而实频曲线与频率轴的交点处即零值和虚频曲线的峰值对应的频率即为系统固有频率 ω_0。

8.3.3.2　谱分析法求频率响应

谱分析法不需要对过程施加工况之外的人工激励，只需要正常操作下的输入输出数据（位移、速度或加速度）就可以辨识过程的动态特性，该方法使用起来方便，对噪声也有一定的抑制能力，此方法比较适合于本研究。

在任意输入下的互谱密度，线性系统的输出的谱密度 $S_y(\omega)$ 与输入的谱密度 $S_x(\omega)$ 之间存在以下关系：

$$S_y(\omega) = \| H(\omega) \|^2 S_{xx}(\omega) \tag{8-11}$$

输入输出互谱密度与输入谱密度之间的关系为：

$$H(\omega) = S_{xy}(\omega)/S_{xx}(\omega) \tag{8-12}$$

上式即为利用谱分析法求频率响应 $H(\omega)$ 的基本公式。

利用此方法，将马铃薯挖掘机工作过程中摆动分离筛的加速度信号作为输入数据，机架上横梁的加速度信号作为输出数据，在 MATLAB 中实现的函数为 $z = \text{tfe}(x, y, \text{nfft}, \text{sf}, \text{w}, \text{nfft}/2)$。其中 x 为输入的摆动分离筛加速度信号，y 为输入的目标测点加速度信号，得到的频响函数的实测曲线如图 8-22 所示。

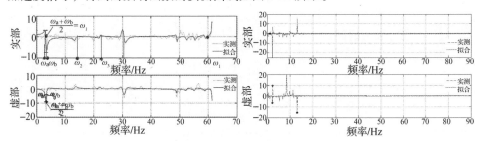

图 8-22　拟合识别机架垂向、前后自由度固有频率

8.3.3.3 机架上横梁固有频率的识别

将上述谱分析法分析得到的频响函数实部和虚部作为输入数据，可以估计过程的频响函数并且进行参数识别，通过 MATLAB 程序进行求解，对机架上横梁前后和垂直方向的频响函数采用有理多项式法进行拟合，所得结果如图 8-22 所示。

8.3.3.4 侧板轴向固有频率的识别

对侧板的轴向固有频率，不用经过谱分析识别频响函数，直接利用马铃薯挖掘机停机过程中产生的自由衰减振动信号和 ITD（The Ibrahim Time Domain Technique）法，使用 Matlab 编写程序进行辨识，所得结果如图 8-23 所示。

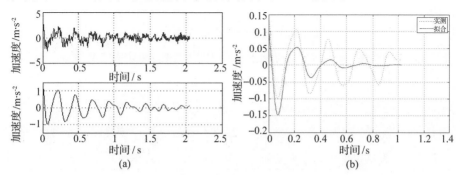

(a) (b)

图 8-23 实测数据与 ITD 法拟合的机架侧板自由衰减振动响应

（a）实测图 （b）ITD 法拟合图

对机架辨识的结果见表 8-10 和表 8-11。

表 8-10 机架三自由度固有频率表（测试） 单位：Hz

方法		1 阶	2 阶	3 阶	4 阶	5 阶	6 阶	7 阶
多项式法	垂直	5.5	16.29	30.79	49.88	51.1	81.63	87.32
	前后	7.75	43.48	86.79	122.51	154.34	182.16	205.44
ITD 法	轴向	16.53	29.95	30.53	38.38	44.28	47.37	49.49

表 8-11 4SW-170 马铃薯挖掘机临界频率计算表（挖掘机转速 540r·min⁻¹）

输入轴 540r·min⁻¹	旋转基频 /Hz	振动频率 /Hz	前后固有 频率/Hz	垂向固有 频率/Hz	轴向固有 频率/Hz
大锥齿轮（Z1 =15）	9	135	7.7595	5.5	16.53
小锥齿轮（Z2 =30）	4.5	135	43.4835	16.29	29.95
主传动轴 270r·min⁻¹	4.5	4.5	86.7991	30.79	30.53
小链轮（Z3 =20）	4.5	90	122.5116	49.88	38.38

（续）

输入轴 540r·min⁻¹	旋转基频/Hz	振动频率/Hz	前后固有频率/Hz	垂向固有频率/Hz	轴向固有频率/Hz
升运轴 192r·min⁻¹	2.67	2.67	154.3489	51.1	44.28
大链轮(Z4 = 30)	2.67	90	182.1602	81.63	47.37
升运链/升运链轮(Z5 = 14)	2.67	37.28	205.4473	87.32	49.49
连杆/前后吊挂杆	4.5	4.5			
摆动分离筛	4.5	4.5			

由表 8-10 及表 8-11 的数据分析可知，当马铃薯挖掘机在额定转速 540r·min⁻¹ 时，可以发现三处不利于降低马铃薯挖掘机振动的机构设计：变速箱主轴的旋转和摆动分离筛的摆动频率 4.5Hz 与机架上横梁垂直方向的 1 阶固有频率 5.5Hz 接近；大小链轮的轮齿造成的冲击振动频率分别与机架上横梁前后方向的 3 阶固有频率 86Hz 以及垂直方向 7 阶固有频率 87Hz 接近；升运链与链轮之间的传动频率 37.28Hz 与侧板的 4 阶固有频率 38.38Hz 接近。通过对马铃薯挖掘机各测点数据进行相干分析，可以根据各频率点处相干系数值的大小辨识噪声模态与固有模态，进一步分析机构设计是否利于降低马铃薯挖掘机的振动。

8.3.3.5 试验模态频率的可靠性分析

由试验方法得到的模态频率受到信号噪声等因素的干扰，并不一定是机架真实固有频率，而需要结合机架上横梁测点的振动与摆动筛的振动之间的相干函数进行分析如图 8-24 所示。

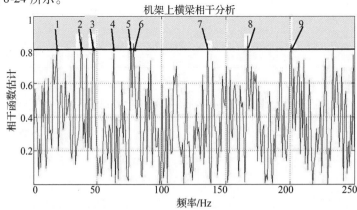

图 8-24 机架上横梁与摆动筛相干分析

机架上横梁与摆动筛相干系数在 0.8 以上的 9 个频率见表 8-12。

表 8-12　机架上横梁与摆动筛相干系数 0.8 以上频率表　　　单位：Hz

	1	3	4	5	6	7	8	9
相干频率	19.53	38.53	47.38	77.28	135.37	167.49	201.53	233.95
相干系数	0.80	0.86	0.86	0.83	0.83	0.88	0.83	0.81

基于室内整机空载测试采集到的加速度信号，使用谱分析法求得两信号间加速度频响函数，然后利用频域模态识别方法得到的机架上横梁垂直与前后自由度模态频率，利用侧板的自由衰减振动信号得到的机架轴向频率，将表 8-12 中的相干频率和机架三自由度模态频率绘制在图 8-25 中，可以看出，其中轴向模态频率的第 1、2 阶分别与相干频率点 1、2 重合，垂直方向的第 3、4 阶模态频率分别与第 2、3 相干频率点重合，前后方向的第 2、7 阶模态频率分别与第 3、7 相干频率点重合，这些模态频率为机架固有频率的可信度较高。而其他阶次的

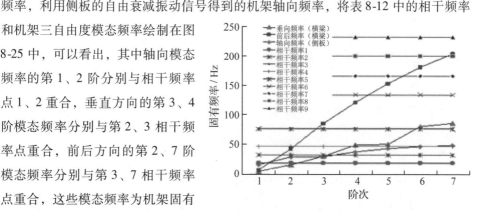

图 8-25　利用相干函数检测模态频率

模态频率和相干系数 0.8 以上的频率都没有重合，说明其是机架固有频率的可信度较低。

8.3.4　ANSYS 仿真动力学分析

由上述研究可知，将 4SW-170 型马铃薯挖掘机由双侧链传动改为单侧链传动，可降低整机的损伤性振动，提高传动质量，改进后的传动轴是一个具有 1 个偏心传动链轮和 4 个升运链齿轮的扭振系统。为避免传动轴发生共振造成 4SW-170 型马铃薯挖掘机的损伤，仍需进一步对机器进行模态分析。

本试验对经改进设计后采用单侧链传动的马铃薯挖掘机建模后，采用 ANSYS-Workbench 求解器进行了模态分析。

8.3.4.1　升运链轮（驱动链轮）轴动力学分析

①导入模型：导入在 SoildWorks 中建立好的几何模型，并进行模型简化。对模

型中不影响整体动力特性但又会增加网格划分难度和计算数量的一些细节特征使用 Suppress 进行压缩，简化后模型如图 8-26 所示。

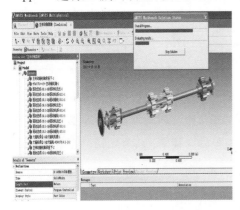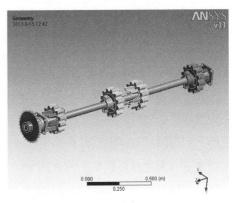

图 8-26　Solidworks 升运链轮轴三维模型图

②添加材料信息：采用 45 号钢，材料参数为弹性模量 2×10^{11} Pa，泊松比 0.3，密度 7800kg·m^{-3}。

③设定接触选项。

④划分网格：设定网格划分参数并进行网参数划分，选择 mesh，单击右键，激活网格类型命令 Methord，在 Methord 的属性菜单里，选择实体，并指定网格类型为空间六面体占优，在 size 属性菜单，选择实体，并制定网格尺寸（图 8-27）。

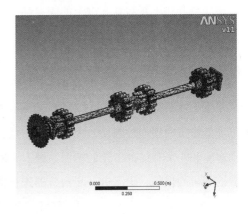

图 8-27　升运链轮轴有限元网格划分

⑤求解固有频率及振型：选择模态分析 Modal，施加载荷及约束：对两轴轴承座表面为刚性约束，选择 Support > Fixed Support；对两轴端面确定径向力边界条件，

选择 Loads > Remote Force，选择受力端面，载荷类型为 Components，方向沿 y 轴负方向，大小设定为 –1000N，相位角 Phase Angle 设置为 0。设定求解结果参数、求解何种问题和哪些物理量；设定求解参数，求解后的前 6 阶模态的振型结果如图 8-28 所示。

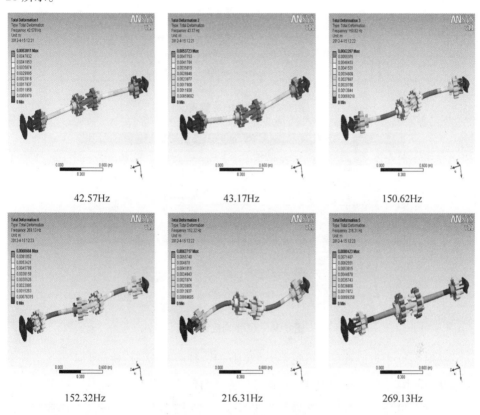

图 8-28　升运链轮轴 6 阶振型图

⑥设置谐响应分析参数：选择 Harmonic Response，设定扫频范围和频率步长：在 Analysis Settings 的属性栏中，输入 Range Minimum = 0Hz、Range Maximun = 250Hz、Solution Intervals = 50。

⑦设定谐响应求解结果：设定求解 Y 方向最大位移响应，并计算不同频率点的位移和应力值。依次选择 Solution 工具中的 Frequency Response-Stress（应力分析）、Directional Deformation（位移分析）、单击 Solve 求解，结果如图 8-29 和图 8-30 所示。

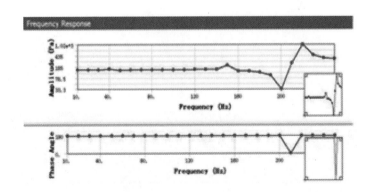

图 8-29　应力响应频率图

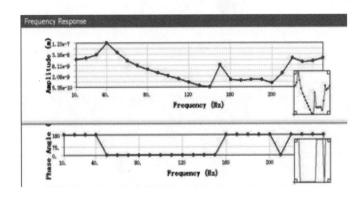

图 8-30　位移响应频率图

从图 8-29 中可以看出，当频率为 220Hz 时，轴中间部分出现最大应力，当频率为 220~250Hz 之间，轴的中部应力出现较大的角位移。

从图 8-30 中可以看出，在频率为 40Hz 时，轴中间部分出现最大位移响应，在 50Hz 和 150Hz 处相位改变。

⑧田间响应谱分析：选振动分析类型 Random Vibration，设定初始条件来自于模态分析；选择测点所在实体激励方式，激励方向沿 X 轴，PSD 谱（功率谱密度）来自于"new PSD load"。在 Engineer Data 窗口中，首先输入田间试验所得的 PSD 谱值（图 8-31）。然后，提取谱响应分析变形、速度、加速度和等效应力结果：依次选择 solution- Directional deformation；Directinal Velocity；Directional Acceleration；Solution- stress-equivalent（vio-Mises）；求解完成后查看谱响应分析结果（图 8-32）。

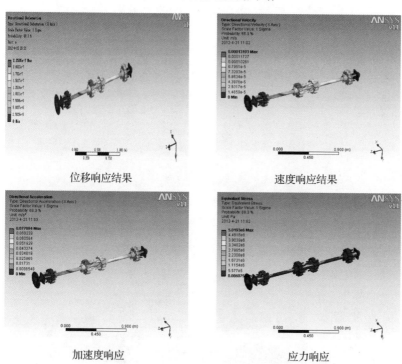

	Frequency Hz	PSD Acceleration (m/sec²)²/Hz
1	81.08	2.6
2	92.73	5.06
3	96.82	6.6
4	97.45	7.17
5	99.34	10.31
6	102.17	3.73
7	103.43	1.89
*		

PSD Acceleration vs. Frequency

图 8-31　田间加速度功率谱

位移响应结果　　　　　　　　　　速度响应结果

加速度响应　　　　　　　　　　应力响应

图 8-32　升运链轮轴响应谱分析结果

从图 8-32 得到在田间加速度频谱激励条件下，升运链轮轴的最大位移出现在驱动链轮，大小为 0.002m；最大速度出现在驱动链轮，大小为 $1.3193\text{m} \cdot \text{s}^{-1}$；最大加速度出现在驱动链轮，大小为 $7.7894\text{m} \cdot \text{s}^{-2}$；最大应力出现在升运链轮上，最大值为 $5.0193 \times 10^{6}\text{Pa}$。

8.3.4.2　机架仿真模态分析

根据上述分析方法，得到马铃薯挖掘机机架模型的前 10 阶固有频率，以下是其模态振型图（图 8-33）。

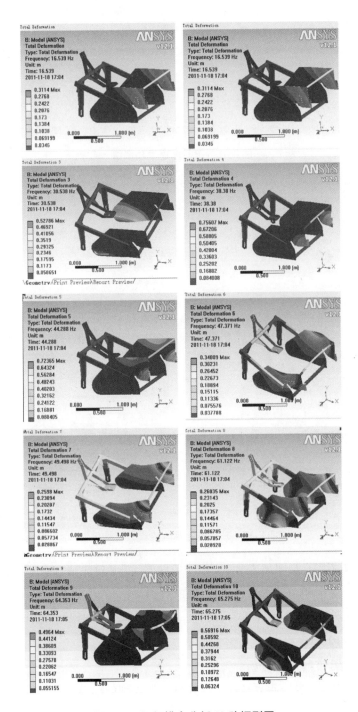

图 8-33　机架模态分析 10 阶振型图

结合机架试验模态分析结果，对各阶振型进行分析，结果如下：

第 1 阶振型为两个侧板和机架上横梁连接处的振动，主要是由机架上横梁的弯曲振动引起的侧板轴向振动，即两种振动的耦合，最大变形量为 0.3114m。第 2 阶振型为左侧板的圆弧连接处的轴向振动，最大变形量为 0.52776m。第 3 阶振型为右侧板的圆弧连接处的轴向振动，最大变形量为 0.52786m。引起机架上横梁的纵向振动，最大变形量为 0.75607m。第 5 阶振型为侧板和机架上横梁的前后振动，最大变形量为 0.72365m。第 6 阶振型为侧板轴向振动和机架上横梁 4 阶垂直方向弯曲振动的耦合，最大变形量为 0.34009m。第 7 阶振型为机架上横梁垂直方向和侧板轴向的振动耦合，最大变形量为 0.2598m。第 8 阶振型为多个部位振动的耦合，机架纵梁和变速箱悬挂架的底盘都发生了比较明显的弯曲或扭转，最大变形量为 0.26035m。第 9 阶振型以机架上横梁的纵向振动为主，最大变形量为 0.4964m。第 10 阶振型为侧板的弯曲和纵向振动，最大变形量为 0.56916m。

表 8-13　540r·min^{-1} 转速临界频率计算表（ANSYS）

输入轴 540r·min^{-1}	基波频率 /Hz	传动系数	振动频率 /Hz	机架固有频率 /Hz	升运链轮轴固有频率/Hz
大锥齿轮（Z1 = 15）	9	15	135	16.53	42.57
小锥齿轮（Z2 = 30）	4.5	30	135	29.95	43.17
主传动 270r·min^{-1}	4.5	1	4.5	30.53	150.62
小链轮（Z1 = 20）	4.5	20	90	38.38	152.32
升运轴 192r·min^{-1}	2.67	1	2.67	44.28	216.31
大链轮（Z2 = 30）	2.67	30	90	47.37	269.13
升运链轮（Z3 = 14）	2.67	14	37.28	62.12	
连杆/前后吊挂杆	4.5	1	4.5	64.35	
摆动分离筛	4.5	1	4.5	65.27	

从表 8-13 中可知，在额定转速 540r·min^{-1} 时，马铃薯挖掘机的大部分构件能够避开主轴和机架的前几阶固有频率，但是升运链轮的工作频率 37Hz 和机架的 4 阶固有频率 38Hz 比较接近，所以升运链轮或机架的设计需要加以改进。建议：

（1）基于模态的矩阵摄动理论，通过改变机架侧板的厚度，进而改变机架的刚度，从而避开链轮传动频率，此处可将机架侧板厚度增加 1mm。

（2）不改变侧板的厚度，而增加升运链轮的齿数。在满足齿根弯曲疲劳强度的前提下，当链轮的节圆直径 d 一定时，齿数 z 越多，链轮节距越小，增加了重合度，这样不仅避开了固有频率，而且降低了链轮刚度，减小与链条啮合引起的刚性冲击。链轮齿数可以参考不同齿数下的频率对比分析表（表8-14）。

表8-14　540r·min⁻¹齿数传动频率与固有频率频率表（ANSYS）

升运链轮齿数	振动频率/Hz	机架固有频率/Hz	升运链轮轴固有频率/Hz
14	37.28	16.53	42.57
15	40.04	29.95	43.17
16	42.8	30.53	150.62
17	45.56	38.38	152.32
18	48.32	44.28	216.31
19	51.08	47.37	269.13
20	53.84	62.12	
21	56.6	64.35	
22	59.36	65.27	

根据表8-14绘制出不同齿数下的对应的传动频率和各阶次固有频率对比结果分布，如图8-34所示。当齿数为14～18时，传动频率都处在共振频率的密集区域，当齿数为19～21个齿时，传动频率高处于共振稀疏区域，由此可见升运链轮的齿数为19～21个比较合适。

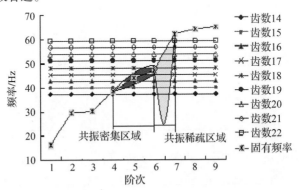

图8-34　齿数选择与共振频率分析图

Chapter Nine | 第 9 章
薯土分离过程试验
研究

本章首先将无线三维加速度传感器置入马铃薯内部，在不同试验条件下，测试了薯土分离过程中马铃薯加速度等动力学特性参数；利用高速摄像机和数码相机实时拍摄了相应试验条件下摆动分离筛上薯土混合物的分布状况，对试验数据分析处理后，获得了薯土混合物分布厚度和薯土混合物覆盖度随分离筛参数的变化规律；在此基础上，本研究将明薯率和破皮率作为分离筛分离性能指标，研究了分离筛性能指标与分离筛参数的变化关系，结合马铃薯相对分离筛运动特性和薯土混合物分布厚度、覆盖度的变化规律，进一步探讨了分离筛参数对分离性能产生影响的原因。

9.1 马铃薯在摆动分离筛上的动力学特性试验

9.1.1 试验设备与材料

试验台的结构及工作参数同 7.1.1.1 节。

选择无线三维加速度传感器测定马铃薯三维加速度信号，通过计算获得合加速度值。由于马铃薯体积相对较小，同时又需要将传感器置入马铃薯内部，本研究选取 A3012 型无线三维加速度传感器。

试验选用有代表性的圆球形和椭球形大西洋品种马铃薯。试验所选马铃薯表皮无损伤，保证新鲜，质量在 150~350g 之间。

9.1.2 室内试验

9.1.2.1 试验因素和水平

依据试验目的选择马铃薯薯形、筛面倾角、马铃薯数目、挖掘机输入轴转速作为试验因素，结合预试验结果和分离筛结构确定试验因素水平见表 9-1。

表 9-1 试验因素及水平

水平	因　素			
	马铃薯薯形	筛面倾角/°	马铃薯数目	挖掘机输入轴转速/r·min^{-1}
1	圆球形	5.8	单个	200
2	椭球形	9.9	多个	320
3	—	—	—	540
4	—	—	—	580

9.1.2.2 试验方法

分别取圆球形和椭球形马铃薯各一个,依据马铃薯尺寸确定其长度、宽度和厚度方向,在其中心挖出一个与无线三维加速度传感器形状接近的槽,并将无线三维加速度传感器置入槽内,保证传感器的坐标轴与马铃薯的长轴和短轴分别对应,然后用胶带缠绕马铃薯将槽口封闭。试验时,将马铃薯从升运链的末端无初速度释放落至分离筛上,每组试验重复3次。

9.1.2.3 试验结果与数据分析

(1)测试结果

通过试验获得两类薯形马铃薯在4种输入轴转速下的三维加速度,利用BEE-DATA软件处理数据得到三轴加速度曲线图,图9-1是筛面倾角为9.9°、挖掘机输入轴转速为540r·min^{-1}时马铃薯的三维加速度曲线,图中自上而下分别是马铃薯长度方向、宽度方向和厚度方向的加速度曲线。

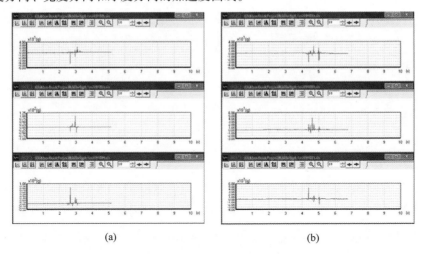

(a)　　　　　　　　　　　(b)

图9-1　筛面倾角为9.9°、转速为540r·min^{-1}时马铃薯三维加速度曲线

(a)椭球形马铃薯　(b)圆球形马铃薯

(2)两类薯形三维加速度分析

比较三个通道的加速度曲线可以发现,椭球形马铃薯长轴方向加速度的变化要明显弱于短轴方向加速度的变化;同时,比较圆球形马铃薯三个方向加速度的变化,没有显著的差异。

椭球形马铃薯长轴方向的加速度小于另外两个方向的加速度，这是因为在与筛面发生碰撞后，马铃薯的运动状态沿着短轴方向更容易发生变化，从而导致加速度较大。由于高频率的外力作用在不规则马铃薯的短轴方向，导致椭球形马铃薯在短轴方向更加容易受到损伤；形状较为规则的圆球形马铃薯受到的外力较椭球形马铃薯明显更加均匀。由此可以推论，如果种植前选取形状较为规则的圆球形马铃薯品种，在收获过程中可有效降低马铃薯的破皮损伤。

（3）输入转速对马铃薯冲击特性的影响

根据图 9-2 可知，随着马铃薯挖掘机动力输入轴转速的提高，平均合加速度呈现出增加的趋势。椭球形马铃薯的平均合加速度明显低于圆球形马铃薯的平均合加速度。

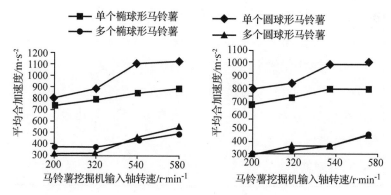

图 9-2　平均合加速度随输入转速变化曲线

随着马铃薯挖掘机输入轴转速的提高，摆动分离筛的往复运动频率也相应增加，筛面运动的速度也就越快，使得马铃薯在与筛面碰撞后速度改变量急剧上升，最终体现为平均合加速度的提高。所以，在满足马铃薯收获作业要求的前提下，马铃薯挖掘机的输入转速不宜过大，以降低马铃薯的破皮损伤。

（4）筛面倾角对平均合加速度的影响

由图 9-2 知，筛面倾角越大，平均合加速度越小。这是因为筛面倾角越大马铃薯在筛面停留的时间越短，发生碰撞和跃起的次数就越少，同时因为筛面倾角的变化，使得筛面对马铃薯作用力的方向发生变化，与运动方向的夹角变小，因而使得马铃薯的合加速度在一定程度上减小。

（5）马铃薯数量对平均合加速度的影响

由图 9-2 可知，15 个马铃薯所获取的平均合加速度明显低于 1 个马铃薯所获取的平均合加速度，二者相差约为 50%。

这是因为当筛面上覆盖较多的马铃薯时，马铃薯之间会发生相互碰撞，由于马铃薯是弹性体，会吸收与之碰撞马铃薯的部分能量，所以导致合加速度明显降低。

9.1.3 田间试验

9.1.3.1 试验条件和方法

田间试验在呼和浩特市和林格尔县马铃薯种植基地进行。试验地块平坦，土壤为栗钙土，土壤含水率为 8.1%；马铃薯品种为大西洋，试验机型为 4SW-170 型马铃薯挖掘机，马铃薯挖掘机前进平均速度 $2.52 \text{km} \cdot \text{h}^{-1}$。

在田间已经挖出的马铃薯中选取有代表性的圆球形和椭球形马铃薯（测量其质量接近室内试验所用的马铃薯），作为田间试验的马铃薯试样。将无线三维加速度传感器置入所选马铃薯试样后，将两个马铃薯试样预埋在即将挖掘的垄中。试验开始前调整马铃薯挖掘机分离筛倾角为 9.9°，挖掘机的输入转速为 $540 \text{r} \cdot \text{min}^{-1}$，即该机型的推荐工作转速。

9.1.3.2 试验数据分析

椭球形试验薯的平均合加速度为 $1.44g(g = 9.8 \text{m} \cdot \text{s}^{-2})$，圆球形试验薯的平均合加速度为 $1.21g$。比较相同薯形的试验薯在室内试验与田间试验中采集的数据，在同一种输入转速的情况下最大相差 $10g$。这是由于在田间试验中，马铃薯有土壤、杂草、薯秧等的保护，马铃薯在升运链及摆动分离筛上只有很小的碰撞强度。

通过观察图 9-3 和图 9-4 且与图 9-1 进行对比，可以判断马铃薯三维加速度在较小的范围内波动，而没有表现出来较强的冲击特性。因此可知，在挖掘过程中，筛面上的土壤能起到一定的保护作用。

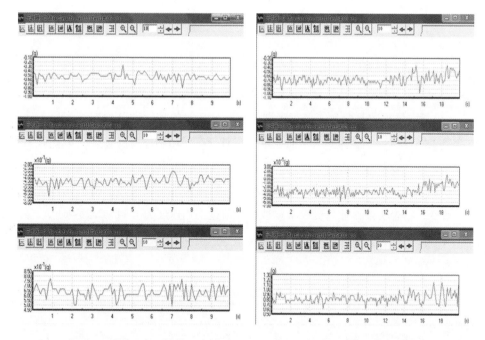

图 9-3　圆球形马铃薯三轴加速度变化曲线　　9-4　椭球形马铃薯三轴加速度变化曲线

9.2　薯土分离机理试验研究

9.2.1　试验条件与设备

试验条件与设备同 7.3.1 节，除此之外还需使用照相机，照相机为佳能公司生产的 EOS1300D 单反照相机，1300 万像素，具有连续拍摄照片的功能。

9.2.2　试验设计与方法

9.2.2.1　试验因素

根据薯土分离过程的理论分析结果和生产实践经验可知，分离筛薯土分离效果主要与曲柄半径 r、曲柄转速 $n(n=30\omega/\pi)$、筛面倾角 α 和机器前进平均速度等参数有关。

试验因素水平的选取须注意以下几点：

（1）曲柄半径的选择要合理。较大的曲柄半径会使薯土混合物抛离筛面从而利于薯土分离，但也会增加马铃薯的破皮损伤；较小的曲柄半径则会造成薯土分离不彻底，降低明薯率。结合预试验结果和相关文献的结论，本研究取曲柄半径为 35mm。

（2）不同的曲柄转速会使分离筛上的薯土混合物出现不同的运动状态，从而产生不同的薯土分离效果，结合预试验结果，取曲柄转速为 $150 \sim 230 \mathrm{r} \cdot \mathrm{min}^{-1}$。

（3）筛面倾角的改变会使平行于和垂直于分离筛的加速度分量发生变化，从而改变薯土混合物与分离筛面的碰撞冲量和相对分离筛运动的时间，最终影响薯土分离效果，结合分离筛结构特征，取筛面倾角为 $0.5° \sim 21.1°$。

（4）机器前进平均速度的改变会导致单位时间内落至分离筛上薯土混合物料量发生改变，结合机器作业速度要求，取机器前进平均速度为 $1.11 \sim 2.78 \mathrm{km} \cdot \mathrm{h}^{-1}$。

综合上述分析，取曲柄转速、筛面倾角和机器前进平均速度作为试验因素，试验因素水平见表 9-2。

表 9-2 试验因素及水平

水平	因素		
	曲柄转速/r · min⁻¹	机器前进平均速度/km · h⁻¹	筛面倾角/°
1	150	1.11	0.5
2	161	1.69	7.7
3	180	2.03	14.4
4	205	2.37	21.1
5	230	2.78	

9.2.2.2 试验指标

（1）薯土混合物分布厚度

在分离筛一侧的挡板上由筛面前端距离原点 100mm 处起平均分布 10 段标尺（图 9-5），标尺每单元格长度为 30mm，用以统计薯土混合物分布厚度。每组试验重复 3 次，试验结果取平均值。

（2）薯土混合物覆盖度

图 9-5 标尺分布

借鉴生态学中植被覆盖度的概念，定义摆动分离筛上薯土混合物覆盖度为：薯土混合物在摆动分离筛面的垂直投影面积占摆动分离筛总面积的百分比。

人工手持照相机垂直于摆动分离筛，连续拍摄筛面上薯土混合物分布状态图片。试验完成后将图片导入到 Photoshop CS6 图片处理软件中，利用 Photoshop CS6 图片处理软件解译所选图片范围的像素数量，计算摆动分离筛面上薯土混合物的覆盖度。

具体方法为：将图片导入到 Photoshop CS6 图片处理软件后，设置图片分辨率为 72 像素/英寸，高级缓存级别为 1，利用多边形套索工具截取分离筛的画面，然后通过直方图读取分离筛画面的像素数量 w，如图 9-6（a）所示；利用多边形套索工具截取第 1 个薯土混合物画面，通过直方图读取薯土混合物画面的像素数量记为 w_1，如图 9-6（b）所示，同理，利用多边形套索工具截取第 n 个薯土混合物画面，通过直方图读取第 n 个薯土混合物画面的像素数量记为 w_n；最后根据式（9-1）计算薯土混合覆盖度。

$$\eta = \frac{\sum\limits_{i=1}^{n} w_i}{w} \times 100\% \tag{9-1}$$

式中　η——摆动分离筛上薯土混合物覆盖度，%；

　　　w——分离筛画面像素数；

　　　w_i——第 i 个薯土混合物画面的像素数。

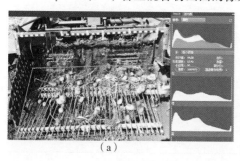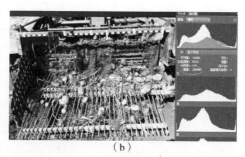

（a）　　　　　　　　　　　　　　　（b）

图 9-6　分离筛和薯土混合物的截取画面及像素数

（a）分离筛的截取画面及像素数　（b）薯土混合物的截取画面及像素数

（3）分离筛性能指标

参照《马铃薯挖掘机质量评价技术规范》（NY/T 648—2015）的相关内容，取明薯率 Y_1、破皮率 Y_2 为试验指标，每组试验结果取 3 次重复试验的均值。

$$Y_1 = \frac{q_1}{Q} \times 100\% \tag{9-2}$$

$$Y_2 = \frac{q_2}{Q} \times 100\% \qquad (9-3)$$

式中　q_1——机器作业完成后露于地表的马铃薯质量，kg；

　　　q_2——机器作业完成后表皮损伤的马铃薯质量，kg；

　　　Q——机器作业完成后收获的马铃薯总质量，kg。

9.2.2.3　试验方法

摆动分离筛上薯土混合物分布厚度的测试方法同5.2.2节所述。

调整照相机拍摄视角使其垂直于分离筛面，手持相机跟随马铃薯挖掘机匀速移动，利用相机连拍功能连续拍摄摆动分离筛稳定工作时分离筛上薯土混合物的分布状态，每组试验重复3次，每次试验拍摄图片20张。

试验完成后，参照《马铃薯挖掘机质量评价技术规范》（NY/T 648—2015）中的试验方法，统计每次试验的明薯质量、埋薯质量及破皮薯质量，计算每次试验的明薯率和破皮率，每组试验的结果取3次试验结果的平均值。

9.2.3　试验结果与分析

摆动分离筛对薯土混合物的分离主要包括2个阶段：第1个阶段为薯土混合物由升运链落至分离筛瞬间，土块冲击筛杆破碎而实现薯土分离；第2个阶段为薯土混合物相对分离筛往复滑动或抛离筛面运动过程中，土块受到分离筛分散、剪切等作用而破碎落筛，实现薯土分离。薯土分离的关键是土块破碎、透筛落地，马铃薯留于筛面并向筛尾输送。

9.2.3.1　薯土混合物分布厚度

在高速摄像软件 Phantom 中打开采集到的影像数据，对照标尺统计不同分离筛参数时分离筛各位置处薯土混合物的分布厚度。

（1）曲柄转速对薯土混合物分布厚度的影响

机器前进平均速度为 1.69km·h^{-1}、筛面倾角为 7.7°时曲柄转速对薯土混合物分布厚度的影响规律如图9-7所示。

由图9-7可知：同一曲柄转速下，薯土分离过程中薯土混合物分布厚度沿筛面长度方向由前至后逐渐降低，说明分离筛在所选5种曲柄转速时均可实现薯土分离。随着曲柄转速的升高，相同位置处薯土混合物的分布厚度逐渐降低，原因是：

随着曲柄转速的升高，土块与分离筛的碰撞冲量增大，土块由升运链落至筛杆瞬间的破碎率增加，薯土混合物相对分离筛运动过程中，薯土混合物相对分离筛的运动状态由往复滑动［图 9-8（a）］转变为轻微跳跃［图 9-8（b）］，后又变为剧烈跳跃［图 9-8（c）］，土块的抛离高度增大，筛杆对土块的剪切作用增强，使薯土混合物料层变薄、土块破碎率增加，薯土分离效果也就越明显。

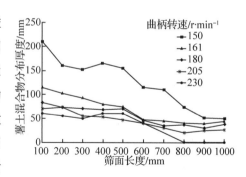

图 9-7　曲柄转速对薯土混合物
分布厚度的影响

（a）　　　　　　　　　（b）　　　　　　　　　（c）

图 9-8　不同曲柄转速时薯土混合物分布状态

（a）曲柄转速为 150r·min⁻¹　（b）曲柄转速为 180r·min⁻¹　（c）曲柄转速为 230r·min⁻¹

曲柄转速为 150r·min⁻¹时，相同位置处薯土混合物的分布厚度明显高于其他曲柄转速时的分布厚度，曲柄转速为 230r·min⁻¹时，在筛面长度 800～1000mm 位置处薯土混合物分布厚度为零。这是因为曲柄转速较低时薯土混合物由升运链落至分离筛阶段土壤破碎率低，不易透筛落地，造成筛上物料量较多；加之薯土混合物相对分离筛运动阶段分离筛对物料的剪切作用力小，使筛上物料出现堆积，不易分离，导致薯土混合物分布厚度明显高于较高曲柄转速时的厚度；而随着曲柄转速的升高，分离筛对薯土混合物的冲击、剪切作用均增强，不仅会导致薯土混合物由升运链落至筛面阶段留于筛上的薯土混合物减少，而且使薯土混合物相对分离筛运动阶段的土壤破碎、透筛概率增加。因此，在较高的曲柄转速时，薯土混合物未运动至筛尾已彻底分离，马铃薯被迅速输送至筛尾并落至地面。

（2）筛面倾角对薯土混合物分布厚度的影响

机器前进平均速度为 1.69km·h⁻¹、曲柄转速为 205r·min⁻¹时，筛面倾角对薯土混合物分布厚度的影响规律如图 9-9 所示。

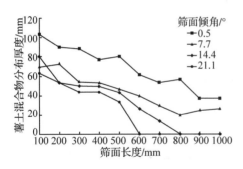

图9-9 筛面倾角对薯土混合物
分布厚度的影响

由图9-9可知，随着筛面倾角的增大，相同筛面位置处薯土混合物分布厚度逐渐减小。一方面是因为筛面倾角越大，薯土混合物受到分离筛的冲击作用越强，土壤易于破碎，从而使大部分土壤在分离筛前端即透筛落地实现薯土分离；另一方面是因为筛面倾角越大，土块抛离高度越高，分离筛对薯土混合物的剪切作用越强，薯土混合物相对分离筛运动阶段薯土分离效果越明显。

当筛面倾角为0.5°时，同一筛面位置处薯土混合物分布厚度[图9-10(a)]明显高于其他筛面倾角时的分布厚度，而筛面倾角为14.4°时，在筛面长度为700mm处即没有物料分布于筛上[图9-10(b)]，筛面倾角为21.1°时，筛面长度为500mm处即没有物料分布[图9-10(c)]。

 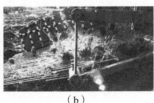 

（a） （b） （c）

图9-10 不同筛面倾角时薯土混合物分布状态

（a）筛面倾角为0.5° （b）筛面倾角为14.4° （c）筛面倾角为21.1°

（3）机器前进平均速度对薯土混合物分布厚度的影响

曲柄转速为205r·min⁻¹、筛面倾角为7.7°时，机器前进平均速度对薯土混合物分布厚度的影响规律如图9-11所示。

由图9-11可知，相同筛面位置处，薯土混合物分布厚度随机器前进平均速度的增大而增大，主要原因是机器前进平均速度越大，由升运链落至分离筛上的薯土混合物越多，而不同机器前进平均速度时，当分离筛的曲柄转速和筛面倾角一致

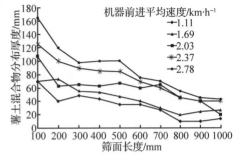

图9-11 机器前进平均速度对薯土混合
物分布厚度的影响

时，分离筛薯土分离能力相同。因此，机器前进平均速度越快，薯土混合物的分布厚度也就越厚。薯土分离过程中，分离筛上薯土混合物过多易造成薯土分离不彻底，明薯率低，而薯土混合物过少会导致马铃薯因缺乏土壤的保护而增大破皮率，分离筛参数优选时，在保证机器平稳运行的情况下应选取相对较高的机器前进平均速度，不仅可以提高生产率，也利于降低马铃薯的破皮损伤。

（4）分离筛参数与薯土混合物平均分布厚度的相关性分析

为了研究分离筛参数对薯土混合物分布厚度影响的显著性，首先计算分离筛上薯土混合物的平均分布厚度（分离筛 10 个位置处薯土混合物厚度之和除以 10），然后将其与分离筛参数输入到 SPSS19.0 软件中，采用 Pearson 单侧检验对薯土混合物的平均分布厚度与分离筛参数进行相关性分析，得到分离筛参数与薯土混合物平均分布厚度的相关系数及显著程度见表 9-3。

表 9-3　分离筛参数与薯土混合物平均分布厚度的相关性

项目	数值					相关系数	P 值	显著性
曲柄转速/$r \cdot min^{-1}$	150	161	180	205	230	-0.846	0.035	*
薯土混合物平均分布厚度/mm	24.17	68.33	55.17	44	34.5			
筛面倾角/°	0.5	7.7	14.4	21.1		-0.98	0.01	*
薯土混合物平均分布厚度/mm	65.5	44	31.67	23.67				
机器前进平均速度/$km \cdot h^{-1}$	1.11	1.69	2.03	2.37	2.78	0.988	0.001	*
薯土混合物平均分布厚度/mm	33.17	44	59.5	74	87			

注：* 表示显著性水平 $P < 0.05$；** 表示极显著性水平 $P < 0.01$。

由表 9-3 可知，机器前进平均速度与薯土混合物平均分布厚度极显著正相关，且相关系数最高，达到 0.988，这与增大机器前进平均速度可增加薯土混合物喂入量的结论相吻合。曲柄转速和筛面倾角与薯土混合物平均分布厚度均为显著负相关，相关系数分别为 -0.846 和 -0.98。

9.2.3.2　薯土混合物覆盖度结果

为消除试验过程中人为因素的干扰，在每次试验中连续拍摄的 20 幅图片中等间隔的选取 5 幅图片，分别导入到 Photoshop CS6 图片处理软件中进行像素统计，得到每幅图片中摆动分离筛上薯土混合物的覆盖度，将 5 幅图片的覆盖度求取平均值后作为 1 次试验的结果，则每组 3 次试验共需处理 15 幅图片。

(1)曲柄转速对薯土混合物覆盖度的影响

机器前进平均速度为$1.69km \cdot h^{-1}$、筛面倾角为7.7°的情况下，不同曲柄转速时摆动分离筛上薯土混合物的覆盖度见表9-4。

由表9-4可知：随着曲柄转速的增大，摆动分离筛上薯土混合物的覆盖度逐渐降低，原因是：随着曲柄转速的升高，土块与分离筛的碰撞冲量增大、抛离高度增高，筛杆对土块的剪切作用增强，同时薯土混合物被反复地抛离，使土块更容易破碎落地，导致分离筛上土壤分布面积减小，薯土混合物覆盖度降低。

曲柄转速为$230r \cdot min^{-1}$时，摆动分离筛上薯土混合物覆盖度仅为36.13%，明显低于其他曲柄转速时薯土混合物的覆盖度。主要原因是曲柄转速为$230r \cdot min^{-1}$时分离筛的薯土分离和输送能力均较强，使筛面长度800~1000mm位置处基本没有薯土混合物分布于分离筛面上，因此，该曲柄转速时薯土混合物覆盖度明显低于其他曲柄转速时的覆盖度。

表9-4 不同曲柄转速时薯土混合物覆盖度

曲柄转速/$r \cdot min^{-1}$	试验号	薯土混合物覆盖度/%	平均值/%	标准差/%
150	1	75.14		0.2
	2	75.93	75.34	0.59
	3	74.94		0.6
161	1	69.23		0.98
	2	69.24	70.21	0.97
	3	72.17		1.96
180	1	62.77		1.2
	2	62.54	63.97	1.43
	3	66.6		2.63
205	1	53.69		1.54
	2	51.23	52.15	0.92
	3	51.54		0.61
230	1	35.44		0.69
	2	36.3	36.13	0.17
	3	36.65		0.52

(2)筛面倾角对薯土混合物覆盖度的影响

机器前进平均速度为$1.69km \cdot h^{-1}$、曲柄转速为$205r \cdot min^{-1}$的情况下，不同筛

面倾角时摆动分离筛上的薯土混合物覆盖度见表 9-5。

由表 9-5 可知，随着筛面倾角的增大，摆动分离筛上薯土混合物的覆盖度逐渐降低。主要因为：筛面倾角的增大导致薯土混合物落至分离筛瞬间的碰撞冲量和相对分离筛运动阶段的抛离高度均增大，土壤受到分离筛杆的冲击作用增强，从而使其破碎率增高、透筛效果明显，最终导致分离筛上薯土混合物的覆盖度随着筛面倾角的增大而降低。

筛面倾角为 0.5°和 7.7°时，摆动分离筛上薯土混合物覆盖度的差异不明显，筛面倾角为 14.4°和 21.1°时，薯土混合物覆盖度的差异也不明显。但是，筛面倾角为 7.7°和 14.4°时，薯土混合物覆盖度的差异却较为明显。主要原因是筛面倾角较小时，分离筛薯土分离能力相对较弱，同时较小的筛面倾角使物料输送不顺畅，导致物料堆积；而筛面倾角较大时，分离筛的薯土分离能力和输送物料的能力均较强，筛面倾角为 14.4°和 21.1°时，在筛面长度为 700mm 和 500mm 处即没有物料分布于筛上。所以在筛面倾角为 14.4°和 21.1°时，薯土混合物覆盖度的差异不明显，而与筛面倾角为 7.7°相比，薯土混合物覆盖度的差异明显。

表 9-5　不同筛面倾角时薯土混合物覆盖度

筛面倾角/°	试验号	薯土混合物覆盖度/%	平均值/%	标准差/%
	1	66.49		2.01
0.5	2	62.52	64.48	1.96
	3	64.44		0.04
	1	53.69		1.54
7.7	2	51.23	52.15	0.92
	3	51.54		0.61
	1	27.06		0.08
14.4	2	27.46	26.98	0.48
	3	26.43		0.55
	1	21.02		1.8
21.1	2	24.86	22.82	2.04
	3	22.57		0.25

（3）机器前进平均速度对薯土混合物覆盖度的影响

曲柄转速为 205r·min^{-1}、筛面倾角为 7.7°的情况下，不同机器前进平均速度时摆动分离筛上薯土混合物的覆盖度见表9-6。

由表9-6可知，摆动分离筛上薯土混合物的覆盖度随着机器前进平均速度的增加而增大，说明增加机器前进平均速度对薯土混合物的覆盖度也产生了直接的影响。主要原因是不同的机器前进平均速度所对应的曲柄转速和筛面倾角一致，分离筛薯土分离能力相同，因此机器前进平均速度越高，分离筛上的物料量越多，其覆盖度也就越大。

表9-6 不同机器前进平均速度时薯土混合物覆盖度

机器前进平均速度/km·h^{-1}	试验号	薯土混合物覆盖度/%	平均值/%	标准差/%
	1	35.02		1.13
1.11	2	36.2	36.15	0.05
	3	37.22		1.07
	1	53.69		1.54
1.69	2	51.23	52.15	0.92
	3	51.54		0.61
	1	59.92		0.51
2.03	2	60	60.43	0.43
	3	61.38		0.95
	1	65.76		0.7
2.37	2	64.59	65.06	0.47
	3	64.82		0.24
	1	73.22		0.18
2.78	2	74.69	73.4	1.29
	3	72.3		1.1

综合分析表9-4～表9-6可以看出，不同分离筛参数时，摆动分离筛上薯土混合物的覆盖度试验值与平均值的标准差最大为2.63%，最小仅为0.04%，说明通过统计截取图片的像素数量来计算薯土混合物覆盖度的方法可行、结果可靠。

（4）分离筛参数与薯土混合物覆盖度的相关性分析

为分析分离筛参数对薯土混合物覆盖度影响的显著程度，本研究借助SPSS19.0软件，采用Pearson单侧检验对薯土混合物覆盖度的平均值与分离筛参数进行相关性分析，得到分离筛参数与薯土混合物覆盖度平均值的相关系数及显著程度见表9-7。

由表 9-7 可知，曲柄转速和机器前进平均速度对薯土混合物覆盖度的平均值影响极显著，相关系数分别为 -0.993 和 0.992，筛面倾角对薯土混合物覆盖度的平均值影响显著，相关系数为 -0.969。其中，曲柄转速和筛面倾角与薯土混合物覆盖度的平均值呈负相关，而机器前进平均速度与薯土混合物覆盖度的平均值呈正相关。

表 9-7　分离筛参数与薯土混合物覆盖度平均值的相关性

项目	曲柄转速/r·min^{-1}			筛面倾角/°			机器前进平均速度/km·h^{-1}	
	相关系数	P 值	显著性	相关系数	P 值	显著性	相关系数	P 值
薯土混合物覆盖度平均值/%	-0.993	0	**	-0.969	0.016	*	0.992	0

注：* 表示显著性水平 $P < 0.05$；** 表示极显著性水平 $P < 0.01$。

9.2.3.3　分离筛参数对分离筛性能的影响

（1）曲柄转速对性能指标的影响

筛面倾角为 7.7°、机器前进平均速度为 1.69km·h^{-1} 时，明薯率和破皮率随曲柄转速的变化关系如图 9-12 所示。

由图 9-12 可知，随着曲柄转速的升高，明薯率先逐渐增大后微弱减小，而破皮率则先增大后减小。结合薯土混合物分布厚度和覆盖度的变化规律可知，随着曲柄转速的增加，分离筛上薯土混合物的分布厚度和覆盖度逐渐减小，从而导致曲柄转速较高时由分离筛尾部落至地面的物料中土壤含量很少，使分离筛具有较高的明薯率。曲柄转速为 150r·min^{-1} 和 161r·min^{-1}

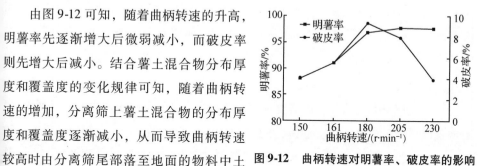

图 9-12　曲柄转速对明薯率、破皮率的影响

时马铃薯破皮率小于 6%，而当曲柄转速为 180r·min^{-1} 时，马铃薯破皮率升高至 9.33%，之后随着曲柄转速的升高马铃薯破皮率逐渐降低。结合马铃薯相对分离筛运动特性可知，曲柄转速为 180r·min^{-1} 时，马铃薯相对分离筛正、反向位移交替变化程度较其他曲柄转速时明显，较大的正、反向运动距离使马铃薯与分离筛面具有更多的接触机会，加上其他物料的挤压、阻碍，造成马铃薯与分离筛杆的摩擦及碰撞作用力大、运动时间长，使曲柄转速为 180r·min^{-1} 时，破皮率相对较高。曲柄转速为 150r·min⁻¹ 和 161r·min⁻¹ 时，分离筛上薯土混合物料量较多，虽然马铃薯的绝对运动速度不大，但马铃薯受到土壤、杂草等的保护使破皮率较低；当曲柄转速为 205r·min⁻¹ 和 230r·min⁻¹ 时，马铃薯绝对运动速度大，薯土混合物料层薄，马铃薯经历 2~4 次跳跃即落至地面，因此破皮率降低。

（2）筛面倾角对性能指标的影响

曲柄转速为 205r·min⁻¹，机器前进平均速度为 1.69km·h⁻¹ 时，明薯率和破皮率随筛面倾角的变化关系如图 9-13 所示。

由图 9-13 可以看出，4 种筛面倾角时分离筛明薯率均较高，明薯率分布在 97.69%~99.19% 之内，其变化趋势为先减小后增大。结合马铃薯相对分离筛的运动特性及薯土分离过程分析结果可以看出，筛面倾角为 0.5° 时，虽然薯土混合物受到分离筛的分离作用较弱，但薯土混合物相对分离筛的运动时间较长，

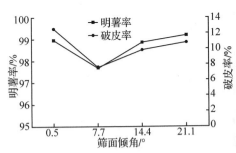

图 9-13　筛面倾角对明薯率、破皮率的影响

较长的运动时间促使土壤与分离筛杆充分接触，使得土壤被筛杆冲击、剪切，从而充分破碎，透筛落地，最终使筛面倾角为 0.5° 时明薯率达到 98.97%；筛面倾角在 7.7°~21.1° 范围内逐渐增大时，明薯率呈现逐渐增大的趋势，说明较大的筛面倾角利于薯土分离。

由图 9-13 还可以看出，随着筛面倾角的增大，马铃薯破皮率先减小后增大，4 种筛面倾角时，马铃薯的破皮率分布在 7.74%~12.56% 的范围内。筛面倾角为 0.5° 时，破皮率较高的原因是：马铃薯相对分离筛运动的时间较长，且该参数组合下马铃薯不断被分离筛抛离筛面，马铃薯相对分离筛 x 方向正、反向位移的交替变化明显，使马铃薯不易向筛尾输送，相对分离筛运动时间较长，最终导致马铃薯的破皮损伤增大；而对于筛面倾角为 21.1° 时马铃薯破皮率较高的原因，则是由于薯土混合物由升运链落至分离筛瞬间的冲击作用较强，同时马铃薯抛离筛面的最大高度为 154.33mm，参照马铃薯发生破皮损伤的临界高度范围，可知该参数时马铃薯较易产生损伤，从而使马铃薯破皮率达到 11.69%。

（4）机器前进平均速度对性能指标的影响

曲柄转速为 205r·min^{-1}，机器前进平均速度为 1.69km·h^{-1} 时，明薯率和破皮率随机器前进平均速度的变化关系如图 9-14 所示。

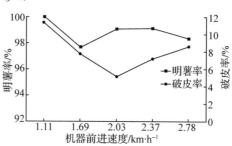

图 9-14　机器前进平均速度对明薯率、破皮率的影响

根据图 9-14 可知，机器前进平均速度对明薯率的影响不显著，机器前进平均速度在 1.69~2.37km·h^{-1} 范围内增大时，明薯率逐渐增大，而当机器前进平均速度增大至 2.78km·h^{-1} 时，明薯率出现减小的趋势，说明较快的机器前进平均速度将抑制明薯率的升高。随着机器前进平均速度的增大，马铃薯破皮率呈现先降低后升高的趋势。这是因为较小的机器前进平均速度具有较小的物料喂入量，而该曲柄转速和筛面倾角状态下马铃薯不断被分离筛抛离筛面，从而使马铃薯在薯土分离过程中缺乏土壤等的保护，使其具有较高的破皮损伤几率。而随着机器前进平均速度的增加，马铃薯受到的其他物料的保护作用增强，使其破皮率逐渐降低。当机器前进平均速度增加至 2.78km·h^{-1} 时，分离筛上的物料量增多，阻碍马铃薯的向后输送，在分离筛上长时间的抛离，使其破皮率出现了升高的趋势。

Chapter Ten | 第 10 章
分离筛参数优化

本章基于虚拟仿真技术对分离筛的摆杆与筛面进行运动仿真；采用 Matlab 软件中的优化设计模块对分离筛部分结构参数进行了优化。利用 Box-Behnken 响应面试验方法进行田间试验，建立了各指标与相关因素间的回归模型，对影响摆动分离筛薯土分离性能的结构与工作参数进行了优化。

10.1 马铃薯挖掘机分离筛结构改进

10.1.1 分离筛建模与仿真

本节采用 UG 软件建立摆动分离筛三维实体模型，在 UG 自带的 Motion 模块中对分离筛进行运动仿真，仿真时选择 ADAMS 求解器进行分析，分离筛三维实体模型如图 10-1 所示。

图 10-1 马铃薯挖掘机分离筛三维实体模型

建模完成后，在 UG 软件 MOTION 模块中进行运动仿真，具体方法如下：

（1）启动 UG MOTION，选择 ADAMS 求解器，选择模型新建仿真。使用笛卡尔坐标系作为仿真坐标系，为分离筛添加材料属性。设置筛子的材料为碳钢，弹性模量 $E = 2.07 \times 10^5 \mathrm{N} \cdot \mathrm{mm}^{-2}$，泊松比 $\lambda = 0.3$，密度 $\rho = 7.89 \times 10^3 \mathrm{kg/m}^3$。

（2）为求解的模型添加约束，将模型的各部分按照运动关系联系起来。其中转轴设置为周转副，前后摆杆上下两端也添加周转副。连杆两端与曲柄连接处和吊杆连接处分别设置周转副和共线副，完成设置后为转轴添加转速。通过仿真可知，分离筛面末端位置是筛面加速度的极小值点，因此，在筛面末端选取 A1、A2 作为测试点（图 10-1）。

（3）为获得精准的模拟数据，设置解算方案运行时间为 2s，求解步数为 200 步，输入速度选取生产实际中的 $230 \mathrm{r} \cdot \mathrm{min}^{-1}$，设置完毕后求解。

10.1.2　分离筛结构的改进

10.1.2.1　分离筛摆杆长度的改进

由于分离筛的后摆杆直接作用于第二级分离筛，因此，本研究拟通过改变后摆杆的长度来改变第二级分离筛垂直方向的加速度。在未知摆杆长度对加速度影响的情况下，在原有摆杆长度的基础上，通过加长和缩短两种办法，改变摆杆的长度。通过理论分析和运动仿真发现，加长第二级分离筛摆杆长度后，第一级分离筛在垂直方向的加速度高于第二级分离筛在垂直方向的加速度，第二级分离筛水平方向的加速度略高于第一级分离筛水平方向的加速度。可见，加长摆杆既能提高第一级分离筛的分离能力又可加强第二级分离筛的输送能力。因此，在改进时应加长后摆杆长度。

10.1.2.2　分离筛筛面长度的改进

筛面的运动比摆杆的运动更加复杂，在此，将借助虚拟仿真软件对筛面长度进行改进。如果将筛面长度缩短，将有助于减少马铃薯在无土筛面上的接触时间，从而降低马铃薯碰撞损伤，同时，也有助于提高马铃薯挖掘机的生产率。因此，在进行虚拟仿真时将筛面的长度缩短。首先在 UG 建模模块中，在距第二级分离筛面末端 300mm 处建立修剪面，对筛面缩短，再将改进后的模型按前述方法进行仿真。通过分析仿真结果发现，与原分离筛运动加速度相比较，缩短第二级分离筛筛面长度后，第二级分离筛垂直加速度增大，且与第一级分离筛垂直加速度的差距缩小，在水平方向加速度基本不变。

10.2　马铃薯挖掘机分离筛优化设计及校正

10.2.1　分离筛的优化设计

10.2.1.1　寻找目标函数

在进行优化设计时选择摆杆和筛面长度作为变量。改变摆杆和筛面的长度对分离筛的影响程度是不同的，因此，可将摆杆和筛面的长度在函数中分别赋权。本研究将采取插值法求取目标函数。

在理想状态下仿真为无振动传递和无外界因素影响，因此，模拟值偏低。为保证模拟值能对试验值具备指导意义，在不改变试验规律的前提下，对虚拟仿真进行修正。将摆杆长度加长至 300mm、350mm 和 425mm，发现随着摆杆长度的逐渐增大，第二级分离筛垂直方向的加速度逐渐减小。

将插值参数代入到拉格朗日插值多项式中，获得摆杆长度与垂直加速度的函数关系为：

$$a_{1y} = y_0 \frac{(x - x_1)(x - x_2)}{(x_0 - x_1)(x_0 - x_2)} + y_1 \frac{(x - x_0)(x - x_2)}{(x_1 - x_0)(x_1 - x_2)} + y_2 \frac{(x - x_1)(x - x_0)}{(x_2 - x_0)(x_2 - x_1)}$$

$$(10\text{-}1)$$

根据仿真结果获得插值点的加速度数值见表 10-1。

表 10-1　摆杆长度与垂直方向加速度的关系

x	L/mm	y	$a/\text{m} \cdot \text{s}^{-2}$
x_0	300	y_0	17.5
x_1	350	y_1	13.7
x_2	425	y_2	10.6

将表 10-1 各参数代入式(10-1)得：

$$a_{1y} = 170.7x^2 - 186.9x + 58.2 , \quad x \in (x_0, x_2) \tag{10-2}$$

按照相同的方法可以求得摆杆长与水平方向加速度的关系式为：

$$a_{1z} = -58.66x^2 + 66.53x + 62.9 , \quad x \in (x_0, x_2) \tag{10-3}$$

第二步将摆杆长度作为定量，改变分离筛筛面长度，研究其对分离加速度的影响，并且仍采用插值的方式来求取函数。

将筛面长度分别缩短至距第二级分离筛起始处 100mm、200mm、300mm 处进行仿真发现，随着筛面长度的逐渐缩短，第二级分离筛垂直方向的加速度逐渐增大。

将插值参数代入到拉格朗日插值多项式中，获得筛面长度与垂直加速度的函数关系为：

$$a_{1y} = y_0 \frac{(x' - x_1)(x' - x_2)}{(x_0 - x_1)(x_0 - x_2)} + y_1 \frac{(x' - x_0)(x' - x_2)}{(x_1 - x_0)(x_1 - x_2)} + y_2 \frac{(x' - x_1)(x' - x_0)}{(x_2 - x_0)(x_2 - x_1)}$$

$$(10\text{-}4)$$

根据仿真结果获得插值点的加速度数值见表 10-2。

表 10-2　筛面长度与垂直方向加速度关系

x	L/mm	y	$a/\mathrm{m \cdot s^{-2}}$
x_0	495	y_0	21.5
x_1	395	y_1	22.6
x_2	295	y_2	23.7

将表 10-2 各参数代入式(10-4)得：

$$a_{2y} = -10.99x' + 26.94 \tag{10-5}$$

按照相同的方法可以求得筛面长度与水平方向加速度的关系式：

$$a_{2z} = 3x' + 74.71 \tag{10-6}$$

对比分析可知，改变摆杆长度和筛面长度对第二级分离筛加速度的影响程度是不同的。为了获得统一的优化目标，为两个式子分别赋权 ψ、ζ，建立多目标函数模型式为：

$$a_{y\max} = \psi a_{1y} + \xi a_{2y} \tag{10-7}$$

对于多目标函数加权因子的确定主要考虑两个目标函数的本征权和两个函数加权因子的差别。由于本函数的两个分函数的本征权相同，可取等数。因此，加权因子主要由校正权来确定，并需要确定数量级差异。由表 10-1 和表 10-2 可知，摆杆每改变一个数量级，垂直方向的加速度将改 8.63 个数量级，而筛面长度每改变一个数量级，垂直方向加速度将改变 1.37 个数量级。因此，按此配比可得到赋权数 ψ 为 8.63，赋权数 ζ 为 1.37，由此获得目标函数为：

$$a_{y\max} = 8.63a_{1y} + 1.37a_{2y} \tag{10-8}$$

为更直观地观察拟合的目标函数，在 Matlab 中获取摆杆长度、筛面长度和垂直方向加速度的交互作用如图 10-2 所示。

由图 10-2 可知，随着摆杆长度的增加，第二级分离筛加速度逐渐减少。随着筛面长度的减少，分离筛加速度在不断增加。

10.2.1.2　边界要素

综合 10.1 节的研究结果提出如下边界条件：

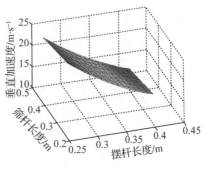

图 10-2　摆杆长度和筛面长度的交互作用

（1）第一级分离筛垂直方向的加速度大于第二级分离筛垂直方向的加速度。

（2）第一级分离筛水平方向的加速度不超过第二级分离筛水平方向的加速度。

（3）第二级分离筛垂直方向的加速度大于最低分离加速度。

（4）第一级分离筛垂直方向的加速度不超过最低损伤加速度。

（5）为降低马铃薯表皮损伤，第一级分离筛筛面长度与第二级分离筛筛面长度总长应不超过无土范围区。

（6）为确保改进后马铃薯挖掘机不发生干涉，分离筛摆杆悬挂位置不能超过其极限。

（7）曲柄转速在合理范围之内。

按照约束条件的重要性，约束边界的优先级为：（1）>（2）>（3）=（4）>（6）>（5）>（7）。

在不改变其他因素的情况下，确定最终的优化模型为：

$$
\begin{cases}
\max a_y, \ (x \in R^2) \\
st. \ gi(x \geqslant 0)(i = 1, \ 2, \ 3, \ 4, \ 5, \ 6, \ 7)
\end{cases}
\tag{10-9}
$$

10.2.1.3　函数优化设计

本研究采用协调曲线（TQSP）法进行优化。按照匹配关系转化为单目标函数，并借助 MATLAB 进行计算得到最优结果。

10.2.1.4　优化分析

在 MATLAB 中优化得到的参数最优结果见表 10-3。

表 10-3　优化前后加速度对照

优化	摆杆长度/mm	筛面长度/mm	一级分离筛垂直方向加速度极值/m·s^{-2}	二级分离筛垂直方向加速度极值/m·s^{-2}
优化前	270	595	6.7	19.86
优化后	425	495	11.67	19.61

由表 10-3 可知，通过对摆杆和筛面长度的优化，使得第一级分离筛在垂直方向上的加速度提高，并且超过第二级分离筛垂直方向的加速度，改变了以往马铃薯在分离筛上振动递增的筛分方式。对分离筛筛面长度优化后，使得马铃薯减少了在无土时与筛杆的碰撞强度。

10.2.2　改进后分离筛的校核

在对摆杆和分离筛长度优化后，为了保证分离筛在加工时的可靠性，需要对改进后的摆杆和筛面的强度、弯矩等进行校核。由图 10-1 可知，四个摆杆主要承受分离筛架的质量，而且优化后的摆杆与筛角调节板相连，因此，除了对摆杆和筛面进行校核外，还需对筛角调节板的强度进行校核。

本研究利用 UG 中的高级分析模块，选择 ANSYS 求解器对摆杆和筛角调节板进行分析。首先将模型导入 UG 高级分析模块中，按照分析流程定义单元类型和材料类型，接下来对模型进行网格划分，再对模型施加载荷，定义完成后进行求解，分析相关数据。

将优化后长度为 425mm 的分离筛摆杆在 UG 高级仿真模块中进行位移和受力分析，获得摆杆 3 个方向的位移云图和平均受力、最大剪切力、最大应力云图如图 10-3 所示。

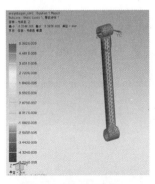  

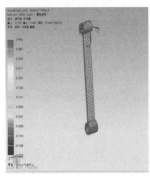  

图 10-3　摆杆位移和受力云图

由图 10-3 可知，在垂直方向的位移为 10^{-3} mm，产生的位移量很小，在其余方向位移量也很小。从图 10-3 可以看出，单元体应力分布均匀，最大剪切力发生在摆杆和套筒连接处且变量很小。最大主应力发生在摆杆的连接杆处且分布均匀，因此，优化后的摆杆符合强度要求。

对装配后的筛角调节板进行校核，获得筛角调节板 3 个方向的位移云图和平均受力、最大剪切力、最大应力云图如图 10-4 所示。

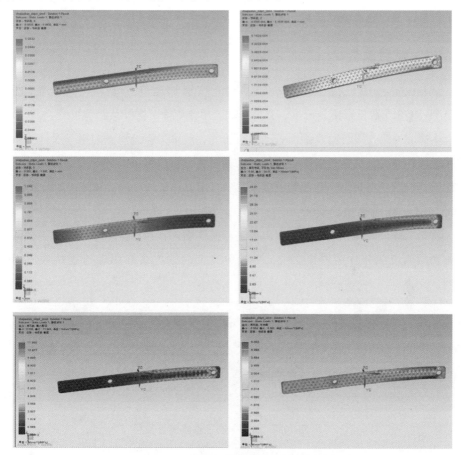

图 10-4　筛角调节板位移和受力云图

由图 10-4 可知，在施加力的方向上最大变形量不到 1mm，在其他两个方向上的变形为 10^{-4} mm，可以忽略。另外，筛角调节板所受的应力分布均匀，最大应力为 5.98N·mm^{-2}，最大剪力为 11.86N·mm^{-2}，单元节点应力分布均匀无明显突变。通过校核可知，优化后的分离筛摆杆满足强度要求。

10.3 室内试验

本研究对优化后的马铃薯挖掘机分离筛进行单因素试验，并将试验结果与虚拟仿真结果进行对比分析；然后按照响应面试验方法进行试验，获得摆杆长度、筛面长度、前后摆杆夹角3个因素与加速度的关系，并分析各个因素的交互作用对加速度的影响，最终获得分离筛最佳的参数组合。

10.3.1 试验设备

试验设备包括马铃薯挖掘机试验台、三轴加速度传感器、笔记本电脑、AVANT-MI7016数据采集分析仪、卷尺、试验用分离筛、摆杆及调节板等。

本研究对第二级分离筛筛面长度进行研究，但第二级分离筛与第一级筛为整体机构且体积庞大，更换整体筛子不仅耗功耗时而且难以保证其装配要求，因此，在不影响马铃薯挖掘机工作性能的前提下，项目组设计了一个第二级筛快换装置。

10.3.1.1 分离筛快换装置

将第二级分离筛在两端筛面间隙处进行整体切割，在切割下来的第二级分离筛上和切割剩余部分分别焊接法兰，更换分离筛后法兰之间用螺栓连接如图10-5所示。

图 10-5　分离筛筛面快换装置

10.3.1.2 分离筛筛面倾角调节板

为了实现对马铃薯挖掘机分离筛筛面倾角的调整，在原有悬挂孔（图10-4）的基础上均匀增加了三个悬挂孔，从而实现了对分离筛筛面倾角的调节。

室内试验采用第7章所用的4SW-170型马铃薯挖掘机试验台。按照5.2.2节的方法安装传感器并采集加速度数据。

10.3.2 单因素试验

10.3.2.1 试验因素及水平

选取马铃薯挖掘机分离筛的摆杆长度、筛面长度和前后摆杆的夹角作为试验因素，选取输入转速 230r·min⁻¹。

由以上分离筛优化分析结果可知，摆杆的最佳长度为 425mm，因此，试验中摆杆长度选择 425mm、350mm、300mm 和原始尺寸 270mm 4 个水平。筛面长度选择原始长度 595mm、优化长度 495mm 及 395mm、295mm 4 个水平。前后摆杆夹角选择原始夹角 6.3°、夹角-6.3°、夹角-12.6°和 0° 4 个水平，因素水平见表 10-4。

表 10-4 试验因素及水平

水平	因素		
	摆杆长度/mm	筛面长度/mm	前后摆杆夹角/°
1	270	395	6.3°
2	300	495	0°
3	350	595	-6.3°
4	425	295	-12.6°

10.3.2.2 试验结果分析

（1）摆杆长度对分离筛垂直加速度的影响

选取前后摆杆夹角 0°、筛面长度为 595mm，测定 4 种不同摆杆长度对应的分离筛垂直加速度，重复 3 次试验取均值。试验后对分离筛垂直加速度数据进行分析，获得加速度均值，加速度试验值与仿真值比对如图 10-6。

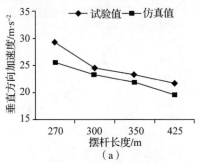
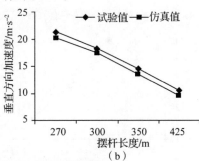

图 10-6 摆杆长度对分离筛垂直加速度影响

（a）第一级分离筛加速度 （b）第二级分离筛加速度

由图 10-6 可以看出，两级分离筛的垂直加速度均随摆杆长度的增加而降低，试验结果与虚拟仿真结果一致。但图 10-6 中结果来看，室内试验数据比仿真值略偏大，产生这一现象的主要原因是，机器本身的振动以及链条传动造成的振动所致。

（2）筛面长度对分离筛垂直加速度的影响

选取摆杆长度为 270mm，前后摆杆的夹角为 0°，对 4 种不同筛面长度对应的加速度进行测定，试验重复 3 次取均值，试验结果如图 10-7 所示。

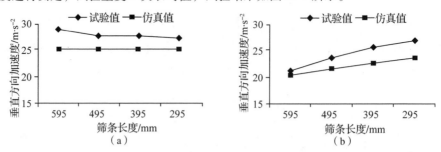

图 10-7　筛面长度对分离筛垂直加速度影响

（a）第一级分离筛加速度　（b）第二级分离筛加速度

由图 10-7 可以看出，第一级分离筛的加速度随分离筛筛面长度的减少基本不变，比仿真值略大；第二级分离筛的加速度随着分离筛筛面长度的减少而增加，变化的幅度较虚拟仿真结果大，原因同上。

（3）前后摆杆夹角对分离筛垂直加速度的影响

当摆杆长度和筛面长度分别为 270mm 和 595mm 时，4 种不同前后摆杆的夹角对应的分离筛垂直加速度结果如图 10-8 所示。

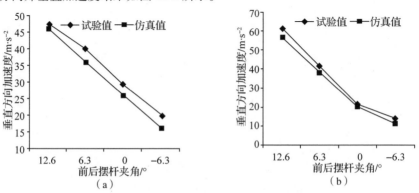

图 10-8　前后摆杆夹角对分离筛垂直加速度影响

（a）第一级分离筛加速度　（b）第二级分离筛加速度

从图 10-8 可以看出，两级分离筛的垂直加速度均随前后摆杆夹角的减少而降低，试验结果比虚拟仿真值略大，原因同上。

10.3.3 交互试验与优化

10.3.3.1 试验方案

前一节已对 3 个影响因素与加速度之间的关系进行了研究。本节将采用 Box-Benhnken 软件对 3 个因素进行交互研究。在 Box-Benhnken 中选取 Response Surface 模块设计三因素三水平试验，选取的因素水平见表 10-5。

表 10-5　交互试验因素水平

编码	因素选取		
	摆杆长度 A /mm	筛面长度 B /mm	前后摆杆夹 C/°
−1	270	395	−6.3
0	350	495	0
1	425	595	6.3

按照响应面设计方法，获取 17 组最佳交互试验组合，试验结果见表 10-6。

表 10-6　交互试验方案表

试验号	摆杆长度/mm	筛面长度/mm	前后摆杆夹角/°	第一级分离筛垂直加速度/m·s^{-2}	第二级分离筛垂直加速度/m·s^{-2}	两级分离筛加速度比值
1	−1	−1	0	27.97	25.86	1.08
2	1	−1	0	21.74	17.00	1.28
3	−1	1	0	29.32	21.34	1.37
4	1	1	0	21.60	10.57	2.04
5	−1	0	−1	28.81	20.78	1.39
6	1	0	−1	22.31	13.78	1.61
7	−1	0	1	28.01	28.15	1.00
8	1	0	1	21.47	14.15	1.52
9	0	−1	−1	24.80	18.37	1.35
10	0	1	−1	25.44	12.81	1.99
11	0	−1	1	25.89	22.51	1.15
12	0	1	1	24.60	16.09	1.53
13	0	0	0	26.11	18.26	1.43
14	0	0	0	25.05	17.25	1.45
15	0	0	0	23.83	16.66	1.43
16	0	0	0	25.00	17.36	1.44
17	0	0	0	24.87	17.59	1.41

10.3.3.2 试验结果及分析

为了获取 3 个因素与第二级分离筛垂直加速度之间的关系，本研究建立回归方程。由表 10-7 可知，二次拟合时 3 因素与第二级加速度拟合的连续 P 值小于 0.05，配合失真 P 值大于 0.01，R^2 预计值大于 0.9。说明采用二次拟合的拟合度高、失真概率小，适用于第二级分离筛垂直加速度数据的拟合。

表 10-7　第二级分离筛垂直加速度方程拟合度

拟合方式	连续 P 值	配合失真 P 值	R^2 调整值	R^2 预计值	可取度
一次	< 0.0001	0.0329	0.9073	0.8526	
2 因素拟合	0.0300	0.0841	0.9488	0.8786	
二次	0.0034	0.8332	0.9885	0.9792	**
三次	0.8332		0.9834		*

注：** 表示最可取，* 表示可取

为确定回归方程的选取项，在 Box-Benhnken 中进行方差分析，分析结果见表 10-8。

表 10-8　方差分析表

方差来源	平方和	自由度	均方	F 值	P 值	显著程度
模型	322.87	9	35.87	153.65	< 0.0001	非常显著
A -筛条长度度	204.32	1	204.32	875.12	< 0.0001	非常显著
B -摆杆长度	65.33	1	65.33	279.82	< 0.0001	非常显著
C -前后摆杆夹角	28.84	1	28.84	123.50	< 0.0001	非常显著
AB	0.93	1	0.93	3.97	0.0865	
AC	12.96	1	12.96	55.51	0.0001	一般显著
BC	0.18	1	0.18	0.79	0.4031	
A^2	8.03	1	8.03	34.39	0.0006	一般显著
B^2	0.32	1	0.32	1.37	0.2799	
C^2	0.37	1	0.37	1.59	0.2480	
残差	1.63	7	0.23			
配合失真	0.29	3	0.097	0.29	0.8332	不显著
误差	1.34	4	0.34			

由表 10-8 可知，试验模型的 P 值小于 0.0001，配合失真大于 0.01，说明模型

的拟合度较高。模型的影响因子中，A 项筛面长度、B 项摆杆长度和 C 项前后摆杆夹角 P 值均小于 0.0001，说明其影响极其显著。交互项 AC 和二次项 A^2 的 P 值小于 0.05，说明其影响显著。其中交互项 AB、BC 及二次项 B^2、C^2 相较于其余因素影响较弱。通过上述分析，去除各因素中的不显著项，可得各因素与分离筛第二级加速度之间的回归方程为：

$$Y = 17.59 - 5.05A - 2.86B - 1.9C - 1.8AC + 1.38A^2 \qquad (10\text{-}10)$$

为了更直观地分析拟合方程的拟合度，在 Box-Benhnken 中获取第二级分离筛垂直加速度的实测值与预测值的拟合曲线如图 10-9 所示。由图 10-9 可以看出，试验值与预测值分布集中、吻合度较高，因此，式（10-10）所述模型可以作为试验模型。

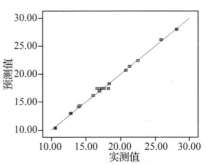

图 10-9　第二级分离筛加速度拟合

在 Box-Benhnken 中获取三因素交互作用对分离筛垂直加速度影响如图 10-10～图 10-12 所示。

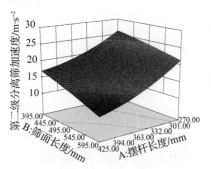

**图 10-10　筛面长度与摆杆长度对
第二级分离筛加速度的影响**

（1）筛面长度与摆杆交互作用对第二级分离筛垂直加速度的影响

由图 10-10 可知，当前后摆杆夹角固定为 0°，筛面长度在 395～495mm 时，第二级分离筛垂直加速度随摆杆长度的增大而减小。当摆杆长度在 270～425mm 时，随筛面长度减小而增大，第二级分离筛加速度增加与虚拟仿真结果一致。

（2）摆杆长度与前后摆杆夹角对第二级分离筛垂直加速度的影响

由图 10-11 可知，筛面长度固定为 595mm，摆杆长度在 270mm～425mm 时，第二级分离筛垂直加速度随夹角的增大而增大。当前后摆杆夹角在 −6.3°～6.3° 范围内，第二级分离筛加速度随摆杆长度的增大而减少，这一趋势与虚拟仿真一致。

（3）筛面长度与前后摆杆夹角对第二级分离筛加速度的影响

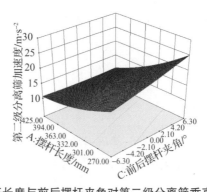

图 10-11　摆杆长度与前后摆杆夹角对第二级分离筛垂直加速度的影响

由图 10-12 可知，当摆杆长度固定在 270mm，前后摆杆夹角在 −6.3°~6.3°范围内，第二级分离筛加速度随筛面长度的增大而减少。当筛面长度在 395~495mm 时，第二级分离筛加速度随前后摆杆夹角的增大而增大，这一趋势与虚拟仿真结果一致。

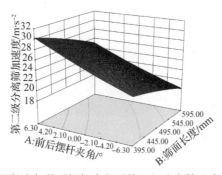

图 10-12　筛面长度与前后摆杆夹角对第二级分离筛垂直加速度的影响

10.3.4　参数优化与试验验证

10.3.4.1　参数优化

前面分别对单因素试验结果和交互作用结果进行了分析，本节将通过 Design-expert 8.0.6 对试验数据进行优化分析。

本研究拟实现的功能是降低第二级分离筛加速度，以减少马铃薯在分离筛上的碰撞损伤，因此将第二级分离筛垂直加速度取极小值作为优化目标。为将分离功能更多集中于第一级分离筛以实现较高的明薯率，第一级分离筛垂直加速度应取较大值。通过分析获取参数可取度如图 10-13 所示。

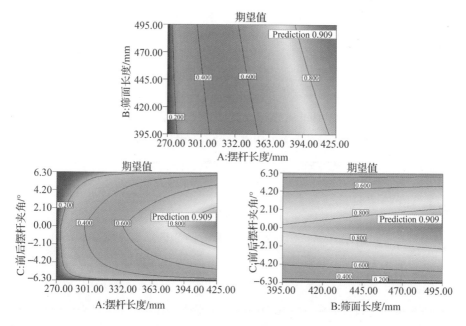

图 10-13　参数可取度

由图 10-13 可知，当筛面长度为 495mm、摆杆长度为 425mm、前后摆杆夹角为 0°时，第二级分离筛垂直加速度达到优化目标。

10.3.4.2　试验验证

结合优化结果进行验证试验。试验时，将电机转速设定为 230r·min^{-1}，将筛分状态划分为 A、B、C 三级。A 级表示无大块土且所有土壤均破碎，B 级表示部分大块土实现破碎，C 级表示仍存在大块土。试验除添加的物料外，其余皆与前文试验时的设定相同。试验结果见表 10-9。

表 10-9　试验结果

摆杆长度/mm	筛面长度/mm	前后摆杆夹角/°	破碎度/级	分离率/%	伤薯率/%
425	495	0	A	98	0.2

由试验结果可得，薯土混合物分离率为 98%，分离效果理想。破碎度到达 A 级，所有大块土均破碎，在进行大田作业时有利于避免二次覆薯，提高明薯率。伤薯率降低至 0.2%，有效地控制了伤薯率。

10.4 田间试验

本研究以曲柄转速、筛面倾角和机器前进平均速度为试验因素，明薯率和破皮率为评价指标，采用 Box-Behnken 响应面试验方法进行试验，建立了各指标与因素间的回归模型，并分析了显著因素及因素间的交互作用对评价指标的影响规律，对影响摆动分离筛薯土分离性能的结构与工作参数进行了优化。

10.4.1 试验设计

试验机具及试验条件同 7.3，参照《马铃薯挖掘机质量评价技术规范》（NY/T 648—2015）的相关内容，取明薯率 Y_1、破皮率 Y_2 为试验指标，试验因素为曲柄转速 A、筛面倾角 B 和机器前进平均速度 C。采用 Box-Behnken 响应面分析法进行三因素三水平试验，因素水平见表 10-10。每组试验重复 3 次，试验结果取均值。

表 10-10　试验因素及水平

水平	因素		
编码	曲柄转速 $A/\text{r} \cdot \text{min}^{-1}$	筛面倾角 $B/°$	机器前进平均速度 $C/\text{km} \cdot \text{h}^{-1}$
−1	180	7.7	1.69
0	205	14.4	2.03
1	230	21.1	2.37

10.4.2 试验结果与分析

根据 Box-Behnken 试验设计原理，试验方案包括 17 个试验点，其中包括 12 个分析因子，5 个零点误差估计，试验方案及结果见表 10-11。

表 10-11　试验方案及结果

试验号	曲柄转速 A	筛面倾角 B	机器前进平均速度 C	明薯率/%	破皮率/%
1	−1	−1	0	98.38	7.67
2	1	−1	0	98.72	0.63
3	−1	1	0	98.39	4.79
4	1	1	0	99.49	0.87
5	−1	0	−1	97.91	10.07

（续）

试验号	曲柄转速 A	筛面倾角 B	机器前进平均速度 C	明薯率/%	破皮率/%
6	1	0	−1	99.10	4.82
7	−1	0	1	98.32	12.22
8	1	0	1	98.66	3.69
9	0	−1	−1	97.61	7.63
10	0	1	−1	99.03	10.71
11	0	−1	1	99.27	12.99
12	0	1	1	98.28	7.32
13	0	0	0	99.48	5.91
14	0	0	0	99.41	6.85
15	0	0	0	99.61	6.18
16	0	0	0	99.70	4.62
17	0	0	0	100.00	6.77

10.4.2.1　回归方程的建立与检验

为建立分离筛性能指标与试验变量间的回归方程，通过试验数据进行多种拟合模型的综合分析，获得最佳的拟合模型；然后对该模型进行方差分析，获取影响性能指标的显著项，最后剔除不显著项后，重新建立回归模型并进行方差分析，以达到更好的参数选取及结果预测效果。

（1）明薯率回归模型

采用 Design-expert 8.0.6 数据分析软件对明薯率与试验变量之间的关系进行多种拟合模型的综合分析，从中选取综合评价较高的模型类型，作为明薯率回归模型类型，分析结果见表 10-12。

表 10-12　响应值为明薯率的多种拟合模型综合分析

模型类型	P 值	失拟 P 值	R^2 校正值	R^2 预测值	评价
线性	0.4302	0.0139	−0.0029	−0.3278	
双因素(2FI)	0.3105	0.0136	0.0739	−0.4027	
二次多项式	0.0003	0.5584	0.8962	0.6848	建议采用
三次多项式	0.5584		0.8861		

由表 10-12 可知，二次多项式模型的 $P = 0.0003 < 0.01$，且 R^2 校正值与预测值分别为 0.8962 和 0.6848，较其他类型的 R^2 值均较高，能更好地体现各试验变量与响应值之间的关系，因此，宜选用二次多项式模型较合理。

对明薯率进行方差分析，结果见表 10-13。

表 10-13　明薯率方差分析

方差来源	平方和	自由度	均方	F 值	P 值
模型	7.13	9	0.79	16.35	0.0007
A	1.10	1	1.10	22.81	0.002
B	0.18	1	0.18	3.72	0.095
C	0.098	1	0.98	2.02	0.198
AB	0.14	1	0.14	2.94	0.1299
AC	0.18	1	0.18	3.81	0.0919
BC	1.44	1	1.44	29.64	0.001
A^2	0.94	1	0.94	19.40	0.0031
B^2	0.75	1	0.75	15.49	0.0056
C^2	1.90	1	1.90	39.16	0.0004
失拟性	0.13	3	0.042	0.79	0.5584
误差	0.21	4	0.053		
总和	7.47	16			

由表 10-13 可知，在此模型中，一次项 A，交互项 BC，二次项 A^2、B^2、C^2 对明薯率影响极显著，一次项 B、C，交互项 AB、AC 对明薯率影响不显著。

（2）破皮率回归模型

采用 Design-expert 8.0.6 数据分析软件对破皮率与试验变量之间的关系进行多种拟合模型的综合分析，结果见表 10-14。

表 10-14　响应值为破皮率的多种拟合模型综合分析

模型类型	P 值	失拟 P 值	R^2 校正值	R^2 预测值	评价
线性	0.606	0.0098	0.2889	−0.1834	
双因素（2FI）	0.4598	0.008	0.2779	−1.2103	
二次多项式	<0.001	0.7274	0.9483	0.8813	建议采用
三次多项式	0.7274		0.9325		

由表 10-14 可知，二次多项式模型的 $P<0.01$，且 R^2 校正值与预测值都较大，能更好地体现各参数与响应值之间的关系，因此，选用二次多项式模型较合理。

对破皮率进行方差分析，结果见表 10-15。

表 10-15 破皮率方差分析

方差来源	平方和	自由度	均方	F 值	P 值
模型	187.57	9	20.84	33.58	<0.0001
A	76.50	1	76.50	123.25	<0.0001
B	3.41	1	3.41	5.49	0.0516
C	1.12	1	1.12	1.81	0.221
AB	2.43	1	2.43	3.92	0.0882
AC	2.70	1	2.70	4.35	0.0753
BC	19.14	1	19.14	30.84	0.0009
A^2	21.66	1	21.66	34.89	0.0006
B^2	0.39	1	0.39	0.63	0.4523
C^2	64.11	1	64.11	103.29	<0.0001
失拟性	1.11	3	0.37	0.46	0.7274
误差	3.24	4	0.81		
总和	191.91	16			

由表 10-15 可知，在此模型中，一次项 A，交互项 BC，二次项 A^2、C^2 对破皮率影响极显著，一次项 B、C，交互项 AB、AC，二次项 B^2 对破皮率影响不显著。

（3）分离筛性能指标回归分析

由前面方差分析结果可知，一次项 B、C，交互项 AB、AC 对明薯率影响不显著，一次项 B、C，交互项 AB、AC，二次项 B^2 对破皮率影响不显著。为了建立更加合理的回归模型，剔除不显著变量后对明薯率 Y_1、破皮率 Y_2 进行二次多项式回归建模，得到编码方程为：

$$Y_1 = 99.64 + 0.37A + 0.15B + 0.11C - 0.6BC - 0.47A^2 - 0.42B^2 - 0.67C^2 \quad (10\text{-}11)$$

$$Y_2 = 6.07 - 3.09A - 0.65B + 0.37C - 2.19BC - 2.27A^2 - 0.31B^2 + 3.9C^2 \quad (10\text{-}12)$$

实际方程为：

$$Y_1 = 30.86 + 0.32A + 0.82B + 27.16C - 0.26BC - 0.0008A^2 - 0.009B^2 - 5.69C^2$$
$$(10\text{-}13)$$

$$Y_2 = 14.74 + 1.36A + 2.03B - 119.52C - 0.95BC - 0.004A^2 - 0.007B^2 + 33.07C^2$$
$$(10\text{-}14)$$

方差分析中，B、C 不显著，但是回归模型中包含显著的交互作用项 BC，排除 B、C 将使模型不满足层级结构，因此，将显著交互作用项中的所有子项加入模型。剔除不显著项后明薯率和破皮率方差分析结果见表 10-16。

表 10-16 明薯率和破皮率方差分析

评价指标	方差来源	平方和	自由度	均方	F 值	P 值	显著性	R^2	精密度
明薯率	模型	6.8	7	0.97	13.13	0.0005	**		
	A	1.10	1	1.10	14.92	0.0038	**		
	B	0.18	1	0.18	2.44	0.1529			
	C	0.098	1	0.098	1.32	0.2797		0.9108	10.465
	BC	1.44	1	1.44	19.40	0.0017	**		
	A^2	0.94	1	0.94	12.69	0.0061	**		
	B^2	0.75	1	0.75	10.13	0.0111	*		
	C^2	1.90	1	1.90	25.62	0.0007	**		
	残差	0.67	9	0.071					
	失拟性	0.45	5	0.091	1.71	0.3125	不显著		
	误差	0.21	4	0.053					
	总和	7.47	16						
破皮率	模型	182.43	7	26.06	24.74	<0.0001	**		
	A	76.50	1	76.50	72.62	<0.0001	**		
	B	3.41	1	3.41	3.24	0.1056			
	C	1.12	1	1.12	1.06	0.3293		0.9506	18.648
	BC	19.14	1	19.14	18.17	0.0021	**		
	A^2	21.66	1	21.66	20.56	0.0014	**		
	B^2	0.39	1	0.39	0.37	0.5565			
	C^2	64.11	1	64.11	60.86	<0.0001	**		
	残差	9.48	9	1.05					
	失拟性	6.24	5	1.25	1.54	0.3476	不显著		
	误差	3.24	4	0.81					
	总和	191.91	16						

注：* 表示显著性水平 $0.01 < P < 0.05$；** 表示极显著性水平 $P < 0.01$。

由表 10-16 中方差分析可知，两模型项 P 值均小于 0.01，模型项极显著，且失拟项均极不显著，说明试验正确有效且模型合适。两模型 R^2 分别为 0.9108、

0.9506，比未剔除不显著项模型的 R^2 分别高 0.00146 和 0.0023，说明剔除不显著项的模型更加准确。

（3）各因素对指标影响主次分析

试验因素对分离筛性能指标的贡献程度可根据 F 值确定。根据方差分析可知：一次项 A，交互项 BC，二次项 A^2、C^2 对明薯率影响极显著，二次项 B^2 对明薯率影响显著；一次项 A，交互项 BC，二次项 A^2、C^2 对破皮率影响极显著。各因素对明薯率、破皮率的影响顺序均为：曲柄转速 A > 筛面倾角 B > 机器前进平均速度 C。

10.4.2.2　各因素对明薯率和破皮率的影响

（1）曲柄转速对明薯率、破皮率的影响

由方差分析可知，一次项曲柄转速对分离筛性能指标影响极显著，其他一次项影响不显著。故本研究主要分析曲柄转速对分离筛性能指标的影响。

为了直观地找出曲柄转速对分离筛性能指标的影响，采用降维法将多元复杂问题转化为一元问题，即将其他 2 个因素编码水平取为 0，考察明薯率、破皮率随曲柄转速的变化规律。据此得到明薯率 Y_1、破皮率 Y_2 随曲柄转速变化关系的编码方程为：

$$Y_1 = 99.64 + 0.37A - 0.47A^2 \tag{10-15}$$

$$Y_2 = 6.07 - 3.09A - 2.27A^2 \tag{10-16}$$

由式（10-15）、式（10-16）绘制分离筛性能指标随曲柄转速的变化曲线如图 10-14 所示。

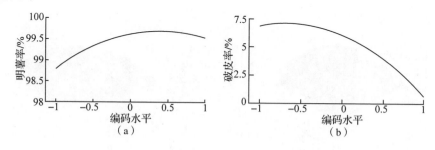

图 10-14　曲柄转速对分离筛性能的影响

（a）曲柄转速对明薯率的影响　（b）曲柄转速对破皮率的影响

由图 10-14（a）可知，明薯率随曲柄转速的升高先逐渐增大后缓慢减小，变化范围为 98.8%~99.64%，明薯率较高且变化范围较小。主要原因是，分离筛在所选的曲柄转速范围内变化时，分离筛加速度较大，薯土混合物由升运链落至分离筛受到的冲击作用和相对分离筛运动阶段受到分离筛的分散、剪切作用均较强，使土壤透筛效果明显，从而导致明薯率较高。

由图10-14（b）可知，破皮率随曲柄转速的升高而逐渐减小。主要因为曲柄转速较低时马铃薯相对分离筛的运动形式为轻微跳跃，马铃薯相对分离筛的运动时间长，跳跃次数多，反复的摩擦与碰撞导致脆嫩的马铃薯表皮发生明显破损，从而使破皮率较高；随着曲柄转速的升高，马铃薯相对筛面的运动时间减少，2次左右的跳跃即使其落至地面，完成了薯土分离，马铃薯无明显破皮损伤，因此破皮率减小。

（1）交互作用因素对明薯率的影响

①曲柄转速和筛面倾角的交互作用对明薯率的影响如图10-15所示。

由图10-15可知，机器前进平均速度固定在零水平（$C = 2.03\text{km} \cdot \text{h}^{-1}$）下，曲柄转速为$180 \sim 193\text{r} \cdot \text{min}^{-1}$时，明薯率随筛面倾角的增大呈先增大后减小的趋势，曲柄转速为$193 \sim 230\text{r} \cdot \text{min}^{-1}$时，明薯率随筛面倾角的增大呈先增大而后趋于平缓的趋势。这是因为曲柄转速较低时，薯土混合物相对分离筛的运动形式为轻微跳跃，较小的筛面倾角会导致薯土混合物向后输送速度下降，加之杂草及根系牵连使筛上物料出现堆积，从而使明薯率下降，而较大的筛面倾角使薯土混合物未完全分离即被输送至筛尾，降低了明薯率；曲柄转速较高时，分离筛通过不断将物料抛离筛面的形式实现薯土分离，薯土混合物未运动至筛尾已完成了薯土分离，因此，较大的筛面倾角也可以获得较高的明薯率。

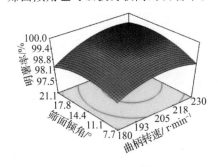

图10-15　曲柄转速和筛面倾角
对明薯率的影响

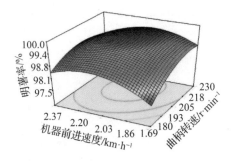

图10-16　曲柄转速和机器前进
平均速度对明薯率的影响

②曲柄转速和机器前进平均速度的交互作用对明薯率的影响如图10-16所示。

由图 10-16 可知，筛面倾角固定在零水平（$B = 14.4°$）下，明薯率随机器前进平均速度的增大而先增大后减小，说明较低或较高的机器前进平均速度均不利于薯土分离。主要因为：机器前进平均速度较低时，由升运链落至分离筛面的薯土混合物较少，分离筛将筛面上的薯土混合物分离完全后，会有少量宽度小于筛杆间隙的马铃薯由于缺少土壤和杂草的遮挡而透筛落地，从而降低明薯率；机器前进平均速度较高时，筛面上薯土混合物较多，造成薯土分离未完全即落至地面，从而使明薯率较低。

③机器前进平均速度和筛面倾角的交互作用对明薯率的影响如图 10-17 所示。

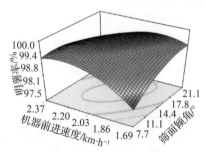

**图 10-17　机器前进平均速度和
筛面倾角对明薯率的影响**

由图 10-17 可知，曲柄转速固定在零水平（$A = 205 \text{r} \cdot \text{min}^{-1}$）下，当筛面倾角在 7.7°~14.4°范围内时，明薯率随机器前进平均速度的增加而逐渐增大并趋于稳定，筛面倾角在 14.4°~21.1°范围内时，明薯率随机器前进平均速度的增加而逐渐减小。这是因为筛面倾角较大时分离筛输送物料的能力强，随着机器前进平均速度的增大，单位时间内落至筛面的物料量逐渐增多，薯土混合物未分离完全即落至地面，导致明薯率降低。机器前进平均速度在 $1.69~1.86 \text{km} \cdot \text{h}^{-1}$ 范围内时，明薯率随筛面倾角的增大而增大并逐渐趋于平缓；机器前进平均速度在 $2.2~2.37 \text{km} \cdot \text{h}^{-1}$ 范围内时，明薯率随筛面倾角的增大而减小。说明适当的物料喂入量（由升运链落至分离筛的薯土混合物料量）和较大的筛面倾角可促使薯土混合物充分分离。故适中的机器前进平均速度和较大筛面倾角的组合有利于提高明薯率。

（2）交互作用因素对破皮率的影响

①曲柄转速和筛面倾角的交互作用对破皮率的影响如图 10-18 所示。

由图 10-18 可知，机器前进平均速度固定在零水平（$C = 2.03 \text{km} \cdot \text{h}^{-1}$）下，筛面倾角基本不影响破皮率的变化，破皮率随曲柄转速的升高

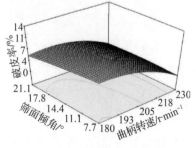

**图 10-18　曲柄转速和筛面倾角
对破皮率的影响**

而降低，且下降速率随曲柄转速的升高而加快。这是因为曲柄转速较低时马铃薯相对分离筛跳跃次数多、运动时间长，从而使破皮率较高且变化缓慢。随着曲柄转速的升高，分离筛的加速度增大，薯土混合物完全分离，消除了其他物料对马铃薯运动的阻碍，缩短了马铃薯相对筛面的运动时间，且抛离高度在马铃薯破皮损伤临界高度之内，因此破皮率迅速减小。

②曲柄转速和机器前进平均速度的交互作用对破皮率的影响如图 10-19 所示。

由图 10-19 可知，筛面倾角固定在零水平（$B = 14.4°$）下，马铃薯破皮率随机器前进平均速度呈先降低后升高的趋势，主要原因是较低的机器前进平均速度使分离筛上物料量较少，马铃薯缺乏土壤、杂草的保护而增大了与筛杆接触摩擦的几率，较高的机器前进平均速度则使马铃薯在土壤、杂草等物料的拥堵下滞留筛面，增加了马铃薯相对筛面往复摩擦的时间，所以机器前进平均速度较高或较低均会提高马铃薯破皮率。

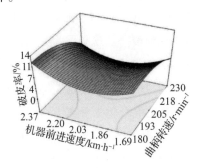 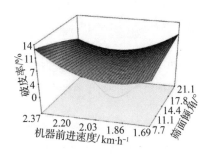

图 10-19　曲柄转速和机器前进
平均速度对破皮率的影响

图 10-20　机器前进平均速度和
筛面倾角对破皮率的影响

③机器前进平均速度和筛面倾角的交互作用对破皮率的影响如图 10-20 所示。

由图 10-20 可知，曲柄转速固定在零水平（$A = 205r \cdot min^{-1}$）下，破皮率随机器前进平均速度的增大而先减小后增大，说明适中的机器前进平均速度可降低马铃薯的破皮损伤。机器前进平均速度在 $1.69 \sim 1.86km \cdot h^{-1}$ 范围内时，破皮率随筛面倾角的增大而逐渐增大；机器前进平均速度在 $2.2 \sim 2.37km \cdot h^{-1}$ 范围内时，破皮率随筛面倾角的增大而减小。说明适当的物料喂入量和较大筛面倾角能够减少因马铃薯滞留筛面时间过长而造成的破皮损伤。故适中的机器前进平均速度和较大筛面倾角的组合可有效降低破皮率。

10.4.3　参数优化与验证试验

10.4.3.1　参数优化

为获得摆动分离筛最佳性能的作业参数，利用 Design-expert 8.0.6 软件的优化模块，对前面的回归模型进行有约束目标的优化求解。取明薯率的优化目标为最大，破皮率的优化目标为最小。考虑到增加明薯率、降低破皮率的双重要求，将 2 个指标的权重均设为 4 星，优化目标选项选择"target"，明薯率设置为 100%，破皮率设置为 0，优化目标函数如式(10-17)所示。

目标函数：

$$P = \begin{cases} \max Y_1(A, B, C) \\ \max Y_2(A, B, C) \end{cases} \tag{10-17}$$

各因素的取值范围按照试验因素水平表 10-10 确定，由此得到约束函数如式(10-18)所示。

约束函数：

$$s.t. \begin{cases} 180 \leqslant A \leqslant 230 \\ 7.7 \leqslant B \leqslant 21.1 \\ 1.69 \leqslant C \leqslant 2.37 \end{cases} \tag{10-18}$$

参数优化结果分析图和优化参数可取度分析图分别如图 10-21、图 10-22 所示。

由图 10-21、图 10-22 可知：曲柄转速为 230r · min⁻¹，筛面倾角为 19.42°，机器前进平均速度为 2.04km · h⁻¹ 时，明薯率为 99.4%，马铃薯破皮率为 0.002%。优化结果的期望值为 0.922，因此，以该参数组合作为最终的优化参数组合结果。

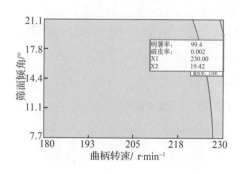

图 10-21　参数优化结果分析图

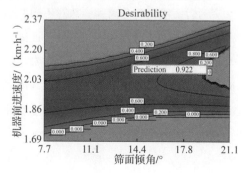

图 10-22　可取度分析图

由优化结果可知，适中的机器前进平均速度匹配较高的曲柄转速和较大筛面倾角，既可提高薯土分离性能，还可降低马铃薯破皮损伤。主要原因是曲柄转速和筛面倾角较大时分离筛的薯土分离性能和输送物料性能均较高，所以，适当提高机器前进平均速度不会降低明薯率，与此同时，由于提高机器前进平均速度而增加的物料量反而对马铃薯具有一定的保护作用，从而使马铃薯破皮损伤减少。

10.4.3.2 验证试验

按照《马铃薯挖掘机质量评价技术规范》(NY/T 648—2015)中规定的试验方法，将筛面倾角和机器前进平均速度调整为与优化参数接近的 21.1° 和 2.03km · h^{-1}，曲柄转速调整为 230r · min^{-1}，在原试验地块进行验证试验，每组试验重复 3 次，试验结果取平均值。将试验结果与优化前参数组合为曲柄转速 205r · min^{-1}、筛面倾角 7.7°、机器前进平均速度 1.69km · h^{-1} 时得到的结果对比，见表 10-17。

表 10-17 优化前后试验结果对比

项目	曲柄转速 A/r · min^{-1}	筛面倾角 B/°	机器前进平均速度 C/km · h^{-1}	明薯率/%	破皮率/%
优化前	205	7.7	1.69	97.26	9.81
优化后	230	21.1	2.03	98.94	0.21
国家标准				≥96	≤2

由表 10-17 可知，优化后摆动分离筛各项性能指标接近理论优化结果，且优化后明薯率较优化前提高了 1.68%，优化后破皮率较优化前降低了 9.6%。研究结果表明，优化后分离筛性能优于优化前，优化后分离筛性能符合马铃薯收获技术要求。

为验证优化后分离筛参数对不同薯土对象的适应性，分别在黏土垄作水浇地和砂壤土垄作水浇地两种地块进行验证试验。试验地点分别为呼和浩特市前乃莫板村马铃薯种植基地和内蒙古农业大学农学院作物种植基地。垄作地块垄距 800mm，株距 350mm，垄高 250mm，结薯深度 170~200mm，黏土含水率 13.6%，砂壤土含水率 13.8%。每组试验重复 3 次，试验结果取平均值，见表 10-18。

表 10-18　优化参数组合试验结果

项目	明薯率/%		破皮率/%	
	试验值	平均值	试验值	平均值
黏土	93.23		0.43	
	95.76	94.46	0.32	0.5
	94.38		0.76	
砂壤土	98.62		0	
	100.00	99.30	0.51	0.27
	99.27		0.31	

由表 10-18 可知，优化后摆动分离筛在砂壤土垄作水浇地块的适应性较好，明薯率和破皮率均与理论优化值接近，在黏土垄作水浇地收获作业的明薯率与理论优化值的差异较大，但基本符合马铃薯收获技术规范的要求。

参考文献

［1］郭文斌．2009．马铃薯压缩、应力松弛特性与淀粉含量相关性的研究［D］．呼和浩特：内蒙古农业大学．

［2］蒙建国．2016．摆动分离筛薯土分离过程中马铃薯运动特性研究［D］．呼和浩特：内蒙古农业大学．

［3］谢胜仕．2017．摆动分离筛薯土分离理论与试验研究［D］．呼和浩特：内蒙古农业大学．

［4］藏楠．2006．马铃薯蠕变特性的研究与仿真［D］．呼和浩特：内蒙古农业大学．

［5］杨莉．2009．马铃薯挖掘机摆动分离筛的仿真与参数优化［D］．呼和浩特：内蒙古农业大学．

［6］顾丽霞．2012．4SW－170 型马铃薯挖掘机摆动筛分离过程的仿真研究［D］．呼和浩特：内蒙古农业大学．

［7］付昱．2012．4SW－170 型马铃薯挖掘机振动测试研究［D］．呼和浩特：内蒙古农业大学．

［8］刘海超．2012．马铃薯在摆动分离筛上的动力学试验研究［D］．呼和浩特：内蒙古农业大学．

［9］宿金殿．2012．基于高速摄像技术的马铃薯在分离筛上运动特性分析研究［D］．呼和浩特：内蒙古农业大学．

［10］李祥．2017．马铃薯挖掘阻力测试装置研究［D］．呼和浩特：内蒙古农业大学．

［11］李建．2019．马铃薯收获机薯土分离筛筛分性能研究与优化设计［D］．呼和浩特：内蒙古农业大学．